信通社区 ICT BOOKS 大规模个性化定制系列丛书

大规模个性化定制导论

陈录城　盛国军　鲁效平　杨振发◎著

人民邮电出版社
北京

图书在版编目（CIP）数据

大规模个性化定制导论 / 陈录城等著. -- 北京 : 人民邮电出版社, 2024. -- (大规模个性化定制系列丛书). -- ISBN 978-7-115-65034-4

Ⅰ. TB472

中国国家版本馆 CIP 数据核字第 202443LR07 号

内 容 提 要

本书首先介绍了大规模个性化定制的研究历程，重点阐述了其概念，分析了大规模个性化定制的实现原理，指出其核心在于解决外部多样性和内部多样性之间的矛盾，实现高标准满足用户需求下的高效率生产制造。同时，对大规模个性化定制涉及的关键技术进行了研究，重点介绍了目前在用户需求识别、产品设计技术、产品制造技术中涉及的关键技术。以家电、服装、汽车等行业为例，分析了大规模个性化定制在典型行业的应用，以及其如何在产业中落地并提升企业竞争力。

本书适合智能制造领域的高校师生、研究人员、行业专业人士，以及对该方面感兴趣的人士阅读。

◆ 著　　陈录城　盛国军　鲁效平　杨振发
责任编辑　赵　娟
责任印制　马振武
◆ 人民邮电出版社出版发行　　北京市丰台区成寿寺路 11 号
邮编　100164　　电子邮件　315@ptpress.com.cn
网址　https://www.ptpress.com.cn
大厂回族自治县聚鑫印刷有限责任公司印刷
◆ 开本：787×1092　1/16
印张：15.25　　2024 年 10 月第 1 版
字数：291 千字　　2024 年 10 月河北第 1 次印刷

定价：89.90 元

读者服务热线：(010)53913866　印装质量热线：(010)81055316
反盗版热线：(010)81055315
广告经营许可证：京东市监广登字 20170147 号

推荐序

个性化定制的思想可以追溯至20世纪70年代，即“以类似于大规模生产的时间和成本提供满足用户特定需求的产品和（或）服务”。个性化定制是当今市场环境下很多企业迫切需要改变的一种新生产模式。相比过去标准化和规模化的生产，它更倾向于满足用户个体的独特需求。对于大规模生产的企业而言，要满足个性化需求，显然不能再用旧时的手工作坊式模式，不能牺牲效率、增加成本，于是，在数字技术的支撑下，大规模个性化定制的理念得以实现。

应该说，海尔引领了中国大规模个性化定制的潮流。海尔集团基于自身近40年的制造经验与数字化转型实践，探索出一套独特的大规模个性化定制系统架构，并推出了全球首家用户全流程参与体验的卡奥斯COSMOPlat工业互联网平台。2017年，卡奥斯COSMOPlat联合中国电子技术标准化研究院等单位成立的IEEE大规模个性化定制工作组开始起草国际标准IEEE P2672《大规模个性化定制通用要求指南》，提出了以用户需求为核心的大规模个性化定制通用要求，内容涉及从理解用户需求到产品交付的整个流程和大规模个性化定制所需的系统架构。该标准于2023年正式批准通过。2019年，卡奥斯COSMOPlat又启动了国际标准ISO DIS 62264-1《大规模个性化定制价值链管理 第1部分：框架》，指导企业如何在价值链的每个环节实施有效的管理和控制，以支持个性化定制产品的开发、生产和交付。

海尔集团在大规模个性化定制方面的实践无疑是很成功的，在方法上也有其独创性。过去，大规模生产的产品研发是瀑布式的，是以企业为中心的，具体推出什么产品是由企业内部决定的，先有产品再有用户。海尔集团推行的大规模个性化定制模式下的研发是迭代式的，一切以用户需求为中心，先有用户再有产品。海尔集团强调大规模个性化定制的目的是提升用户体验，因此卡奥斯 COSMOPlat 可以提供直观、易用的用户界面，确保用户能够轻松参与到产品交互定制过程，与设计师共创产品设计方案。另外，卡奥斯 COSMOPlat 也能够根据用户的具体需求和偏好，为用户提供深度定制的产品和服务。

《大规模个性化定制导论》（以下简称《导论》）也具有相当的理论深度。书中介绍了用于意图识别的深度学习算法。从卷积神经网络（CNN）到最前沿的 Transformer 架构及其自注意力（Self-Attention）机制，均有述及。

更难能可贵的是，书中基于大规模个性化定制用户维度的企业管理模式与根植于中华文化的管理哲学密不可分，例如将“变易、不易、简易”“无为而治”或道法自然等哲学思想与企业管理活动相结合，围绕市场上的用户需求，让用户参与到企业的价值创造和价值实现活动，谋求企业与用户的和谐共生。

书中有丰富的案例，除家电行业外，还有服装、汽车行业。

《导论》对于有可能推行大规模个性化定制模式的企业而言极具参考价值。相信此书将伴行一批相关企业的数字化转型和智能化升级，助力它们走向世界！

中国工程院院士

2024 年 7 月 21 日

前言

当前，全球正经历百年未有之大变局，新一轮产业变革深入发展，以制造业数字化、网络化、智能化为核心的产业变革正在推动我国制造业转型升级，以用户体验为显著特征的大规模个性化定制逐渐成为未来社会的主流生产模式，发展大规模个性化定制已成为我国实现智能制造全球引领的重要突破口。

大规模个性化定制是用户需求驱动，并深度参与企业全流程、零距离互联生态资源，快速、低成本、高效地提供定制化产品、服务和增值体验的智能制造模式。大规模个性化定制整合研发设计、生产制造、仓储物流、销售和服务等各类开放资源，促进产业链供需有序对接、资源配置优化、高效网络协作，实现个性化产品的高效率、低成本定制生产。

当前，我国正在大力推动大规模个性化定制的研究与实践，以促进产业技术变革和优化升级，满足消费者个性化需求，推动经济高质量发展。2016 年 4 月 11 日，工业和信息化部印发《智能制造试点示范 2016 专项行动实施方案》，正式提出全面启动传统制造业智能化改造，开展包括大规模个性化定制在内的 5 种智能制造新模式的试点示范。2021 年 12 月 28 日，工业和信息化部等八部门联合印发了《“十四五”智能制造发展规划》，指出我国智能制造发展取得长足进步，已经涌现出大规模个性化定制等新模式新业态。我国正处于转变发展方式、优化经济结构、转换增长动力的主要攻关期，但制造业供给与市场需求适配性不高、产业链供应链的安全稳定面临挑战、资源环境约束趋紧等问题仍旧凸显。企业应坚定不移地发展大规模个性化定制，推动制造业产业模式和企业形态发生根本性转变，以“鼎新”带动“革故”，提高生产质量、效率和效益，促进我国制造业迈向全球价值链中高端。

本书旨在促进大规模个性化定制模式的推广和实施。本书共分为10章，第一、二章为理论篇，论述大规模个性化定制产生的时代背景，解读大规模个性化定制的基本概念；第三、四、五、六章为技术篇，总结大规模个性化定制的关键技术体系，阐述个性化需求技术、智能化产品设计与制造技术、工业智能互联平台技术；第七、八、九、十章为实践篇，介绍卡奥斯COSMOPlat大规模个性化定制工业互联网平台，并梳理卡奥斯COSMOPlat在家电、服装、汽车3个离散型制造行业的大规模个性化定制实践案例。

希望本书能为大规模个性化定制领域的研究者和实践者提供有价值的参考和启示，共同推动制造业的转型升级。鉴于作者水平有限，书中难免存在疏漏或不足之处，恳请读者不吝赐教。

编　者

2024年7月

目录

理论篇

技术篇

实践篇

理论篇

第一章 发展新质生产力，激发市场力量

1.1 科技引领：重构生产力与生产关系

2023 年 7 月，习近平总书记在江苏考察时强调“中国式现代化关键在科技现代化”，2023 年 9 月，习近平总书记在黑龙江考察时首次提出“新质生产力”，指出要“整合科技创新资源，引领发展战略性新兴产业和未来产业，加快形成新质生产力”。2023 年 12 月，中央经济工作会议强调要“以科技创新推动产业创新，特别是以颠覆性技术和前沿技术催生新产业、新模式、新动能，发展新质生产力”。2024 年 1 月 31 日，在中共中央政治局第十一次集体学习时，习近平总书记进一步强调“发展新质生产力是推动高质量发展的内在要求和重要着力点，必须继续做好创新这篇大文章，推动新质生产力加快发展”。

习近平总书记深刻阐释了新质生产力理论，指出“新质生产力是创新起主导作用，摆脱传统经济增长方式、生产力发展路径，具有高科技、高效能、高质量特征，符合新发展理念的先进生产力质态。它由技术革命性突破、生产要素创新性配置、产业深度转型升级而催生，以劳动者、劳动资料、劳动对象及其优化组合的跃升为基本内涵，以全要素生产率大幅提升为核心标志，特点是创新，关键在质优，本质是先进生产力”，并进一步强调“高质量发展需要新的生产力理论来指导，而新质生产力已经在实践中形成并展示出对高质量发展的强劲推动力、支撑力，需要我们从理论上进行总结、概括，用以指导新的发展实践”。

新质生产力理论将发展新质生产力作为实现高质量发展的重要着眼点，将创新作为新质生产力的核心特点，突出创新起主导作用，明确了科技创新作为新质生产力的核心要素，阐明了通过技术革命性突破和生产要素创新性配置推动产业深度转型升级这一主导路径。这为我们进一步立足中国式现代化新征程和高质量发展时代任务，深入理解、学习、应用和发展新质生产力理论指明了新方向，提出了新要求。

生产力是人类社会发展的根本动力。人类社会产业革命的实践证明，科技创新促进生产力的结构功能与效率变革，进而不断催生新技术、新产业，成为世界各国综合国力竞争的关键力量。18 世纪 60 年代开始的第一次工业革命，以蒸汽机的改良和广

泛应用为标志，使生产力克服了劳动过程中体力的限制，发生了质的飞跃。第二次工业革命始于19世纪60年代后期，以电的发明和电力的广泛应用为标志，冶炼技术、内燃机和电力技术的突破，催生了大规模流水线作业的生产方式，生产力在密集型、批量化、高能耗的粗放型生产中进一步得到解放。20世纪40年代以后，第三次工业革命以原子能、电子计算机等的发明和应用为主要标志。每一次科技革命和产业变革都极大提升了生产效率，显著改变了生产方式，并催生很多新产业，使产业体系发生系统性重构。

历次工业革命的经验表明，谁能抓住科技革命的机遇、占领科技制高点，谁就能乘势而上，在现代化发展中走在前列。当前，以人工智能、云计算、大数据等为代表的数字技术迅猛发展，成为新的颠覆性技术，它们正在引发新一轮科技革命和产业变革，推动着人类的生产方式、生活方式和治理方式发生深刻变化。数字技术链接、渗透、赋能万物，赋予了劳动资料数字化的属性。特别是通用人工智能，作为人工智能从专用化迈向通用化的发展新阶段，通用人工智能是集智能感知、智能分析、智能决策、智能执行等功能于一体的泛在智能技术，通过数据、算力、算法三要素深度融合，实现生产要素优化配置。智能传感设备、机器人、工业互联网、云服务等数字化劳动资料所展现出的高链接性、强渗透性、泛时空性，是以往任何技术革命无可比拟的，它们打破了时空限制，推动资源要素快捷流动和高效匹配，成为新质生产力加快形成的核心驱动力。

1.2　技术应用：定制化策略创赢未来

个性化定制是新市场环境下企业迫切需要改变的一种生产模式。与过去标准化和规模化的生产相比，它更倾向于满足用户个体的独特需求。随着市场由大众化向小众化延伸、用户需求向个性化追求转变，更多的企业开始把焦点放在提供个性化的产品和服务方面。一方面，个性化定制可以提高用户的满意度；另一方面，个性化定制可以提升产品的营销效果、打造品牌形象及提高线上销售的转化率。企业想要突围制胜，扩大现有的市场份额，就必须主动升级产业结构，把战略意识放到驱动市场上，用个性化定制战略打动每位消费者。更贴近消费者的实际需要而被打造出来的产品，是市场未来追求的新方向。

个性化定制，通常要根据用户的需求进行个性化制造，从而为用户提供满足个人体验的产品和服务。事实上，它是现代生产模式在人工智能、云计算、大数据等数字技术赋能下的延伸。个性化定制是新零售的发展趋势之一，在人工智能高速发展的前提下，企业可以在生产阶段接收、分析和实现用户的消费需求，了解用户的实际需要，为用户提供满意的、有独特体验效果的产品和服务。这样不仅能争取更多的受众群体，还能深度挖掘用户需求，达成规模化、标准化难以实现的品牌情感效应，从而培养出消费者对该品牌的心理归属和消费依赖。在消费升级的引领下，如何为消费者提供新的购物体验已经成为一个新的课题，其中，个性化定制所发挥的作用和优势也越来越明显。

一直以来，个性化定制只面向高端、需要精雕细琢的产品，例如，古代将领的兵器是铁匠沥尽心血打造的产物。它只面向极少数人群，成本也极高，但是产生的价值和象征意义是无法估量的。1853 年，法国娇兰的创始人娇兰先生就曾为欧仁妮皇后定制了"帝王之水"，这份高雅的香调获得了欧仁妮皇后的高度认可，"帝王之水"的瓶身设计也成为经典。当个性化定制得以在现代生产模式中应用时，企业应该主动接受、主动去发扬个性化定制所蕴含的"工匠精神"。

早些年，个性化定制曾一度被认为是自己动手制作（Do It Yourself，DIY），即由自己亲手制作出个人属性强烈的产品。因为那个年代还是采用传统的工厂流水线工作，所以 DIY 曾一度盛行。而这些年来随着科技的高速发展，一方面，人工智能和大数据开始得到应用；另一方面，消费升级使大众的消费观念得到提升，消费者开始追求个性化。而这份"DIY"的工作也开始被企业承揽了。

我们的日常生活中就有不少个性化定制的例子，例如，生日蛋糕定制、西服量身定制、旅游定做等。目前，3D 打印技术十分发达，包括工艺品、鞋子等领域也开始加入个性化定制的队伍。以某品牌的鞋子为例，该品牌鞋子从生产阶段就开始对消费者的脚进行三维扫描，然后建立双脚的三维模型，从而生成对应的数控代码，最后使用机器人进行加工，为消费者生产出舒适度、匹配度最高的鞋子。这种追求极致的做法就是工匠精神的体现。不难看出，从试鞋码向完全合脚转变，是个性化定制在科技发展下飞跃的一大例证。

伴随着人工智能的创新推动，未来制造业将会从流水线单一生产向个性化定制生产转变，生产工序将会得到优化、个性化定制门槛和成本也会降低。随之而来的除了产能加速、产量提升，每样产品也会因个人需求有所差异，这种结果可能会缓解甚至解决直销产品同质化严重的局面。

单纯靠营销、渠道和产品质量取胜会让众多企业逐渐脱离市场的大流，难以追赶新时代的步伐。消费者如何从心甘情愿向心满意足转变，将是未来营销市场的新命题。对企业来说，产品单一化、同质化只是一个表面问题，企业应该做的是把目光放长远，思考如何结合自身的实际情况，为消费者提供与众不同、完美契合消费者自身的产品和服务，凭借个性化定制所蕴含的工匠精神引领潮流。在新零售时代下，个性化定制或会给目前一些深陷经营困境的企业带来新的机会。

1.3　数据驱动：深度挖掘消费者需求，快速匹配制造资源

在数据要素驱动下，数字经济与实体经济的消费端、生产端、流通端和分配端实现深度融合，畅通数实融合的内循环系统：数字产业与消费端深度融合，通过消费升级促进了产业（生产）升级；数字产业与生产端深度融合，构成了消费、流通和分配的基础；数字产业与流通端深度融合，有助于深度链接生产端和消费端，提升经济运行的效率；数字产业与分配端深度融合，建立合理的利益分配机制，有助于调动各方促进数字经济与实体经济深度融合的积极性。

（1）消费端

消费环节既是国民经济循环的终点，也是新的起点。随着传统产业基础产品供给相对过剩问题的加重，以及消费者个性化诉求的增长，需求驱动的产业发展模式必将成为传统产业转型的重要方向。以数据为导向的业务运营优化将深度改造传统消费产业、促进产业转型升级。数据驱动消费端的数实融合，是指在商品销售和消费过程中，通过应用数据采集、处理和分析技术，充分发挥技术、数据、平台和场景的优势，将实时的数据信息与消费者的行为、营销策略等相结合，促进消费升级并带动产业升级，实现消费端和生产端的紧密衔接与变革。

产业革命的本质是一场以消费者为中心的传统产业重构，传统产业应充分认识到产业革命的最终动力来自消费者。电子商务等互联网应用的出现和发展，提升了消费者获得市场信息的能力，从而不断打破市场双方的信息不对称，使消费者的选择权得以真正释放。数据驱动消费端数实深度融合的原理包括消费端数据精准画像定位消费者个性化需求的精准匹配效应、消费互联网平台提升消费体验的长尾效应、消费端数据驱动供给端变革的网络效应。

① 精准匹配效应。随着人们物质生活水平的提高，消费者已不满足于以往标准化、功能化的基础产品，对于个性化和体验式的消费诉求不断增强。例如，电子商务不但让消费者获得更大的议价权利，还满足了消费者长尾或个性化的购买需求。基于消费者的个人偏好和历史购买记录等数据，可以了解消费者的购买偏好、兴趣爱好、消费行为等信息。这些数据可以用于对消费者的洞察和行为分析，帮助企业更好地了解消费者的需求，并制定个性化的营销和产品推荐策略。数据分析和机器学习算法，可以将相似的消费者群体进行划分，并向不同群体提供符合其需求的产品和服务，提高消费者的购物体验和满意度。

② 长尾效应。通过数据驱动的消费环节，企业可以实时监测市场的变化和消费者的反馈，根据数据分析结果制定营销策略和促销活动。例如，根据消费者购买记录和偏好，可以发送个性化的优惠券和折扣信息，提高消费者的购买转化率和忠诚度。零售平台重视长尾理论中“尾部”的少部分需求，通过数据分析和消费者画像，洞察更精细化，从而为消费者提供个性化的推荐信息，提高消费者对长尾产品的发现和购买的可能性，使销售量较小的商品和服务也能够得到销售和利润的增长。长尾效应在电商领域非常普遍，亚马逊就是一家典型的长尾模型公司。实践证明，长尾效可以促进创新，降低企业的成本，提高消费者的满意度。

③ 网络效应。通过数据驱动的消费环节，企业可以实时获取消费者的反馈和评价数据，并结合其他数据进行综合分析。这些数据可以帮助企业了解消费者对产品和服务的满意度，及时调整与改进产品的设计和服务方式，提高消费者体验。以消费者为中心的顾客对企业电子商务（Consumer-to-Business，C2B）模式、顾客直连制造（Customer-to-Manufacturer，C2M）模式将成为数字经济最具代表性的商业模式，如同福特制生产是工业时代的典型模式一样。C2B模式、C2M模式呈现消费者需求驱动、消费者在产业各环节上不同程度地参与互动、网络化的产业间协作及云计算平台支持等特征，将会引发由产业供应链需求端向供应端的反向改造过程，直播电商、即时零售、柔性化生产和社会化供应链等新业态是其发展的重要支撑。消费互联网把消费者整合在一起，形成一个庞大市场，在生产端和供给端产生巨大的网络效应。网络效应推动消费端与生产端对接、转化、融合、集聚，供需精准对接，促进产业升级，培育数字化产业集群。例如，阿里巴巴1688平台深挖源头产地，丰富生产供给，打造互联网技术和生态运营能力，通过“需求聚类、精准匹配、好商优先”的策略，做“海量零售中小品牌”和“海量优质品类专业化供应商”之间的连接器和路由器。

（2）生产端

数字经济与实体经济在生产端的深度融合，是指在制造业的生产环节，通过应用数据采集、处理和分析技术，将实时的数据与生产过程相结合，实现生产的网络化、智能化、协同化和柔性化，推动传统实体企业的研发设计、生产加工、经营管理、销售服务等业务全方位、全链条的数字化转型，提高全要素生产率。随着云计算、5G、人工智能、物联网、大数据等技术运用到制造业各环节，制造业领域积累了具有类型丰富、容量大、更新快及价值高等特征的工业大数据。数据要素具有非竞争性、低复制成本、非排他性 / 部分排他性、外部性和即时性等技术—经济特征，与制造业的研发设计、生产加工、经营管理等业务流程融合，能够促进生产模式创新。在生产端，数据驱动数实深度融合的原理包括研发创新效应、生产协同效应和市场匹配效应。

① 研发创新效应。在研发阶段，数据要素可以修正和指引研发方向，避免研发

方向与真实需求的偏差，促进研发各环节衔接，通过研发创新效应推动数实融合。数据驱动的研发降低了因追赶“技术热”而盲目开展研发的风险，缩短研发周期，增加了潜在成果的转化概率。此外，数据要素的引入和工作界面的扩展也为普通员工提供了丰富的一手资料和良好的创新平台，给予广大员工更多的参与感和话语权，有利于充分挖掘员工的潜力和积极性，实现价值共创。

② 生产协同效应。在生产加工阶段，数据要素通过作用于制造业的不同生产环节，推动制造企业制定合理的生产规划，实现网络化、智能化、个性化、定制化、柔性化生产，提升各个生产环节之间的协同性。数据在不同生产设备上实时、高效地自动流动与共享，促进传统制造企业基于数据、场景、算法和算力进行智能化改造。通过传感器等技术设备，可将生产参数、工作效率等数据实时返回到生产数据分析平台，设备之间也可以进行信息交互，实现生产计划完成情况的精准实时反馈，从而实现自动接单、智能决策、流程监控、设备感知等智能化生产，降低总体的协作成本。

③ 市场匹配效应。在经营管理阶段，数据要素与数字技术、劳动力等要素深度融合，可以实时掌控和调整市场需求、生产计划和库存，降低市场信息搜寻成本与匹配成本：一方面，制造企业的数据中台可以从接收订单、原料采购、生产计划到库存、产品溯源各环节，实现更精准的供需匹配，降低企业库存，提高周转率，提升产品的质量；另一方面，通过建立制造业产业链上下游企业之间及与消费者之间高效沟通的信息共享平台，实现联合库存与共同决策，提升企业自身与整体产业链、产业链与市场之间的匹配效率。数据驱动的个性化定制既能通过以销定产，减少库存积压，又可以迎合消费者的偏好，激发市场需求，抬升甚至拉平微笑曲线，从成本和收入两个方面扩大企业的利润空间。

总之，制造企业通过建立设备与设备之间、设备与劳动力之间、企业与企业之间的信息共享机制，以数据要素赋能生产流程从单向流动模式转变为不断迭代升级的循环模式，提升制造企业全要素生产率。例如，犀牛智造平台通过运用云计算、物联网、人工智能等技术，实现数据自动流动，并发挥平台的网络协同效应，打造数据和算法驱动的按需定制模式。

（3）流通端

流通是联结生产和消费的中间环节，高效的流通体系是有效衔接从生产到消费各环节的“大动脉”。数字经济与实体经济在流通端的深度融合，是指在产品流通过程中，通过应用数据采集、处理和分析技术，实现对物流、供应链和客户服务等流通环节的优化和智能化管理，实现流通的网络化、数字化和智能化。现代流通体系衔接供需两侧，串联上下游和产供销体系。流通效率和生产效率同等重要，疏通流通环节的关键是建设统一高效的现代流通体系。

近年来，数字技术与物流融合，通过传感器、射频识别（Radio Frequency Identification，RFID）和其他感知技术，实时收集各个环节的数据，例如货物的位置、温度、湿度、运输时间等，全面及时反映整个流通过程的状态。在流通端，数据驱动数实深度融合的机理包括成本降低效应、集聚效应、供应链优化效应和模式创新效应。

① 成本降低效应。这体现在搜寻成本、运输成本和追踪成本等降低方面。数字经济的核心是经济活动数据化及数据信息化，数字技术通过降低搜寻成本和消除信息不对称减少信息摩擦，形成数据与信息的良性循环，从而提高市场运作的效率。基于数字平台，物流运输可以实现智能的路径规划、动态调度、仓储和运输管控等。流通企业运用大数据分析技术，将物流综合信息实时传递给供应链部门的相应决策者，以减少现金、库存和过剩产能，降低运输成本，用信息代替库存。采集和记录的生产、运输、仓储等环节的数据具有易记录和易存储的特性，可以实现对产品的全程追踪，降低追踪成本。同时，平台实时监测产品质量指标和异常情况，可以及时采取措施进行质量控制和解决问题。例如，在京东的推荐系统中，通过实时数据仓库，可以实时分析用户的购物行为，从而为用户推荐更加符合其需求的商品。京东的营销团队也可通过实时数据仓库，对市场趋势进行实时监测，以便及时调整营销策略、提高营销效果。

② 集聚效应。流通业集聚包括专业化集聚和多样化集聚，其中，专业化集聚是指产业内部上下游之间的集聚，多样化集聚是指大量关联产业的指向性集聚。数据要素的汇集、整合和利用促进了流通业形成集聚效应。流通企业间通过打造互联网平台，促进要素资源共享共用，实现上下游、产供销协同联动，提升资源集聚度，促进供需调配和精准对接。流通业集聚具有外部性，主要表现为知识溢出、共享效应及竞争效应等方面。无论是专业化集聚还是多样化集聚，都有助于促进人才集聚、发挥知识溢出效应。流通业专业化集聚意味着流通业规模的扩大，规模扩大意味着具有更高的议价权，企业生产成本得以降低。流通业多样化集聚带来的要素分配和分工合理化会促进企业之间的良性竞争。

③ 供应链优化效应。数字技术和数据要素的深度应用会带动商流和物流的数字化革命，朝着可视化、数字化、智能化的数字供应链体系发展。数据驱动的流通业能够提升流通过程中匹配供需的能力，减少交易环节，整合物流配送能力，并根据用户的需求和实时数据进行智能化的交付和服务，使流通过程更加透明、标准和高效。通过分析用户行为和偏好的数据，可以实现个性化的产品推荐和定制，帮助流通环节更好地预测用户需求，提高供应链整体的协调性和敏捷性。例如，菜鸟物流打造“智能供应链大脑”库存管理系统，通过产地仓、云仓提供仓配一体化服务，把商品从工厂直送消费者，助力各行业用户平均销售增长5%～30%，缺货率降至5%～10%，周转率提升20%～60%。

④ 模式创新效应。数据驱动物流业从信息化向数字化转变及物流企业与生产制造企业深度融合。物流企业发展已由干支线运输、仓储管理、城市配送、包装、装卸、集采、分销、跨境物流、逆向物流、供应链金融等独立环节，向提供“仓干配”“运贸融”等一体化综合物流服务发展，流通领域应用场景不断丰富，流通新业态、新模式、新场景不断涌现。数据要素在业务构架、商业模式、组织形式等方面发挥重要作用，通过数实融合促进流通产业“聚链成群”，打造流通新生态。此外，流通企业跨越业态、行业边界，与创意、研发、设计、生产、文化、旅游、体育、休闲、娱乐等相互融合，促进消费新场景不断涌现。

（4）分配端

分配在社会再生产中连接生产和消费，是社会生产关系不可或缺的重要内容。在马克思主义政治经济学中，分配有狭义和广义的区分，狭义的分配可理解为产品的分配，广义的分配包括“生产工具的分配”和“社会成员在各类生产之间的分配”。广义的分配不仅解决了资源配置的社会主体问题，而且明确了资源配置如何决定，如何服务于社会生产目的。在现代经济学中，广义的分配包括社会的经济资源配置过程，既涉及将有限的经济资源（劳动力、资金或资本、生产资料等）按照某种规则分配于各种产品的生产，也涉及社会新创造的劳动产品和财富在社会或国家、社会集团和社会成员之间的分割和占有。数据驱动分配端数实融合是指在资源配置和价值分配中，数据流带动技术流、资金流、人才流和物质流，各种要素广泛高效聚集与整合，优化资源配置，健全数字经济的技术、数据、平台和场景所产生的价值的分配机制，充分调动利益相关方的积极性，促进平台企业与传统企业建立深度利益连接。

数字经济发展速度之快、辐射范围之广、影响程度之深是前所未有的，正在成为重组全球要素资源、重塑全球经济结构、改变全球竞争格局的关键力量。高效率的资源配置越来越依靠数据流动的支持，科学、精准地配置资源就是要把正确的数据以正确方式在正确时间传递给正确的人和机器，促进决策改进的同时使资源得到充分利用，逐步实现要素价值向“更优化”的跃迁。海量的数据将依托数字平台缓解信息不对称和有限理性造成的资源配置扭曲，在分配端，数据驱动数实深度融合的机理包括资源配置优化效应、价值共享效应和数据创富效应。

① 资源配置优化效应。数据要素通过重塑要素资源配置机制和数据要素与其他生产要素协同联动的“五链协同”机制提升效率。数据要素对资源配置的作用主要是将数据内嵌于软硬件信息基础设施服务中，使传统要素和数据要素高度融合发展，实现了要素资源配置机制的重塑。数据这一全新要素配置机制作用的发挥表现在劳动力要素向网络化和个性化配置转变，资本要素向场景化和普惠化配置转变，技术要素向平台化和智慧化配置转变，不仅能缓解企业全局化需求与碎片化供给的矛盾，其共享

配置特性还可兼顾效率与公平。此外，以多源异构数据融合为基础，数字平台动态联动人才链、资金链、创新链上的不同主体、不同要素，不断促进产业链、数据链和人才链同频共振。在数据融合的基础上，数字平台既通过精准投股、定制开发、定向育人等方式，实现技术、资本、人才等要素与实体经济精准对接，又在产业链中推介、引进关键技术、关键机构、关键项目等，促进数据与产业相关资源的梯度配置。

② 价值共享效应。在数实融合利益分配方面，数实融合带来的产业链价值重构要求建立合理的利益分配机制。很多传统产业数字化转型中的数字技术和解决方案是由平台企业提供的，平台企业服务传统产业可以分为两种方式：一种方式是软件技术服务外包，即将软件项目中的全部或部分工作发包给提供外包服务的企业完成；另一种方式是平台企业与实体经济深度融合，即拥有技术优势的平台企业深度渗透到实体企业内部，根据实体企业的实际情况进行全方位、全链条的数字化改造，推进数字技术、应用场景和商业模式融合创新。在数实融合中，更重要的是深层次推进大数据的融合应用，通过优化资源配置来做强、做优、做大数字平台，更好地支持实体企业的智能化改造。要实现渠道之间的利益打通，建立平台企业与传统实体企业深度融合的价值共创和利益分配机制。不过，数实融合可能会产生一系列包括利益分配方面的沟通协调成本，导致两者深度融合存在风险或出现深度融合的激励不足的问题。所以，数实融合既要形成利益共同体，更要产业链、供应链、创新链、资金链等多链融合，培育融通创新生态，形成同频共振、深度融合的价值共同体。

③ 数据创富效应。数据成为数字经济的关键要素，并对分配产生影响。数据要素天然具有非稀缺性、非独占性，可被多方共同使用且彼此之间互不影响，同时可以跨界发展，打破时空限制，这为通过分配机制统筹兼顾效率与公平、促进全体人民共享数字经济发展红利、实现共同富裕带来了新契机：一方面，公共数据作为共享程度最高的新型生产要素，取之于民、用之于民、共享共创，能够以数据赋能全体人民共同富裕；另一方面，数据要素通过提高劳动生产率，从而通过增加使用价值量而带来更多价值，使劳动者增加了分配财富的机会。《中共中央　国务院关于构建数据基础制度更好发挥数据要素作用的意见》提出，扩大数据要素市场化配置范围和按价值贡献参与分配渠道，强化基于数据价值创造和价值实现的激励导向。我国目前也正在开展数据要素参与收入分配的制度设计。

1.4　价值共创：大规模个性化催生新模式、新业态、新发展

当今世界，各国制造企业普遍面临着两难问题：既要提高生产质量、提高效率、降

低成本，又要不断适应广大用户呈指数级增长的个性化消费需求。然而，现有的制造体系和制造水平已经难以满足高端化、个性化、智能化产品和服务增值升级的需求，制造业的进一步发展面临瓶颈和困难。解决问题，迎接挑战，迫切需要制造业的技术创新、智能升级。

21 世纪以来，移动互联网、超级计算、大数据、云计算、物联网等新一代信息技术日新月异、飞速发展，并迅速普及应用，形成群体性跨越。这些历史性的技术进步，集中汇聚在新一代人工智能技术的战略性突破，实现了质的飞跃。新一代人工智能呈现出深度学习、跨界协同、人机融合、群体智能等新特征，为人类提供认识复杂系统的新思维、改造自然和社会的新技术。当然，新一代人工智能技术还处在极速发展的进程中，将继续从“弱人工智能”迈向“强人工智能”，不断拓展人类“脑力”，应用范围将无所不在。新一代人工智能作为新一轮科技革命的核心技术，为制造业革命性的产业升级提供了历史性机遇，正在形成推动经济社会发展的巨大引擎。新一代人工智能技术与先进制造技术的深度融合，形成了新一代智能制造模式——大规模个性化定制，是新一轮工业革命的核心驱动力。

科学技术是第一生产力，科技创新是经济社会发展的核心动力。第一次工业革命和第二次工业革命分别以蒸汽机的改良与电的发明和电力应用为根本动力，极大地提高了生产力，人类社会进入了现代工业社会。第三次工业革命以原子能、电子计算机、空间技术和生物工程的发明与应用为主要标志，持续将工业发展推向新高度。21 世纪以来，数字化和网络化使信息的获取、使用、控制，以及共享得到快速普及，新一代人工智能的突破和应用进一步提升了制造业数字化、网络化、智能化的水平，其本质特征是具备认知和学习的能力，具备生成知识和更好地运用知识的能力，这样就从根本上提高了工业知识产生和利用的效率，极大地解放人的体力和脑力，使创新速度大幅加快，应用范围更泛在，从而推动制造业发展步入新阶段——大规模个性化定制，即以流水线批量生产的成本为用户提供个性化的定制产品和服务。如果说数字化、网络化、智能化制造是新一轮工业革命的开始，那么大规模个性化定制模式的突破和广泛应用将推动形成新工业革命的高潮，将重塑制造业的技术体系、生产模式、产业形态，并将引领真正意义上的“工业 5.0”。

在大规模个性化定制模式下，制造系统将具备越来越强大的智能，特别是越来越强大的认知和学习能力，人的智慧与机器智能相互启发性地增长，使制造业的知识型工作向自主智能化的方向转变，进而突破当今制造业发展所面临的瓶颈和困难。产品呈现高度智能化、宜人化，生产制造过程呈现高质、柔性、高效、绿色等特征，产业模式发生革命性的变化，服务型制造业与生产型服务业大发展，进而共同优化集成大规模个性化定制系统，全面重塑制造业价值链，极大提高制造业的创新力和竞争力。

大规模个性化定制将给人类社会带来革命性变化，人与机器的分工将产生革命性变化，智能机器将替代人类大量体力劳动和相当部分的脑力劳动，人类可以更多地从事创造性工作；人类的工作生活环境和方式将朝着以人为本的方向迈进。同时，大规模个性化定制将有效减少资源与能源的消耗和浪费，持续引领制造业绿色、和谐发展。

大规模个性化定制是一个大系统，主要由智能产品与制造装备、智能生产、智能服务三大功能系统，以及智能制造云和工业智联网两大支撑系统集合而成，可广泛应用于离散型制造和流程型制造的产品创新、生产创新、服务创新等制造价值链全过程的创新与优化。

（1）智能产品与制造装备

产品和制造装备是大规模个性化定制的主体，其中，产品是智能制造的价值载体，制造装备是实施智能制造的前提。新一代人工智能和新一代智能制造将给产品与制造装备创新带来无限空间，使产品与制造装备产生革命性变化，从“数字一代”整体跃升至“智能一代”。从技术机理来看，“智能一代”产品和制造装备也就是具有新一代人一信息一物理系统（Human-Cyber-Physical System，HCPS）特征的、高度智能化、宜人化、高质量、高性价比的产品与制造装备。设计是产品创新的最重要环节，智能优化设计、智能协同设计、与用户交互的智能定制、基于群体智能的“众创”等都是智能设计的重要内容。研发具有新一代 HCPS 特征的智能设计系统也是发展大规模个性化定制的核心内容之一。

（2）智能生产

智能生产是大规模个性化定制的主线，智能产线、智能车间、智能工厂是智能生产的主要载体。大规模个性化定制将解决复杂系统的精确建模、实时优化决策等关键问题，形成自学习、自感知、自适应、自控制的智能产线、智能车间和智能工厂，实现产品制造的高质、柔性、高效、安全与绿色。

（3）智能服务

以智能服务为核心的产业模式变革是大规模个性化定制的主题。在智能时代，市场、销售、供应、运营维护等产品全生命周期服务，均因物联网、大数据、人工智能等新技术而赋予了全新的内容。新一代人工智能技术的应用将催生制造业新模式、新业态：一是从大规模流水线生产转向大规模个性化定制生产；二是从生产型制造向服务型制造转变，推动服务型制造业与生产性服务业大发展，共同形成大制造、新业态。制造业的产业模式将实现从以产品为中心向以用户为中心的根本性转变，完成深刻的供给侧结构性改革。

（4）智能制造云与工业智联网

智能制造云和工业智联网是支撑大规模个性化定制的基础。随着新一代通信技

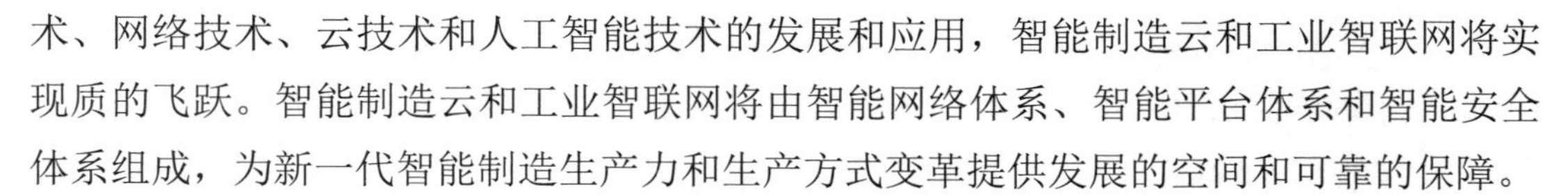

术、网络技术、云技术和人工智能技术的发展和应用，智能制造云和工业智联网将实现质的飞跃。智能制造云和工业智联网将由智能网络体系、智能平台体系和智能安全体系组成，为新一代智能制造生产力和生产方式变革提供发展的空间和可靠的保障。

（5）系统集成

大规模个性化定制内部和外部均呈现出前所未有的系统“大集成”特征。一方面是制造系统内部的“大集成”：企业内部设计、生产、销售、服务、管理过程等实现动态智能集成，即纵向集成；企业与企业之间基于智能云平台与工业智联网，实现集成、共享、协作和优化，即横向集成。另一方面是制造系统外部的“大集成”，即制造业与金融业、上下游产业的深度融合形成服务型制造业和生产性服务业共同发展的新业态。智能制造与智能城市、智能农业、智能医疗等交融集成，共同形成智能生态大系统——智能社会。

大规模个性化定制系统大集成具有大开放的显著特征，具有集中与分布、统筹与精准、包容与共享的特性，具有广阔的发展前景。

1.5　未来已来：新规则、新劳动者、新社会企业

随着科技的飞速发展，我们正步入一个由人工智能、大数据、物联网等技术驱动的新时代。这个时代的显著特征是大规模个性化定制生产模式的兴起，不仅改变了生产方式，也重塑了劳动者的角色和企业的社会责任。

（1）新规则：技术驱动的规则变革

在大规模个性化定制生产模式的推动下，我们正在迎来一场由技术驱动的规则变革，其重塑了生产流程。

① 智能化生产技术的应用使生产线能够快速响应市场和消费者需求的变化。通过机器学习和人工智能，生产设备能够自我优化，实现更加精准和高效的生产过程。这要求企业必须建立灵活的生产管理系统，以适应不断变化的生产需求。

② 数据驱动决策成为新规则的核心。企业通过收集和分析大量的生产数据、市场数据和消费者行为数据，能够更准确地预测市场趋势，制订生产计划，并优化库存管理。这种基于数据的决策模式要求企业加强数据管理和分析能力。

③ 供应链管理的灵活性和响应速度成为企业竞争力的关键。在大规模个性化定制的生产模式下，供应链需要能够快速调整，以满足不同用户的定制需求。这要求企业采用先进的供应链管理技术，例如区块链和物联网，以提高供应链的透明度和效率。

④ 环境可持续性成为新规则的重要组成部分。随着消费者对环保和社会责任的

日益关注，企业需要在生产过程中采取更加环保的技术和材料，减少对环境的影响。这不仅有助于企业树立良好的社会形象，也是企业可持续发展的必要条件。

（2）新劳动者：技能与角色的转变

在大规模个性化定制生产模式的浪潮中，劳动者的技能和角色正经历着前所未有的转变。这一模式要求劳动者不仅具备传统的专业技能，还需要适应快速变化的技术环境和市场需求。

① 终身学习成为劳动者的新常态。随着技术的不断进步，新的工具和方法层出不穷，劳动者需要持续更新自己的知识库和技能集，以保持竞争力。在线教育、职业培训和自我驱动的学习成为劳动者提升自我的重要途径。

② 跨领域的能力变得至关重要。大规模个性化定制生产往往涉及多个领域和技术的融合，例如设计、工程、数据分析和市场营销等。劳动者需要具备跨学科的知识和能力，以适应这种多领域交叉的工作模式。

③ 创新与创造力是新劳动者的核心素质。在个性化定制生产中，每个产品都是独特的，这要求劳动者能够发挥创造力，设计和制造出满足用户个性化需求的产品。同时，创新思维也是解决生产过程中遇到的问题和挑战的关键。

④ 协作与沟通技巧对于新劳动者同样重要。在团队协作日益成为常态的今天，劳动者需要具备良好的沟通能力，以便与不同背景和专业的团队成员有效合作。同时，随着远程工作和全球化的推进，跨文化的沟通能力也变得越来越重要。

⑤ 对技术的适应和掌握成为新劳动者的基本要求。无论是操作先进的生产设备，还是使用数据分析和设计软件，劳动者都需要具备相应的技术能力，以适应大规模个性化定制生产的需求。

（3）新社会企业：社会责任与创新的结合

在大规模个性化定制生产模式的背景下，新社会企业应运而生，它们不仅追求经济利益，更注重社会责任与创新的结合。这些企业通过创新的方式解决社会问题，同时推动可持续发展。

① 新社会企业在产品设计和生产过程中，将社会责任作为核心考量。新社会企业采用环保材料，减少生产过程中的能源消耗和废物排放，致力于实现绿色生产。通过这种方式，企业不仅减少了对环境的负面影响，也满足了消费者对可持续产品的需求。

② 新社会企业在提供个性化定制服务时，注重满足不同消费者群体的特殊需求。通过收集和分析消费者数据，新社会企业能够更深入地了解消费者，为他们提供更加精准和个性化的产品和服务。这种以消费者为中心的创新，不仅提升了消费者的满意度，也为企业带来了竞争优势。

③ 新社会企业通过共享经济模式，促进资源的高效利用。新社会企业通过建立

共享平台，鼓励消费者共享产品或服务，减少资源浪费。这种模式不仅提高了资源的使用效率，也有助于构建更和谐的社会关系。

④ 新社会企业在创新过程中，积极与政府、非政府组织和其他企业合作，共同解决社会问题。通过跨界合作，新社会企业能够汇聚更多的资源和智慧，共同推动社会创新和进步。

⑤ 新社会企业在追求经济效益的同时，也注重企业的社会责任。新社会企业通过参与社会公益活动，支持教育、医疗和扶贫等事业，为社会的发展做出贡献。这种对社会责任的承担，不仅提升了企业的品牌形象，也增强了消费者对企业的信任和忠诚。

第二章 大规模个性化定制解读

2.1 工业生产模式的演进

工业作为国民经济的核心动力，其持续发展不断推动人类社会与经济的繁荣。200 年来，世界工业经历了多次革命性的飞跃，从机械化、电气化、自动化、信息化迈向智能化，显著提高了人类的物质生活水平。如今，随着工业互联网、物联网、大数据、人工智能等新一代信息技术的迅猛发展和广泛应用，工业发展正在面临一场新的革命性变革，亟须发展一种新的生产模式推动产业转型升级，大规模个性化定制正是与这场变革高度匹配的生产模式。工业革命与生产模式演进如图 2.1 所示。随着工业技术的不断发展，工业生产模式的演进经历了 6 个阶段。

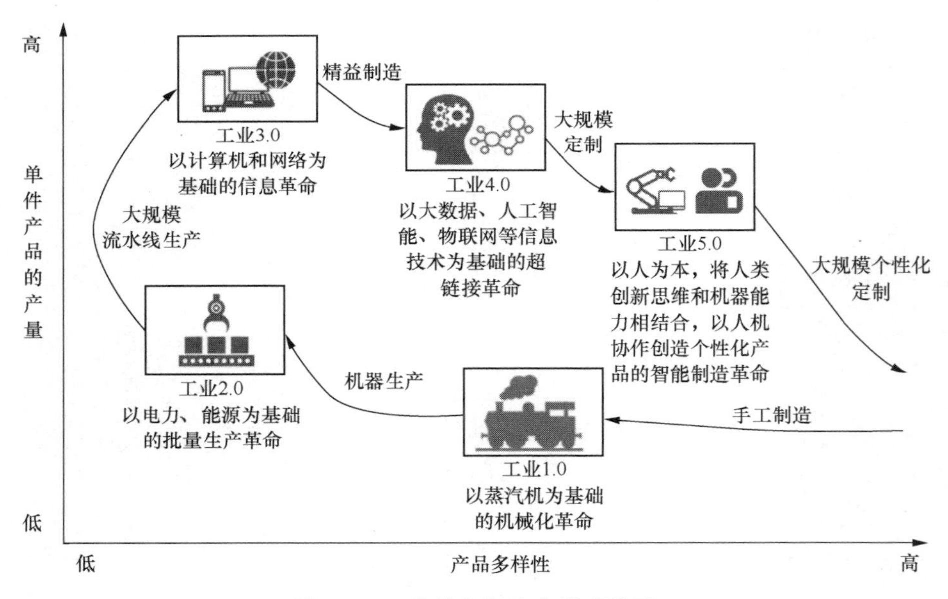

图2.1 工业革命与生产模式演进

（1）第一阶段——手工制造

第一次工业革命（工业 1.0）以前，人类社会处于农业时代，生产设备配置简单，制造业生产主要依赖工匠的制作经验和技术技能，采用的是“量体裁衣”的手工制造模式，生产效率低，成本高，难以保证质量且生产周期较长，但因其完全按照用户的确定需求进行生产，故能充分满足用户的特定要求。手工制造在本质上是一种用户化生产，依靠手工技艺和传统工具进行单件 / 小批量产品的制作，体现和反映范围经济（旨在强调生产不同种类产品所获得的经济性）的理念，倡导的是多样化生产。

（2）第二阶段——机器生产

18 世纪 60 年代，第一次工业革命（工业 1.0）开始，人类社会进入蒸汽机时代。资本主义国家相继完成农业革命，用户对工业产品的需求量极大增加，手工制造无法满足市场的需求。随着蒸汽机技术的改良和应用，工人操作机器生产，带来了生产效率的提升和生产成本的降低，增加了产品的多样性，但复杂产品的生产效率仍旧低下。

（3）第三阶段——大规模流水线生产

19 世纪下半叶，第二次工业革命（工业 2.0）开始，人类社会进入电气化时代，电的发明和电力应用促进了制造装备的迭代升级，以福特 T 型车装配流水线为代表的大规模流水线生产应运而生，大幅提高了生产效率，其成本低廉且产品质量有可靠保障，在人们生活水平较低且商品紧缺的年代颇受欢迎，获得了巨大的成功；但是由于产品设计和制造过程均由企业主导且几乎没有用户参与，故难以满足用户的多样化需求。大规模流水线生产通过大规模效益和低成本优势来提高竞争力，获取最大的利润，是规模经济理念下的一种少品种、大批量的生产方式。

（4）第四阶段——精益生产

20 世纪 40～50 年代，第三次工业革命（工业 3.0）开始，人类社会进入信息化时代，精益生产成为工业生产的主流模式，企业致力于识别并消除生产过程中的一切非增值活动，例如过度生产、等待时间、不必要的运输、过程中的缺陷、过多的库存等，鼓励通过不断的小步改进来提高生产效率和产品质量。从本质上看，精益生产就是大规模流水线生产。在这一时期，市场供需关系发生重大变化，用户需求的多元化、个性化开始凸显，大规模批量生产的产品开始供过于求。

（5）第五阶段——大规模定制

第四次工业革命（工业 4.0）以后，人类社会进入智能化时代，技术的不断进步使产品性能的差异越来越小，产品之间的互补性、替代性不断提高，消费活动与自我概念的关联愈发密切，用户不再满足于购买同质化的产品，而是倾向于独一无二的定制产品和服务，以实现个体情感上的共鸣与满足。工业生产从以“产品”为中心向以“用户”为中心转换，大规模定制成为制造业发展的新趋势。**大规模定制的核心要义是从系统整体优化的角度出发，充分挖掘和利用现有资源，通过模块化设计对产品结构和制造过程进行重组，将定制产品的生产从小批量转变为大批量，以大规模生产的低成本、高效率和高质量为用户提供个性化定制的产品，满足用户的需求。在大规模定制模式下，用户通过企业的交互定制平台，从设计师提前设计好的有限的模块潜在**

组合中选择与需求匹配度最高的产品，并没有真正参与产品的设计过程。

（6）第六阶段——大规模个性化定制

欧盟提出了全新的工业 5.0 发展概念，其核心是以人为本，注重大规模个性化定制、弹性和可持续性。通过人机协作，机器成为人类的助手，与工人在同一平台、同一空间互补与协助，实现柔性、高效、灵活的生产。**大规模个性化定制是对大规模定制的进一步发展，是用户需求驱动，并深度参与企业全流程、零距离互联生态资源，快速、低成本、高效地提供定制化产品、服务和增值体验的智能制造模式。在这一模式下，企业精准捕捉特定场景、特定领域的个性化需求，精准匹配制造资源、快速驱动生产制造。用户能够参与产品设计过程，产品种类得到极大丰富，用户需求得到极大满足。**

2.2 大规模个性化定制的研究历程

大规模个性化定制的研究总体上历经概念提出（20 世纪 70～90 年代）、概念深化（2000—2010 年）和概念演进（2010 年至今）3 个阶段。大规模个性化定制概念研究历程如图 2.2 所示。

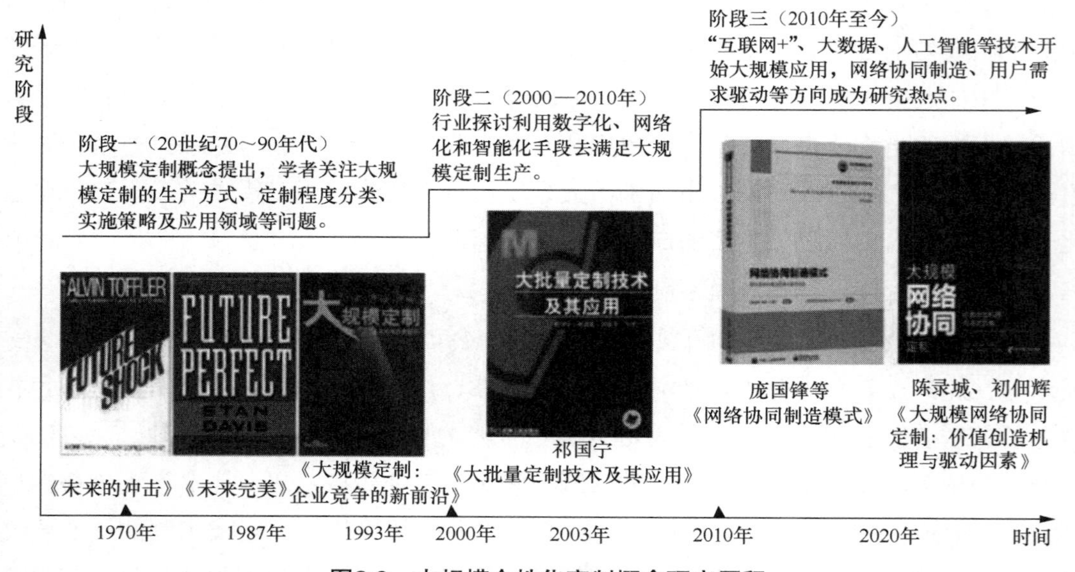

图2.2 大规模个性化定制概念研究历程

1970 年，阿尔文·托夫勒在他出版的专著《未来的冲击》中，提出一种全新的生产方式设想，即“以类似于大规模生产的时间和成本提供满足用户特定需求的产品和（或）服务”，此种生产方式于 1987 年被斯坦·戴维斯在《未来完美》一书中首次定义为“大规模定制（Mass Customization）”。1993 年，B·约瑟夫·派恩在《大规模定制：企业竞争的新前沿》中提出，大规模定制的核心为产品或服务品种的定制化与多样化急剧增加，满足个性化定制需求的同时不相应地增加成本，最大优点在于提供战略优势和经济价值。1996 年，兰佩尔等认为在完全定制与完全标准化之间存在一个战略的连续集，并根据用户参与设计的程度提出了大规模定制的 5 个水平，即完全标准化、细分标准化、定制标准化、剪裁定制化和完全定制化。这一时期，学者们重点关注大规模定制的生产方式、定制程度分类、实施策略及应用领域等问题，探讨如何实现个性化定制与成本的平衡。

进入 21 世纪，大规模个性化定制的研究逐渐成为热点。2000 年，詹姆斯·吉尔摩和约瑟夫·派恩再次提出“大规模个性化旨在通过用户参与价值共创（Value Co-creation）过程并充分体验企业排他的或首选的个性化服务，真正实现面向个人市场（Market of One）高度个性化，其最显著特征在于用户体验”，探索了大规模定制的前景和问题。周炳海等人提出大批量定制的内涵：大批量是指生产产品的批量大，定制是指按用户需求为用户提供个别的服务；大批量定制生产是一个综合考虑市场环境影响和产品的用户个性化需求的现代化大批量制造模式。祁国宁等人系统研究了大批量定制及其模型构建的一般性方法，并在 2003 年出版专著《大批量定制技术及其应用》，将相关成果写入其中。2001 年，西尔维亚和鲍伦斯坦曾对大规模定制的生产模式及多品种大量生产所引发的制造资源冲突等问题进行系统分析与论述。2002 年，安德森以个性化产品需求为驱动，研究了大规模定制模式下用户参与产品族开发设计的模式及其影响。2005 年，阿多莫休斯等基于迭代反馈原理提出了面向过程视角的个性化实现与优化流程，构建了“理解用户需求—传输个性化产品—测量个性化影响”的迭代过程。2007 年，库玛提出了大规模定制战略正在转变为大规模个性化战略，提出了推动大规模定制向大规模个性化转型的重要因素。为了将用户行为施加到个性化的产品与服务上，阿多莫休斯等基于迭代反馈的原理，提出了一个能够理解用户需求、提交个性化产品和测评个性化效果的个性化流程。杨青海、祁国宁等人认为大规模定制生产方式既能满足客户的定制化需求，又能在大量定制产品的生产中实现接近大规模生产的效率 / 成本指标的目标，从而在市场竞争中赢得优势。这段时期，研究者们主要关注用户需求驱动的生产模式，大规模个性化定制的概念逐步深化；分析用户参与产品开发的模式及其影响，探讨大批量定制生产的内涵和多品种大量生产引发的制造资源冲突问题，利用数字化、网络化和智能化手段满足大规模定制生产。

2010 年以来，国内知名专家和学者先后针对网络协同制造模式进行系统性研究：《网络协同制造模式》对某些关键要素和关键环节进行了深入的技术性剖析；《大规模网络协同定制：价值创造机理与驱动因素》研究了大规模定制的价值创造机理，系统分析了大规模定制的驱动因素，包括动机、模块化、供应链整合和大数据分析能力，并基于实验研究方法提出大规模定制中的营销策略。2021 年，肖人彬等人提出大规模个性化设计基本框架和实施流程，阐述用户参与设计的网络交互平台、开放式体系结构产品平台、数据驱动、3D 打印和韧性制造等支撑大规模个性化设计的关键技术。新时期的研究内容着眼于大规模个性化定制的概念演进，主要侧重点在网络协同制造模式、大规模网络协同定制等，同时智能制造、互联网、大数据、人工智能等技术开始大规模应用，在需求交互、产品定制、柔性生产等场景促进大规模个性化定制模式的落地。

2.3　大规模个性化定制的基本原理

大规模个性化定制的方法和技术以减少产品内部多样化、增加产品外部多样化为目标，建立在相似性原理、重用性原理、全局性原理、平均成本原理和定制点原理等基本原理的基础上。相关基本原理为解决个性化定制与大批量之间的矛盾指明了方向和思路，可用于大批量定制的设计、管理和制造等环节。大规模个性化定制的基本原理总结如下。

（1）相似性原理

相似性是指大规模个性化定制产品族在用户需求、产品功能、产品结构、零件几何特性及生产过程等方面所存在的相似性，定制的关键是识别和利用大量存在于不同产品和过程中的相似性。

（2）重用性原理

重用性是指大规模个性化定制产品族中相似单元的可重新组合和可重复利用的性质。大规模定制产品族中存在大量的相似单元，通过这些单元的重用，将定制产品的生产问题转化为或部分转化为批量生产问题。

（3）全局性原理

全局性是指大规模个性化定制与产品族全生命周期相关的性质，并涉及开发、设计、制造和管理过程、时间及成本。全局性原理要求从全局出发，解决批量生产与定制生产的矛盾，面向整个产品族和产品族全生命周期提高相似性，并尽可能地将相似性转化为重用性。

（4）平均成本原理

面向产品族实施大规模个性化定制，扩大定制范围，实现定制数量的增加，从而降低产品的平均成本。通过比较发现，产品相似度越高，其平均成本曲线越接近大批量生产的平均成本曲线；通过模块化开发设计提高产品和过程的相似度，可显著降低产品的平均成本。

（5）定制点原理

定制点是指企业生产活动由基于预测的库存生产转向响应用户需求的定制生产的转换点，与定制价值和定制成本关系密切，是评估大规模个性化定制可行与否的分界点。

2.4　大规模个性化定制的价值形成路径

总体来看，市场经济下的人类生产实践活动涉及的主体是企业和用户两方，价值是由谁创造的，一直是学者研究的关键问题之一。传统的价值观理论认为，用户只是纯粹的价值使用者，价值是由企业创造并在价值链上线性传递给用户。随着市场竞争环境的变化及营销实践的发展，用户从之前被动接受企业的产品和服务到现在可以分配或操作所掌握的有形资源和无形资源来共同创造价值，其身份已发生转变，企业不再是价值的唯一创造者，价值是由企业和用户互动共同创造的。从根本上讲，企业与用户之间是一种共生共存的相互依赖关系，只有充分合作，才能实现共赢并创造出充分有效的价值，这就是价值共创的基本理念。

根据这一理念，生产模式的描述需要借助由生产维度（代表企业方）和用户维度（代表用户方）所构成的二维结构来刻画企业与用户的相互关系。二维结构下的生产模式如图 2.3 所示。

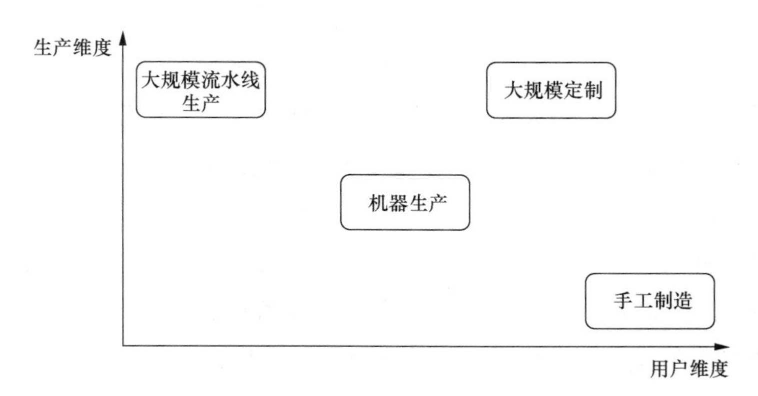

图2.3　二维结构下的生产模式

手工制造在生产维度的取值很低，而大规模流水线生产在用户维度的取值很低，两者的二维结构描述实际上可以认为都已（近似）退化成为一维结构（手工制造处于用户维度的单一维度，大规模流水线生产和精益制造处于生产维度的单一维度），它们在本质上属于单一维度。手工制造完全由用户掌控和主导，大规模流水线生产则完全由企业掌控和主导，这些生产模式下都有一方处于被动接受的状态，在互动过程中没有起到实质性作用，因此，用户与企业之间的不平等关系导致两者之间难以形成有效互动，也就不存在具有实质性意义的价值共创空间。这两种生产模式下的价值形成并非企业与用户共同创造出来的，而是通过价值交易的方式实现的。大规模定制的生产维度和用户维度都有实质性意义，需要采用二维结构才能有效描述，它是以用户维度为主导的，在生产效率和成本方面接近大规模流水线生产，但在个性化程度方面明显超越了大规模流水线生产，工业生产转向以用户为中心，企业与用户之间是平等形式的互利关系，共享共赢的利益驱动着双方趋向合作，通过有效互动实现价值共创。

大规模个性化定制是对大规模定制的进一步发展，并且用户需求在企业与用户的交互过程中发挥的主导作用更明显。此外，大规模个性化定制更加凸显精准服务和优质服务的重要性，因此，在对其进行描述时需要引入服务维度而构成生产模式的三维结构，服务维度代表企业方通过服务获得的增值收益，处于三维结构的核心位置。在三维结构下，大规模个性化定制生产模式可以用一个五元组来描述：

$$\mathrm{MPC}=\{\Omega, C, P, S, V\}$$

式中，Ω 代表生产模式所处的社会环境，C 表示用户维度，P 表示生产维度，S 表示服务维度，V 表示用户与企业共同创造的价值。

大规模个性化定制有 3 类参与者，包括用户（对应用户维度）、企业领导（对应生产维度）和企业员工（对应服务维度），据此，企业与用户之间的互动也有多种形式：员工与用户的互动、员工与企业领导的互动、员工之间的互动、企业领导与用户的互动，其中领导与用户的互动是以员工为中介实现的。按照“局部作用导致整体涌现”的基本原理，大规模个性化定制的价值涌现就源于这些局部的交互作用。

① 员工与用户的互动。在物联网时代，企业的核心特征将是生态型组织，它成为物联网时代的管理新范式；相应地，生态型企业成为物联网时代的企业管理新范式。生态型企业的用户与企业不是单纯的产品交易，而是通过员工与用户的反复互动，不断地创造用户的需求，据此锁定用户，最终打造出终身用户。这种员工与用户的互动作为体验经济的产物，具有深度交流、长期交互的特点。

② 员工与企业领导的互动。生态型企业是与大规模个性化定制相匹配的企业形式，其组织结构打破了科层制，使金字塔结构发生逆转，演化为倒三角结构。在倒三角结构中，员工为用户服务，企业领导为员工服务；员工成为自主人，用通俗的说法就是人人都是 CEO。

③ 员工之间的互动。生态型企业的运作靠链群，它是生态链上的由员工组成的

小微群，所有的小微聚集成为一个生态链就是链群。生态链上的每个节点可以独立进化，具有量子组织的特点，能够迅速适应不确定性，有效应对外部环境的变化。

④ 企业领导与用户的互动。在以往的生产模式下，企业领导作为员工的上级，通常直接响应用户的需求。在大规模个性化定制下，企业领导处于从属位置，通过为员工提供支持的方式，与用户间接互动。

在大规模个性化定制实施的过程中，用户、员工及企业领导之间存在多重交互作用，用户在价值创造的过程中发展成为具有长期互动关系的终身用户，大规模个性化定制的价值形成过程呈现涌现性，以价值涌现的方式表现出来。

从复杂性的视角来看，分析不同生产模式中的价值形成演化历程，其形成了 3 个维度下的价值形成路径。生产模式的价值形成路径如图 2.4 所示。

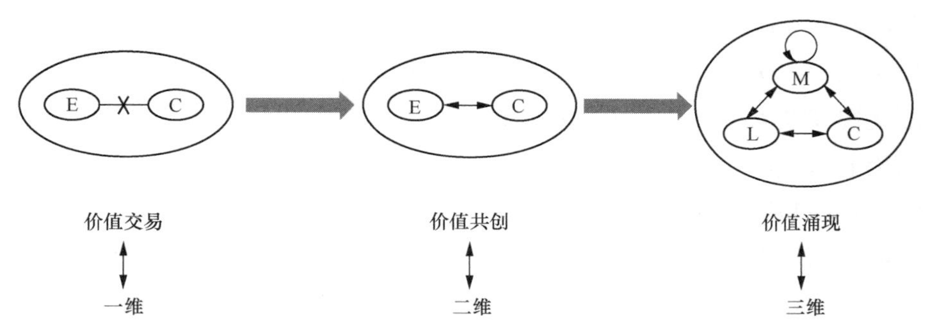

图2.4 生产模式的价值形成路径

C 代表用户，E 代表企业，M 代表员工，L 代表领导。手工制造和大规模流水线生产都是 C 和 E 单方主导的，实际上属于一维结构，通过价值交易实现价值形成；大规模定制则是 C 和 E 双方都各自发挥作用，本质上是一种二维结构，其价值形成路径是合作共赢的价值共创；大规模个性化定制将 E 分解为 M 和 L 两种角色，存在着 M 与 C、M 与 L、M 与 M、L 与 C 等多种形式的长时段、多重交互作用，其价值形成具有涌现性，采用的是价值涌现方式。

2.5 大规模个性化定制系统的通用性要求

大规模个性化定制旨在满足消费者对个性化产品和服务的需求，同时保持生产效率，成本控制。为实现这一目标，大规模个性化定制系统必须满足包括数据管理、技术实现、用户体验等在内的通用性要求。

（1）良好的用户体验

大规模个性化定制的目的是提升用户体验：首先，系统需要提供直观、易用的用户界面，确保用户能够轻松参与产品交互的定制过程，与设计师共创产品设计方案；其次，系统应能够根据用户的具体需求和偏好，为用户提供深度定制的产品和服务；最后，系统还需要快速、及时地响应用户的需求和变化，实时更新个性化内容。

（2）强大的数据管理能力

成功的个性化定制需要大量的数据支持，包括用户行为、偏好设置、交互历史等，因此，系统需要具备高效的数据收集、存储能力，能够对海量数据进行快速的分析和处理，从中提取有用的信息和模式，并建立准确的用户画像，以深入了解用户的需求、兴趣和行为习惯。大规模个性化定制的实现通常涉及企业内的多个系统和数据源，因此需要具备良好的系统集成能力，能够与其他系统或平台无缝集成，实现数据共享和交互。

（3）高效的算法和技术支持

个性化定制的实现依赖于机器学习等复杂的算法，因此，系统需要具备高效、稳定的算法实现和技术支持来分析用户数据和生成个性化推荐方案，随着用户数量的增加和数据量的增长，系统还应具备良好的扩展能力，并设计成高可用性和容错性，确保服务的稳定性和连续性。

（4）灵活的业务适应性

生产系统需要具备高度灵活的架构和设计，能够快速重构生产线以适应不同产品规格和设计的变化，实现多品种、小批量订单的高效混流生产。采用模块化设计，通过组合不同的模块来满足用户的个性化需求，同时简化生产流程和库存管理。供应链必须能够敏捷地响应用户需求的变化，支持物料采购、生产制造、物流配送、售后服务等业务流程的各个环节，当调整生产计划时，能迅速保证物料的供应。

2.6 大规模个性化定制的标准制定

当前，大规模个性化定制的标准制定工作正在稳步推进，各行业和领域的头部企业通过国际标准化组织（International Organization for Standardization，ISO）、国家标准化管理委员会等机构，积极制定和完善相关标准。这些标准涵盖了产品设计、生产流程、数据管理和用户体验等多个方面，旨在提升生产效率、降低成本、提升产品质量，并满足用户的个性化需求。

在国际标准方面，2017 年，卡奥斯 COSMOPlat 联合中国电子技术标准化研究院等单位成立的 IEEE 大规模个性化定制工作组开始起草国际标准 IEEE P2672《大规模个性化定制通用要求指南》，提出了以用户需求为核心的大规模个性化定制通用要求，内容涉及从理解用户需求到产品交付的整个流程和大规模个性化定制所需的系统架构。此外，还介绍了包括模块化设计、柔性制造、增材制造在内的关键技术，规定了大规模个性化定制实施过程中数据的格式和管理方法。该标准于 2023 年正式批准通过，填补了大规模个性化定制领域国际通用方法论的空白，为全球制造企业实施大规模个性化定制生产模式提供了方法论指导，帮助企业更加精准地理解用户需求，降低库存，提高产品差异化和多样性，增加利润及实现边际效益递增。

2018 年，卡奥斯 COSMOPlat 启动了国际标准 IEC PAS 63441《面向工业自动化应用的工业互联网系统功能架构》，定义了面向工业应用的工业互联网系统的功能架构和功能模型，展示了端、边和云之间的模型、结构、活动和交互内容，为大规模个性化定制的实现奠定了设施基础，该标准于 2022 年正式被批准通过。

2019 年，卡奥斯 COSMOPlat 启动了国际标准 ISO DIS 62264-1《大规模个性化定制价值链管理 第 1 部分：框架》，为制造企业提供了一个全面的框架，指导企业如何在价值链的每个环节实施有效的管理和控制，以支持个性化定制产品的开发、生产和交付。这包括对设计、计划排产、柔性制造、物流配送和售后服务等环节的数据采集与分析，目的是提高企业快速、低成本满足用户个性化需求的能力。这三大国际标准为大规模个性化定制提供了一套完整的方法论和工具，帮助企业在全球范围内实现更加灵活和高效的生产模式。

在国家标准方面，国家市场监督管理总局和国家标准化管理委员会陆续发布了 GB/T 42198—2022《智能制造 大规模个性化定制 需求交互要求》、GB/T 42134—2022《智能制造 大规模个性化定制 术语》、GB/T 42199—2022《智能制造 大规模个性化定制 设计要求》、GB/T 42200—2022《智能制造 大规模个性化定制 生产要求》、GB/T 42202—2022《智能制造 大规模个性化定制 通用要求》和 GB/T 23031.5—2023《工业互联网平台 应用实施指南 第 5 部分：个性化定制》，目的是规范我国制造企业向大规模个性化定制的过渡转型，提高生产效率和产品质量，同时满足市场和消费者对个性化产品的需求，以推动智能制造的发展，促进制造业转型升级，提升中国制造业的国际竞争力。

2.7　基于大规模个性化定制的企业管理模式创新构想

（1）基于大规模个性化定制的企业管理模式创新框架

创新框架是构建基于大规模个性化定制的企业管理模式所采用的策略方法，为创新构想提供了指导和支持。基于大规模个性化定制的企业管理模式创新框架如图 2.5 所示。

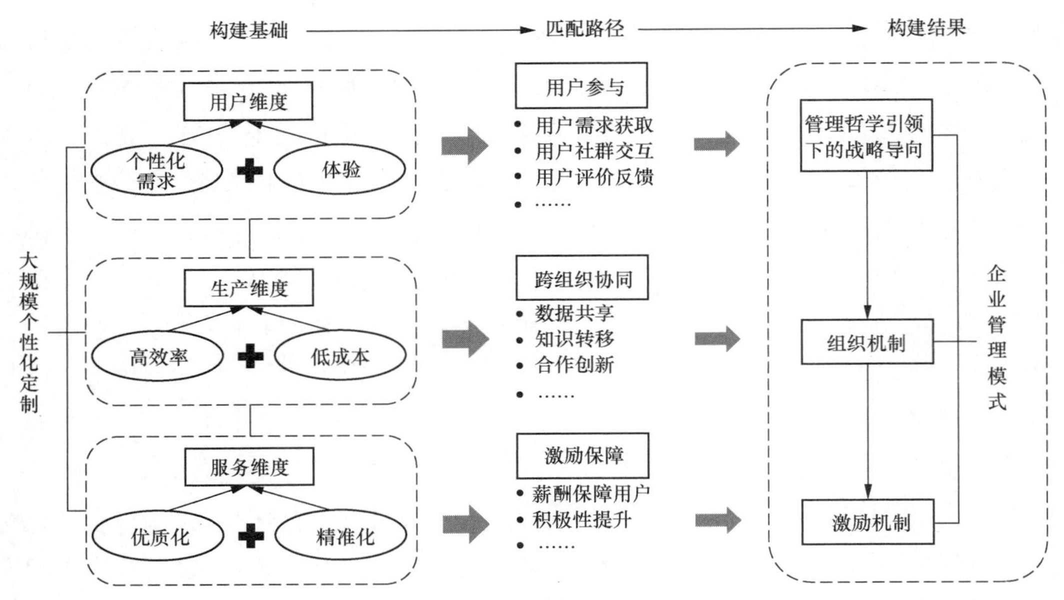

图2.5　基于大规模个性化定制的企业管理模式创新框架

基于大规模个性化定制的企业管理模式创新框架包括构建基础、匹配路径和构建结果 3 个部分，即在大规模个性化定制理论的三维结构基础上，将三维结构通过匹配路径逐一对应形成企业管理模式的基本构成要素。

首先，构建基础是大规模个性化定制的三维结构。大规模个性化定制是由用户维度、生产维度、服务维度组成的生产模式。用户维度追求的是用户的个性化需求和体验，生产维度追求的是高效率和低成本，服务维度追求的是优质化和精准性，三者之间形成了一个闭环。

其次，匹配路径是指导企业构建企业管理控制模式的具体策略，是将大规模个性化定制三维结构与企业管理模式基本构成要素逐一对应。具体来说，用户维度通过用户参与匹配出企业管理模式在管理哲学引领下的战略导向，生产维度通过跨组织协同匹配出企业管理模式的组织机制，服务维度通过激励保障匹配出企业管理模式的激励机制。

最后，构建结果是形成企业管理模式，即企业建立管理哲学引领下的用户战略导向。用户战略导向也决定企业需要进行跨组织协作，通过资源互补和创新能力的提升，进行灵活、高效的组织运作。组织机制的有效开展也需要薪酬激励作为保障。这种激励机制有助于激发员工的工作动力和创新潜力，最终推动企业的绩效提升和创新发展。

（2）基于大规模个性化定制的企业管理模式创新内容

基于大规模个性化定制的企业管理模式创新内容是创新构想的具体体现。基于大规模个性化定制的企业管理模式创新内容见表 2.1，创新内容是对企业管理模式基本构成要素的内容的扩展，有助于创新构想的实施和落地。

表2.1　基于大规模个性化定制的企业管理模式创新内容

三维结构	企业管理模式创新内容	
用户维度	根植中华文化的管理哲学，及其引领下的用户战略导向与企业生态	
生产维度	组织机制	决策机制："去中心化"的权力配置方式 组织结构："去中介化"的资源配置形式、"无边界化"的组织间联系
服务维度	激励机制	"激励相容"的薪酬激励设计

基于大规模个性化定制用户思维的企业管理模式创新内容是根植中华文化的管理哲学及其引领下的用户战略导向与企业生态。用户维度要求企业管理模式的管理哲学引领下的战略导向创新内容要围绕用户展开。一方面，中国本土企业的管理哲学需要根植中华文化情境，以增强本土的适应性，例如将"变易、不易、简易""无为而治"或"道法自然"等哲学思想与企业管理活动相结合，围绕市场上的用户需求，让用户参与企业的价值创造和价值实现活动，谋求企业与用户的和谐共生。另一方面，管理哲学引领下的用户战略导向要实施以用户为中心的战略思维和方法，将用户的需求、期望和体验置于首要位置，以用户为核心来指导企业的战略制定和执行。

基于大规模个性化定制生产维度的企业管理模式组织机制创新内容包括决策机制和组织结构的创新，其中，决策机制是"去中心化"的权力配置方式，组织结构是"去中介化"的资源配置形式和"无边界化"的组织间联系。大规模个性化定制生产追求的是高效率和低成本，企业需要的创新决策机制为"去中心化"的权力配置方式，即企业将部分权责归属到员工，这将加速企业内外部的知识转移，使员工更有动力和能力创造出满足用户需求的产品和服务，助力高效率和低成本策略的实现。同时，企业需要的创新组织结构为"去中介化"的资源配置形式和"无边界化"的组织间联系，这种减少中间环节和跨组织间的良好协作本质上是一个快速反应的组织流程系统，不仅能够提高资源的利用效率，而且有利于降低时间成本和信息不对称成本等组织成本。

基于大规模个性化定制服务思维的企业管理模式激励机制创新内容是"激励相容"的薪酬激励设计。大规模个性化定制服务维追求的是优质化和精准性，作为一种额外事项，需要企业激发员工的积极性和创造力，因此，企业需要创新"激励相容"的激励机制才能保证服务维度的实现。该机制是确保员工在追求自身价值的同时也能够促进企业价值最大化，实现个体价值与整体价值的一致性，前提是获取用户评价信息，视用户评价信息作为业绩评价标准。"激励相容"的激励机制可以激发员工的工作动力，使他们更加投入到工作之中并提高工作效率和用户服务质量。同时，以用户评价作为业绩评价标准也鼓励员工持续提出创新和改进意见，推动服务的优化和精准化。

技术篇

第三章 大规模个性化定制的关键技术

大规模个性化定制是现代制造业中一个重要的发展趋势，旨在满足消费者日益增长的个性化需求，同时保持与大规模生产相似的成本效率和生产效率。实现这一目标的核心技术主要包括个性化需求技术、智能化产品设计与制造技术、工业智能互联平台技术。大规模个性化定制技术图谱如图 3.1 所示。

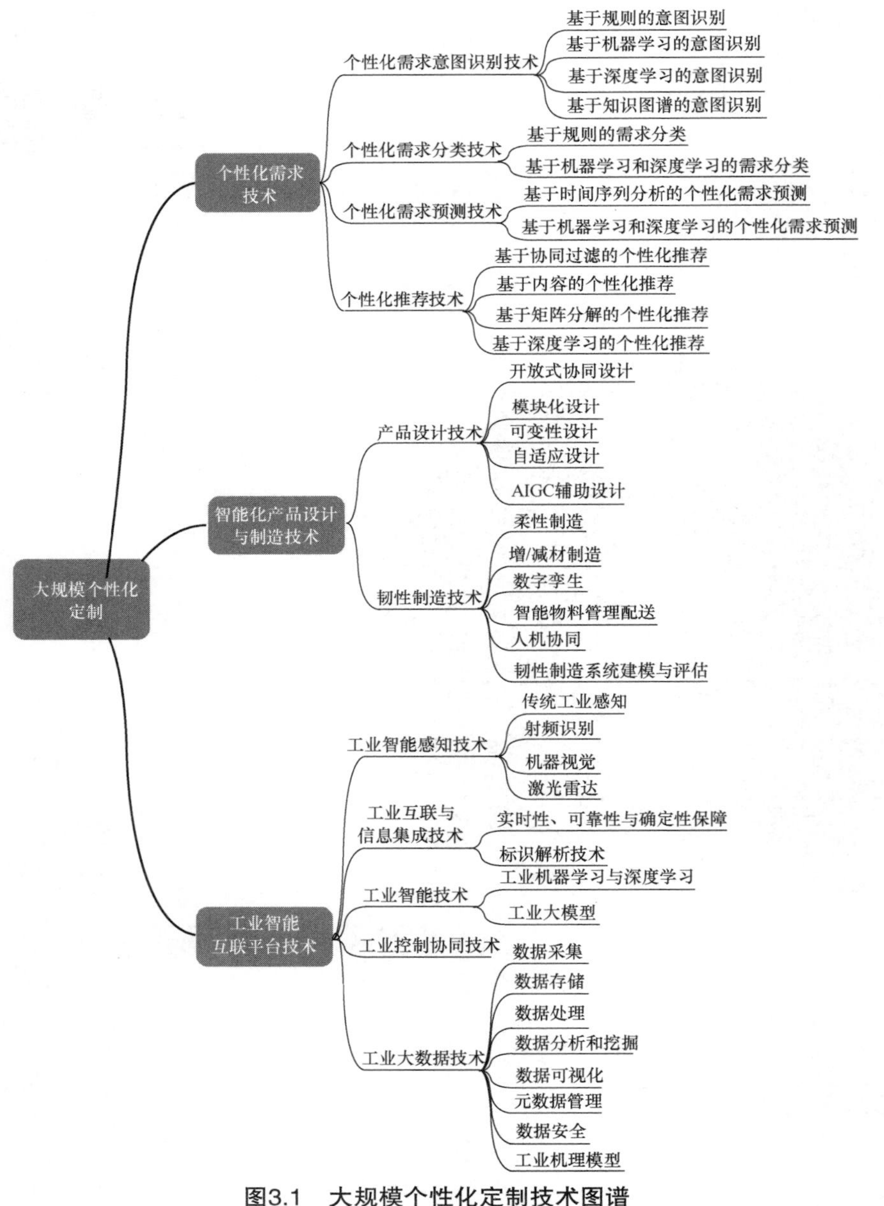

图3.1 大规模个性化定制技术图谱

第四章 个性化需求技术

个性化需求是指根据每个用户的特定偏好、需求、行为习惯或背景定制产品或服务的需求，这种需求强调在设计和提供商品或服务时，注重反映消费者的个性化特征，以此提供更个性化的体验。随着人们生活水平的日益提升，用户的个性化需求爆发式增长。个性化需求的满足通常基于对用户数据的收集与分析，这些数据包括以下内容。

① 用户行为数据。例如浏览历史、购买历史、应用使用习惯等。

② 用户提供的信息。例如通过问卷调查或直接输入喜好、兴趣、生活方式信息等。

③ 社交媒体和网络互动。分析用户在社交平台上的活动，例如点赞、评论和分享等行为。

研究个性化需求技术对大规模个性化定制的实施具有以下 5 个重要意义。

① 提升定制化精度。通过深入研究个性化需求技术，企业可以更准确地理解和预测消费者的具体需求和偏好，这不仅帮助企业为每个用户设计和提供更符合其期望的产品，还可以通过精准的市场细分，开发出更受目标市场欢迎的产品线。

② 优化生产和供应链管理。个性化需求技术的研究可以帮助企业在生产过程中实现更灵活的操作，例如按需生产，减少库存成本，快速响应市场变化，也支持企业在生产过程中实施更高效的资源分配和时间管理。

③ 提高用户满意度和忠诚度。个性化产品能够更好地满足用户的特定需求，从而显著提高用户满意度，当用户看到其具体需求被精准识别并得到满足时，更有可能形成长期的品牌忠诚，因此，研究个性化需求技术可以直接影响到用户的留存率和企业的品牌形象。

④ 增强市场竞争力。在竞争激烈的市场环境中，能够提供个性化产品和服务的企业往往能更有效地吸引顾客，研究和实施个性化需求技术使企业能够推出创新的产品，从而在市场上脱颖而出，增强其竞争力。

⑤ 数据驱动的决策制定。个性化需求技术涉及大量数据的收集和分析，这些数据可以为企业提供有力的决策支持，帮助企业在战略规划、市场定位、价格策略等方面做出更加精确的决策。

在大规模个性化定制模式的实施过程中，个性化需求意图识别、需求分类、需求预测和个性化推荐是企业为用户提供个性化服务和产品开发的 4 个关键环节，它们相互关联，共同构建了一个以用户为中心的服务系统：个性化需求意图识别提供了原始数据和用户当前的个性化需求信号；需求分类对这些原始数据进行组织，使其更容易被分析和处理；需求预测使用经过分类的数据来预测用户未来可能的需求变化；个性化推荐则是基于预测结果，向用户推荐最有关联的产品或服务。个性化需求意图识别为需求分类提供输入，需求分类为需求预测提供结构化数据，而需求预测则为个性化推荐提供决策支持。这 4 个关键环节形成了一个连续的过程，通过不断迭代和优化，可以更加准确地捕捉和满足用户的个性化需求。

4.1　个性化需求意图识别技术

在当今数字化和高度互联的世界中，个性化服务已成为提高用户体验和满足用户需求的关键。为了实现这一目标，准确识别用户的个性化需求意图至关重要，这不仅要求企业能够理解用户的直接请求，更要能够洞察用户的潜在需求和偏好。因此，意图识别是理解个性化需求的第一步，开发和应用高效的意图识别技术是满足个性化需求的基石。

个性化需求意图识别技术的研究和应用，跨越了从规则基础到先进的机器学习和深度学习算法的广泛领域。这些技术能够从用户行为、历史数据及互动内容中提取有价值的信息，进而推断出用户的意图。本节将深入探讨 4 种主要的意图识别模型和方法，即基于规则的意图识别、基于机器学习的意图识别、基于深度学习的意图识别及基于知识图谱的意图识别。每种方法都有其独特的优势和应用场景，它们共同构成了理解和响应用户个性化需求的复杂体系。

4.1.1　基于规则的意图识别

基于规则的意图识别是自然语言处理中一种传统的意图识别方法，这种方法依赖于预定义的规则集合来解析用户输入（例如文本或语音），从中提取用户的意图。随着机器学习和深度学习技术的发展，虽然基于规则的方法在某些领域被新方法取代，但在处理结构化的查询或者规则明确的场景中，基于规则的模型因其高效性和可解释性仍然具有不可替代的价值。关键词匹配、模式匹配、决策树、正则表达式、句法分析和语义规则都是典型的基于规则的方法。

1. 关键词匹配

关键词匹配是自然语言处理中一种基本而直观的技术，它在意图识别、信息检索和文本分类等多个领域发挥着重要作用。从本质上看，关键词匹配的方法是通过识别用户输入或文本中的特定关键词或短语来推断其含义或意图。尽管这种方法相对简单，但在许多应用场景中，它仍然是一个非常有效的工具。

关键词匹配的核心是维护一个关键词列表，每个关键词都与一个或多个特定的动作、类别或意图相关联。当系统处理用户输入的文本时，它会扫描这些文本，查找列表中的关键词。如果发现了这些关键词，系统就会根据关键词与之关联的动作或意图做出响应。这个过程非常迅速且高效，因为它不需要深入理解文本的语义内容，只需要识别关键词的出现。基于关键词匹配的意图识别流程如图 4.1 所示。

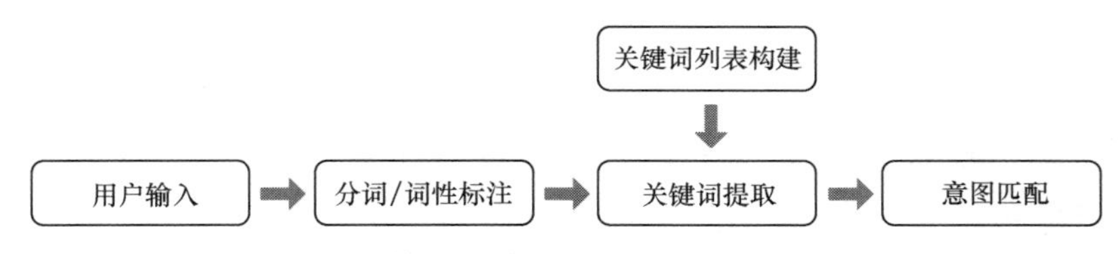

图4.1　基于关键词匹配的意图识别流程

关键词匹配的意图识别有以下 4 步。

① 用户输入。用户提供文本或语音输入，语音输入会转换为文本输入。

② 分词 / 词性标注。将用户输入的文本分割成单词或短语，并标注每个词的词性（名词、动词等）。

③ 关键词提取。从用户输入中提取与意图相关的关键词或短语，这些关键词通常是与特定意图相关的术语或短语。

④ 意图匹配。使用提取的关键词与关键词列表中预定义的内容进行匹配，确定最可能的意图。

常见的关键词匹配策略包括精确匹配、短语匹配、广泛匹配、同义词匹配、布尔检索、词干匹配等。

① 精确匹配。精确匹配是指用户输入的查询关键词与数据库中的关键词完全一致，意味着更精准的意图识别。

② 短词匹配。短语匹配是指当用户查询包含一系列词时，会检索出包含这些词的短语或句子，但这些词的顺序和组合可以有所不同。

③ 广泛匹配。广泛匹配是最宽松的匹配类型，无论这些词的顺序和组合如何，都会寻找包含用户查询中任何词的意图。

④ 同义词匹配。同义词匹配是指即使用户查询的关键词与数据库中的词不完全一致，但词义相近或相同，也可以视为匹配。

⑤ 布尔检索。布尔检索是指使用逻辑运算符（AND、OR、NOT）来组合关键词，以缩小或扩大匹配结果。

⑥ 词干匹配。词干匹配是指识别出单词的基本形式（词干），并将其所有变体视为匹配，例如“run”“running”和“runner”都被视为与“run”匹配。

关键词匹配的应用非常广泛。在用户服务领域，它可以用来快速识别用户的问题并自动回复相关的解决方案；在搜索引擎中，它帮助系统精确地匹配用户查询内容和相关网页；在内容过滤系统中，特定的关键词可以用来标记或过滤不适当的内容。

关键词匹配具有以下优点。

① 简单高效。关键词匹配的方法简单直观，开发和维护成本较低，对计算资源的需求也不多，因此非常适合需要快速响应的场景。

② 易于实施和更新。更新关键词列表相对简单，可以快速适应新的词汇或表达方式。

③ 广泛的适用性。几乎在所有需要文本分析的领域都可以找到关键词匹配的应用。

尽管关键词匹配在许多场合下都非常有用，但它也有一些不可忽视的局限性：首先，同义词问题可能导致重要信息被遗漏，因为系统只能识别列表中的关键词，而不能识别意思相同但表达不同的词汇；其次，多义词也是一个挑战，因为一个词在不同的上下文中可能有不同的含义，这可能导致意图识别不准确；再次，关键词匹配无法理解文本的深层语义和上下文信息，这在处理复杂的用户查询或指令时可能不够有效。为了克服这些局限性，研究人员和开发人员已经开始探索各种改进策略，例如，通过将关键词匹配与自然语言处理技术相结合，可以在一定程度上理解查询的上下文，从而提高匹配的准确性。

2. 模式匹配

模式匹配是自然语言处理技术中一种比关键词匹配更复杂、更精细的技术。它涉及使用预定义的模式或模板来识别和理解用户输入中的特定结构和语义信息。这些模式通常结合了固定的文本元素和可变的部分（通常称为槽或变量），以捕获语言的多样性和复杂性。通过这种方式，模式匹配能够以更高的精确度识别用户的意图，尤其是在理解复杂查询或指令时比简单的关键词匹配更有效。

模式匹配的核心是预定义的模式或模板，这些模式描述了用户可能输入的结构。每个模式都包含一系列的固定词汇和一个或多个变量部分，变量部分用于匹配输入中的任意文本。当用户输入关键词时，系统尝试将其与这些预定义模式进行匹配。如果找到匹配项，系统将根据匹配的模式执行相应的动作或提供相应的响应。基于模式匹配的意图识别流程和样例如图 4.2 所示。

假设一个旅行预订系统，其中一个模式可能是“从 [出发地] 到 [目的地] 的航班”。在这个模式中，“从”“到”和“的”是固定文本，而“[出发地]”“[目的地]”和“[航班]”是变量部分，可以匹配用户提供的任何地点名称和交通方式。当用户查询“从纽约到旧金山的航班”时，系统能够匹配这个模式，并识别用户的意图是查询航班，显示出发地是纽约，目的地是旧金山。

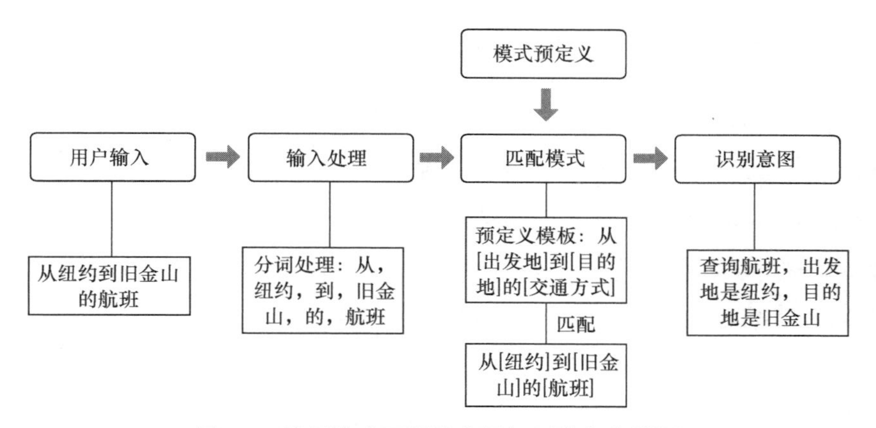

图4.2　基于模式匹配的意图识别流程和样例

模式匹配具备诸多优点。

① 高准确性。模式匹配能够准确理解用户的具体需求，特别是在处理包含特定语法结构的查询时。

② 强大的适应性。通过复杂的定义模式，这种方法能够处理更多样化和复杂的用户输入，覆盖更广泛的情况。

③ 灵活性。模式可以根据需求进行定制和扩展，以适应不同的应用场景和语言习惯。

3. 决策树

决策树是一种常用的数据挖掘技术，广泛应用于分类和回归任务中。以树形结构表示，决策树通过一系列规则对数据进行分割，以此来预测目标变量的值。决策树模型示意如图 4.3 所示。决策树从一个根节点开始，通过分析特征值将数据集分割成不同的子集，这一过程在每个分支节点重复进行，直到满足某个停止条件，形成叶节点，叶节点代表最终的决策结果。

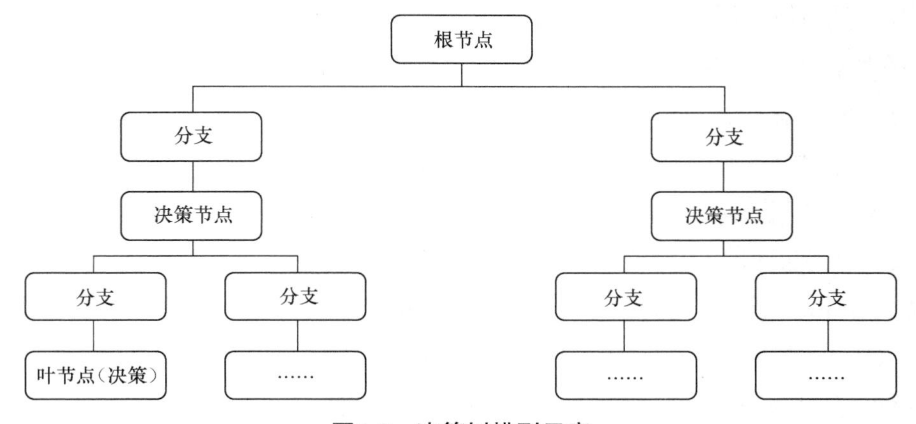

图4.3　决策树模型示意

在自然语言处理和意图识别领域，决策树可以用于根据用户的语言输入判断其意图。每个节点代表一个问题或对某个特征的检查，节点的分支代表可能的答案或特征的不同值，叶节点代表用户的意图。决策树模型能够逐步缩小意图的可能范围，直至准确识别用户的具体需求。

决策树的主要优势在于其模型简单直观，易于理解和解释。决策过程的每一步都是明确的，使非技术人员也能理解模型的决策逻辑。此外，决策树能够处理数值和类别数据，不需要对数据进行复杂的预处理，例如归一化。决策树还能够处理具有非线性关系的数据。然而，决策树也有其局限性。决策树容易过拟合，尤其是当数据变得非常复杂时，模型可能会在训练数据上表现得很好，但在未见过的数据上表现不佳。此外，决策树对于训练数据中的小变化可能非常敏感，导致生成的树结构有很大差异。为了克服这些缺点，研究人员开发了一些策略，例如，“剪枝”（减少树的复杂度，防止过拟合）和集成方法（例如随机森林，通过构建多个决策树并进行投票或平均来提高预测的稳定性和准确性）。

4. 正则表达式

正则表达式是一个强大的文本匹配工具，它允许开发者定义一种特定的模式，该模式可以用来查找、匹配或替换文本内容。因此，正则表达式可以用于匹配和解析用户输入中的模式，从而确定用户意图。在自然语言处理和聊天机器人开发等领域中，这种方法尤其常用，因为它可以有效地识别和处理结构化或半结构化的文本数据。

在意图识别上，正则表达式常用于以下方面。

① 模式匹配。识别输入中符合特定模式的字符串，例如，可以识别日期、时间、电话号码、电子邮件地址等格式化信息。

② 关键词提取。从用户的查询中提取关键词或短语，这些关键词或短语是预定义的，能够明确指示用户的意图。

③ 条件检查。检查输入字符串是否符合特定的格式或标准，例如检查是否输入为有效的邮箱地址。

在实施过程中，开发者会预定义一系列的正则表达式，每个表达式对应一种特定的用户意图。当用户输入到达时，系统会使用这些正则表达式尝试匹配用户的输入。如果输入与某个正则表达式匹配，那么相应的意图就被识别为用户的目标。图 4.4 是一个使用 Python 代码实现的基于正则表达式的意图识别示例，假设想要识别用户输入是否表达了对假期计划的兴趣，可以使用正则表达式来匹配包含关键词“假期”“度假”“旅行”等的输入。这个示例使用了正则表达式模式“holiday_pattern”来匹配用户输入中是否包含“假期”“度假”或“旅行”等关键词。如果匹配成功，则可以确定用户对假期计划有兴趣。

```
import re

# 定义正则表达式模式
holiday_pattern = re.compile(r'假期|度假|旅行')

# 用户输入
user_input = "我在计划下个月的假期。"

# 使用正则表达式进行匹配
if holiday_pattern.search(user_input):
    print("用户表达了对假期计划的兴趣。")
else:
    print("用户未表达对假期计划的兴趣。")
```

图4.4　基于正则表达式进行意图识别的Python示例

基于正则表达式进行意图识别的优点如下。

① 高效。对于结构化查询，正则表达式可以快速有效地提供匹配结果。

② 精确。可以非常精确地定义匹配规则，准确识别特定格式或关键词。

③ 可控。开发者完全掌控匹配逻辑，易于调试和修改。

当然，其限制也非常明显：随着应用场景的复杂，需要管理的正则表达式数量可能会迅速增加，增加系统的维护难度；对于模糊或多样化的自然语言输入，正则表达式可能难以准确匹配用户的意图；每增加一种新的意图识别需求，都需要开发新的正则表达式，这在动态变化的应用环境中可能不够高效。

5. 句法分析

基于句法分析的意图识别是一种利用语言的句法结构来理解用户输入意图的方法。这种方法深入句子的构造，利用句法规则和模式识别来分析和提取关键信息，从而确定用户的意图。句法分析示意如图 4.5 所示。NP 代表名词短语，VP 代表动词短语，ADJ 代表形容词，N 代表名词。在自然语言处理中，句法分析通常涉及构建句子的解析树，该解析树揭示了句子中各个成分如何组合和相互关联。

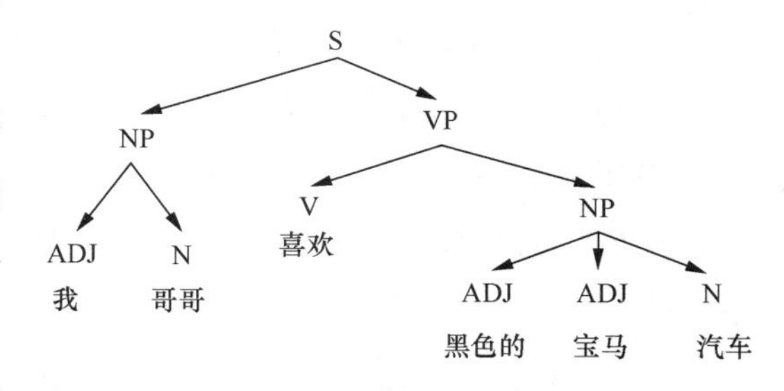

图4.5　句法分析示意

句法分析的核心组件是词性标注（POS

Tagging）和句法树构建（Parsing）：前者是将词汇按其在语言中的功能分类（例如名词、动词、形容词等），这是句法分析的第一步，因为它帮助解析器理解每个单词在句子中的角色；后者的结构展示了句子中词汇之间的层级关系和依赖关系，例如，它可以显示一个名词短语是如何作为动词短语的宾语的。

基于句法分析的意图识别过程如下。

① 输入预处理。包括标准化文本（例如转换为小写）、去除停用词、进行词干提取或词形还原。

② 执行词性标注。对输入文本进行词性标注，为后续解析提供必要的信息。

③ 构建句法树。使用句法分析算法（例如依存句法分析或短语结构分析）构建句法树，句法树帮助揭示句子的深层结构，例如主谓宾关系。

④ 模式匹配。在句法树上应用预定义的模式或规则来识别特定的句法结构，这些结构可能与特定意图关联，例如，一个“动词 + 名词短语”结构可能表示一个动作请求。

⑤ 意图提取。根据匹配到的句法结构和模式，提取出可能的用户意图，例如，如果系统识别到一个包含“预订”（动词）和“酒店”（名词短语）的句子结构，可能会识别用户的意图是要预订酒店。

6. 语义规则

语义规则是自然语言处理中用于解释和处理语言信息的一套规则，是自然语言理解系统中的核心组成部分，主要用于识别用户输入的意图。

语义规则基于语言的语义结构，通过明确定义如何从词、短语和句子中提取和理解意义来工作。语义规则的关键组成部分如图 4.6 所示。

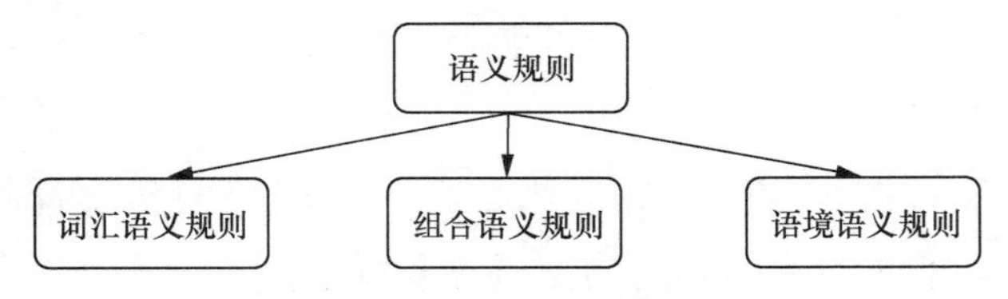

图4.6　语义规则的关键组成部分

① 词汇语义规则。这些规则定义单个词或短语的具体意义，例如，它们可以定义名词、动词或形容词的语义属性，以及它们如何与其他词语结合。

② 组合语义规则。当单词组合在一起形成短语或句子时，组合语义规则用于确定这些组合的整体意义，这些规则基于句法结构来解释如何从各个部分的意义推导出整体的意义。

③ 语境语义规则。这些规则涉及如何根据上下文来调整和理解词汇或短语的意义，语境因素包括话语的文化背景，以及话语发生的具体情境。

基于语义规则的意图识别涉及以下 5 个关键方面。

① 语义规则的定义。在这种方法中，开发者首先需要定义一系列的语义规则，这些规则基于特定的关键词、短语或句子结构来识别意图。

② 句子解析。当用户输入一个查询时，系统会使用自然语言处理工具来解析句子的结构，包括词性标注和依存句法分析，这一步是为了更好地理解句子成分如何相互关联。

③ 规则匹配。一旦句子被解析，系统将尝试把解析得到的信息与预定义的语义规则进行匹配，每当找到匹配的规则时，相应的意图就会被识别。

④ 处理歧义。在某些情况下，用户输入可能符合多个规则，在这种情况下，系统需要用机制来处理这种歧义，例如通过上下文信息、用户历史或优先级规则来确定最合适的意图。

⑤ 动态更新规则。为了应对语言的变化和不断扩展的用户需求，基于语义规则的系统通常需要定期更新和扩展其规则库，这可能包括分析未正确识别的查询并相应地调整规则。

基于语义规则的意图识别方法的优点是透明度高，易于调试和优化，因为每个决策都基于明确的规则。然而，这种方法的缺点是缺乏灵活性，对于未见过的表达方式可能难以准确识别意图，且维护更新规则库可能会非常耗时。随着机器学习技术的发展，许多系统结合统计方法和规则方法，以利用两者的优点，提高意图识别的准确性和鲁棒性。

4.1.2 基于机器学习的意图识别

机器学习（Machine Learning，ML）是人工智能的一个分支，它赋予计算机系统通过数据和算法自动学习和改进的能力。在 ML 中，计算机程序从经验中学习，并根据这些学习成果做出决策或预测，而不需要对每种情况编写明确的程序，其核心概念包括以下内容。

① 数据。ML 模型的训练依赖于数据，这些数据可以是被标记的，也可以是未被标记的。

② 模型。模型是根据数据定义的算法或数学结构，它们用于识别数据中的模式和关系。

③ 特征。特征是从原始数据中提取的信息片段，这些信息对于模型来说是有意义的，在训练模型时，特征的选择和处理是非常关键的。

④ 训练。在训练阶段，ML模型通过优化算法调整其参数，以达到最小化预测误差或最大化预测准确性。

⑤ 评估。评估阶段涉及对模型性能的测试，通常是通过将模型应用于一个未见过的测试数据集来进行的。

⑥ 过拟合和欠拟合。过拟合是指模型对训练数据学得“太好”，以至于它在新的或未知数据上的表现较差；欠拟合是指模型对训练数据的学习还不充分，导致在训练数据和新数据上的训练表现不佳。

ML的主要类型包括监督学习、无监督学习、半监督学习和增强学习 4 种。

① 监督学习。模型在带有标签的数据集上进行训练，目的是预测或分类新数据的标签，例如，预测电子邮件是否为垃圾邮件。

② 无监督学习。模型在没有任何标签的数据上进行训练，目的是发现数据中的模式或结构，例如，通过聚类分析将用户分为不同的群体。

③ 半监督学习。半监督学习结合了监督学习和无监督学习的方法，模型在部分被标记的数据集上进行训练。

④ 增强学习。模型通过与环境的交互来学习最佳策略，从而实现目标，该方法的主要关注点是如何在环境中采取行动以最大化某种累积奖励。

随着 ML 技术的不断发展，其在意图识别领域的应用日益广泛。ML 模型通过从大量数据中学习，能够自动识别用户的意图，相较于传统的基于规则的方法，它们能提供更高的准确率和灵活性。以下是 5 种常用的基于 ML 的意图识别方法。

1. 支持向量机（Support Vector Machine，SVM）

SVM 是一种强大的监督学习模型，其广泛应用于分类、回归和异常检测任务中。SVM 如图 4.7 所示，其核心思想是在特征空间中找到最优的决策边界，也就是最大化不同类别之间的边缘，以此来区分不同的类别。在简单的二分类问题中，这个决策边界可以被视为一个划分两类数据的直线、平面或超平面，而在更复杂的场景中，SVM 通过使用核技巧来处理非线性分类问题。

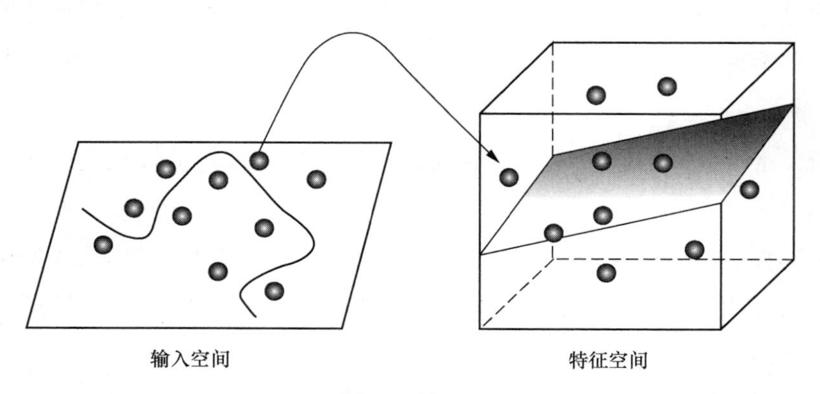

图4.7　SVM

SVM 的工作原理是寻找支持向量，即那些最靠近决策边界的数据点。这些支持向量定义了边缘的界线，确保了分类间隔最大化。这种间隔最大化的策略不仅提高了模型在训练数据上的性能，还提升了模型对未见示例的泛化能力。由于决策边界只由支持向量决定，因此SVM模型对于数据中的离群点和噪声具有较高的鲁棒性。当处理线性不可分的数据时，SVM通过引入核函数将原始特征空间映射到更高维的空间，使数据在新的特征空间内线性可分。常用的核函数包括线性核、多项式核、径向基函数（RBF）核和S形曲线函数（Sigmoid）核等。通过这种方式，SVM能够灵活地处理各种复杂的数据分布，解决非线性分类和回归问题。

SVM的优点包括其强大的理论基础，能够产生高准确率的预测，以及其对于高维数据的处理能力。此外，通过调整正则化参数、选择合适的核函数和设置核函数参数，SVM提供了高度的灵活性，可以适应各种类型和规模的数据集。

然而，SVM也有一些局限。一是对于大规模数据集，SVM的训练时间可能会非常长，这是因为其训练过程涉及求解复杂的优化问题。二是SVM的结果高度依赖于核函数的选择和参数设置，而这些参数的选择往往需要通过交叉验证等方式进行精细调优，这可能会使模型训练和选择过程变得复杂和耗时。三是虽然SVM在二分类问题上表现出色，但直接应用于多分类问题时，需要采用一对多或一对一的策略，这可能会增加模型的复杂度。

在用户需求意图识别领域，SVM可以根据用户的输入输出意图类别，这个过程涉及以下步骤。

① 特征提取。从用户的输入（短语、句子等）中提取特征，这些特征可能包括词袋（例如Bag of Words[1]、TF-IDF[2]分数、词向量等）。

② 模型训练。使用标记好的训练数据（用户输入及其对应的意图标签）来训练SVM模型，这个训练过程涉及选择一个适当的核函数和调整参数，以找到最优的决策边界。

③ 意图识别。一旦训练好模型，就可以用来预测新输入的意图，SVM模型将评估输入特征，并使用学到的决策边界来确定最可能的意图类别。

2. 随机森林

随机森林是一种集成学习方法，特别适用于分类、回归和其他任务，通过构建多个决策树并结合它们的预测结果来提高整体模型的准确性和鲁棒性。随机森林原理如图4.8所示。基于“集成学习”理论，随机森林将多个弱学习器（例如简单的决策树）组合成一个强学习器。随机森林在多个方面对基本的决策树算法进行了改进，特别

1 Bag of Words：BoW，词袋模型。

2 TF-IDF：Term Frequency-Inverse Document Frequency，词频—逆文档频率。

是在减少过拟合和提高预测准确度方面表现出色。

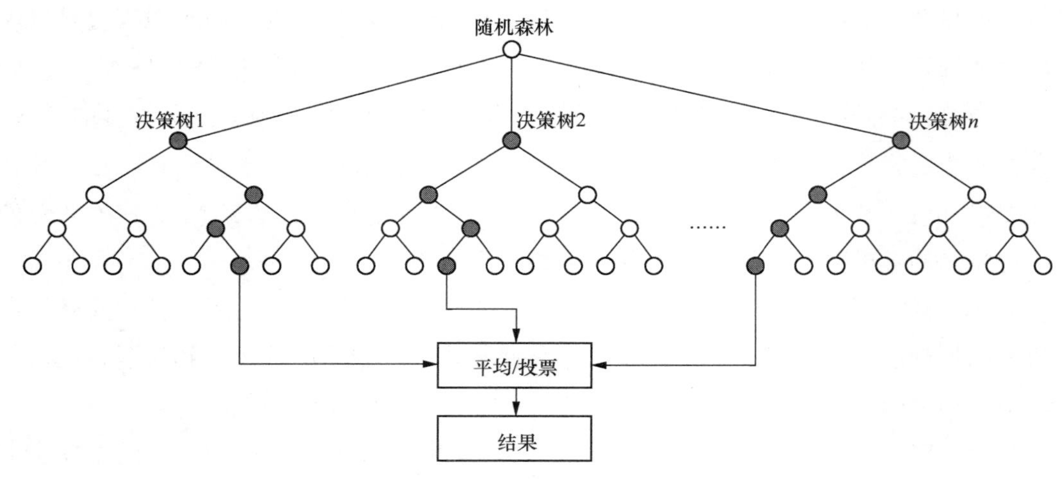

图4.8　随机森林原理

随机森林的核心思想是利用随机性来构建每棵树。具体来说，主要通过两种方式引入随机性：一种是在构建树的过程中对训练数据进行随机抽样，即每棵树都是在训练数据的不同随机子集上训练得到的；另一种是在分裂决策节点时不考虑所有特征，而是随机选择一个特征子集进行最优分裂特征的选择。这种随机性的引入不仅增加了模型的多样性，还减轻了过拟合的问题，使随机森林即使在默认参数设置下通常也能表现得很好。具体来说，随机森林的工作流程包括以下 3 个步骤。

① 自主采样。对原始数据集进行多次重采样，每次采样选取的样本数量与原始数据集相同，但是采用放回抽样的方式，即同一个样本可以被多次选中，每一次的采样结果将作为一个决策树的训练数据集。

② 构建决策树。使用上述抽取的样本集来构建决策树，在决策树的每一个分支过程中，从所有特征中随机选取一小部分候选特征，然后基于这些特征找到最佳的分割点，这种“随机选取特征”的策略是随机森林名字的由来，它可以确保每棵树的多样性。

③ 预测与聚合。在分类任务中，随机森林通过投票机制来决定最终的类别，即每棵树给出一个预测结果，最常见的结果被选为最终输出，在回归任务中，通常采用平均预测值作为最终结果。

随机森林因其高效性和精确性，被广泛应用于用户需求意图识别领域，其具有以下优点。

① 特征选择。随机森林能够在训练过程中评估各个特征的重要性，这对于理解哪些因素最能影响用户的意图识别是非常有帮助的。通过特征重要性评分，可以选择最有效的特征进行模型训练，从而提高模型的准确性和效率。

② 分类任务。用户需求意图识别本质上是一个分类问题，即将用户的输入（例如查询、评论等）分类到预定义的意图类别中，随机森林通过构建多个决策树并进行集成学习，能够有效处理高维数据和复杂的数据结构，从而提高分类的准确率。

③ 处理不平衡数据。在用户意图识别中，某些类别的样本数量可能远多于其他类别，随机森林天然地具有处理不平衡数据的能力，因为它在构建决策树时可以通过调整权重来优化对少数类的预测。

④ 鲁棒性强。由于随机森林算法在建立决策树时引入了随机性，不太容易过拟合，同时对异常值和噪声具有较强的抵抗力，这使随机森林在各种不同的数据集上都能表现出良好的稳定性和可靠性。

⑤ 多任务学习。随机森林可以通过输出概率分布来支持多标签分类，这使它可以在一个模型中同时预测用户的多种意图，例如，一个用户的查询可能同时表达了购买意图和寻求信息的意图。

3. 朴素贝叶斯分类器

朴素贝叶斯分类器是基于贝叶斯定理和特征条件独立性假设的一类简单而强大的概率分类算法，其核心思想是使用每个特征对给定类别的条件概率来预测样本所属的类别。尽管这种方法在理论上看似过于简化，忽略了特征之间的相关性，但在实践中却显示了惊人的效果，特别是在处理高维度数据时。

朴素贝叶斯分类器的“朴素”二字来源于它对特征之间的条件独立性的假设。即使在实际应用中这种假设往往不完全成立，朴素贝叶斯分类器仍然在许多情况下展示了良好的性能。它基于贝叶斯定理，通过计算后验概率来进行分类决策，贝叶斯定理描述了如下的关系：

$$P(C|X)=\frac{P(X|C)\times P(C)}{P(X)}$$

其中，$P(C|X)$是在给定特征X的条件下，属于类别C的概率（后验概率）；$P(X|C)$是在类别C下，特征X出现的概率（似然概率）；$P(C)$是类别C的先验概率；$P(X)$是数据的边缘概率，通常作为正则化常数。

在特征条件独立性假设下，对于已知类别，所有特征相互独立，即每个属性独立地对结果产生影响，对于具有d个特征的数据集，有：

$$P(C|X)=\frac{P(C)}{P(X_i)}\prod_{i=1}^{d}P(X_i|C)$$

其中，对于每个特征，边缘概率$P(X_i)$均相同，因此通常忽略它，可得朴素贝叶斯分配器的表达式：

$$h(x)=\arg\max P(C)\prod_{i=1}^{d}P\left(X_i|C\right)$$

朴素贝叶斯模型的训练过程涉及从训练数据中学习每个类别的先验概率（即不考虑任何特征时各类别的概率）及每个特征给定类别的条件概率。一旦这些概率被计算出来，就可以使用它们来预测新样本的类别。对于一个给定的样本，模型计算它属于每个类别的后验概率，然后选择具有最高后验概率的类别作为预测结果。

基于朴素贝叶斯分类器进行用户需求意图识别的过程如图 4.9 所示。

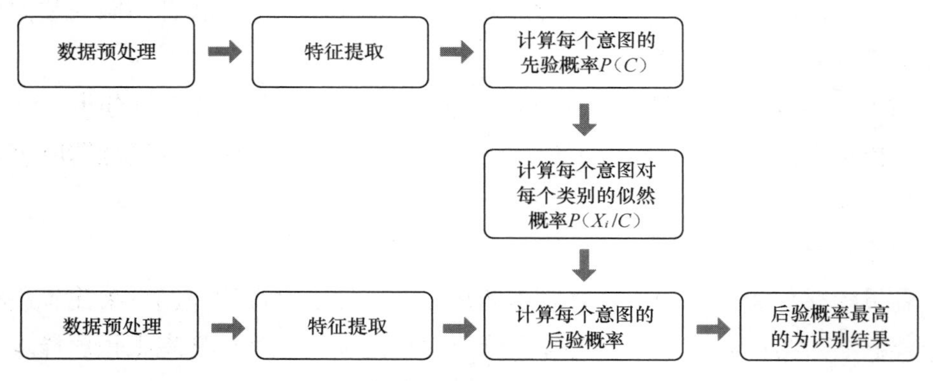

图4.9　基于朴素贝叶斯分类器进行用户需求意图识别的过程

（1）数据预处理

在应用朴素贝叶斯分类器前，需要对数据进行预处理。数据预处理包括以下内容。

① 文本清洗。移除无用信息，例如标点符号、特殊字符等。

② 分词。将整段文本分割成单个词汇或短语。

③ 去停用词。删除常见的、意义不大的词汇（例如“和”“是”等）。

④ 词干提取或词形还原。对于英文表示的数据，将词汇转换为其基本形式（例如，将“running”转换为“run”）。

（2）特征提取

将文本数据转换为模型可以处理的格式。常见的方法包括 BoW 模型和 TF-IDF：前者将文本转换为词汇的无序集合，不考虑语法和词序，保留词汇出现的频率；后者将词频与逆文档频率相乘，评估一个词在整个文档中的重要程度。

（3）模型训练

使用预处理和特征化后的数据，通过最大化后验概率来训练朴素贝叶斯模型，这个过程包括以下内容。

① 计算先验概率。对于每个意图 C，计算其在整个数据集中出现的概率$P(C)$。

② 计算似然概率。对于每个意图 C 和每个特征 X_i，计算似然概率$P\left(X_i|C\right)$。

（4）意图识别

当新的用户输入到达时，将其同样进行预处理和特征化，然后使用训练好的朴素贝叶斯模型来计算每个意图的后验概率，然后选择具有最高后验概率的用户意图作为识别结果。

朴素贝叶斯分类器具有以下优点。

① 简单且易于实现。模型参数少，算法实现简单，计算效率高。

② 处理大数据集效果好。尽管简单，但在大规模数据集上仍能表现出良好的分类效果。

③ 适用于多类分类问题。可以应用于二分类或多分类问题。

④ 鲁棒性好。对缺失数据不太敏感，能够处理输入查询中的不确定性和不完整性。

然而，朴素贝叶斯分类器的主要局限在于其对特征条件独立性的假设。在现实世界的数据中，特征之间往往存在一定程度的相关性，这使它在某些情况下的准确性不如那些能够捕获特征间相互作用的复杂模型。尽管如此，朴素贝叶斯分类器因其实现简单、计算高效和在特定任务上的出色表现，仍然是一种非常受欢迎的方法。

4. *K*–最近邻（K–Nearest Neighbors，KNN）

KNN 是一种基本而被广泛使用的 ML 算法，属于监督学习算法，用于分类和回归问题。KNN 的工作原理非常直观，主要依赖于测量数据点之间的距离，以确定一个数据点的类别或预测数值。其核心概念包括以下 4 点。

① 距离度量。KNN 算法通常使用欧几里得距离来计算数据点之间的距离，也可以使用其他类型的距离度量方法，例如曼哈顿距离或闵可夫斯基距离。

② *K* 的选择。*K* 是一个正整数，代表在做出决策时要考虑的最近邻居的数量，*K* 的值会显著影响算法的结果（如图 4.10 所示），选择较小的 *K* 值可以使模型对噪声数据更敏感，而较大的 *K* 值则使模型更稳定，但可能导致分类界限不清晰。

③ 多数表决。在分类任务中，KNN 通过多数表决的方式决定一个未知数据点的类别，即在 *K* 个最近邻中，哪个类别的代表最多，就将未知点归类为哪个类别。

④ 加权投票。在回归或需要更精细化处理的分类任务中，可以给距离更近的邻居更大的权重，以便提高预测的准确性。

基于 KNN 算法进行意图识别的流程如图 4.11 所示。由于 KNN 算法是监督学习算法，数据集中的每条数据都需要进行明确的意图标注；经过文本清洗、分词、去停用词、词干提取或词形还原等数据预处理之后，根据任务的复杂性和数据的具体特点，选择 TF-IDF 或 Word Embeddings 等适当的特征表示方法进行特征提取；然后，确认使用哪种距离度量方法，通常欧几里得距离适用于传统的数值型数据，而余弦相似度更适合文本数据的相似度测量；随后，采用特定方法选择最优的 K 值。以交叉验证技术为例：确定一个 K 值的搜索范围（通常选择一个较小的奇数范围，例如 1～10 或 1～15），将数据集分割为多个子集，每个子集作为测试集，其余作为训练集，对于每一个 K 值，使用训练集数据对测试集数据进行预测，计算准确率、召回率或均方根误差等性能参数，选择最优性能指标对应的 K 值，以确保模型既不过拟合也不欠拟合。对新的用户输入进行预处理和特征提取，然后分别计算其与数据集中每个数据之间的距离，找出最近的 K 个邻居，并根据最近邻居的标签通过多数投票或加权投票确定用户的意图。

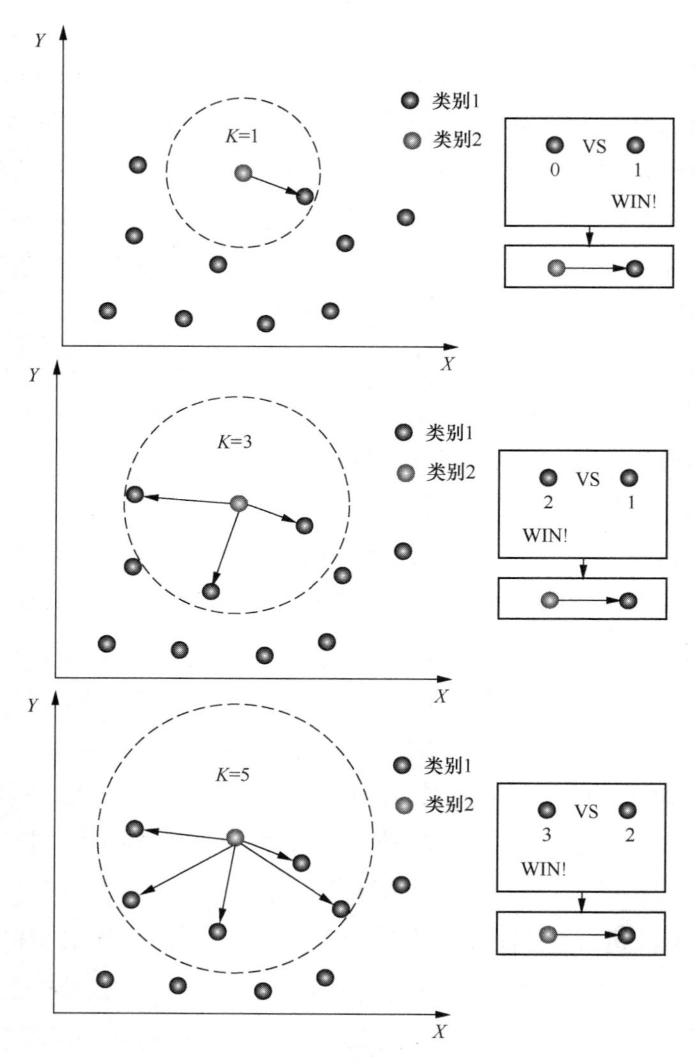

图4.10　K的取值影响KNN算法结果

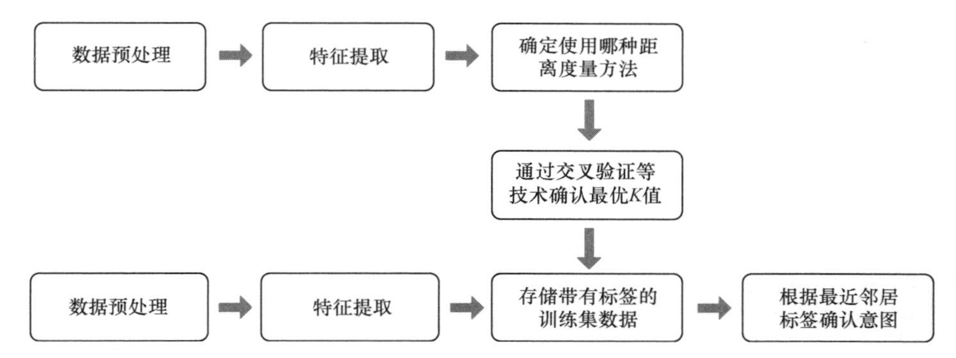

图4.11　基于KNN算法进行意图识别的流程

基于 KNN 算法的意图识别的典型应用场景有以下 3 个。

① 聊天机器人。根据用户的输入，机器人可以判断用户的需求是询问信息、提供反馈还是执行操作。

② 用户支持。自动识别用户的问题类别，例如技术问题、账户问题等，并将请求快速转发给相应的处理部门。

③ 智能家居控制。识别用户的语音命令意图，例如控制灯光、调节温度等。

基于 KNN 算法进行用户需求意图识别的优点是简单直观，易于实现和理解，特别适用于那些模式容易通过近邻关系界定的任务；面临的挑战是高维数据（例如文本数据）可能导致维度灾难，需要适当的特征选择和降维技术；对于大规模数据集，KNN 算法的查询时间可能很长；对于噪声数据和非均衡数据比较敏感。

基于 KNN 算法进行用户需求意图识别能够在多种实际应用中提供直接的解决方案，特别是在需要快速准确反映用户意图的交互式系统中，通过适当的优化和调整，可以大幅提升用户体验和系统的响应效率。

5. 梯度提升机（Gradient Boosting Machines，GBM）

梯度提升机是提升（Boosting）算法的一种，广泛用于意图识别问题。梯度提升机原理示意如图 4.12 所示，其核心思想是串行地生成多个弱预测模型（例如决策树模型），逐步添加模型，使用不同的权重将弱预测模型进行线性组合来构建一个强预测模型，每个弱预测模型的目标是拟合先前累加模型的损失函数的负梯度，使加上该弱预测模型后的累加模型损失向负梯度的方向减少。

GBM 的训练过程。

① 初始化模型。使用一个简单的模型（例如决策树）作为基线模型。

② 迭代训练。在每次迭代中，首先计算当前模型的残差，即真实值与当前模型预测值之间的差异，然后训练一个新的模型（例如决策树），目标是预测上一步的残差，将新训练的模型以一定的学习率（或步长）加入现有的模型中，最后更新后的模型是原有模型与新模型的组合。

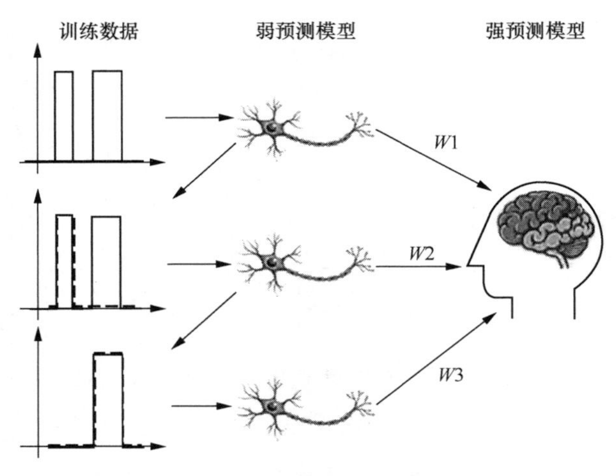

图4.12　梯度提升机原理示意

③ 损失函数最小化。每次迭代的目标是最小化损失函数，损失函数衡量的是模型预测值与真实值之间的差异，常用的损失函数包括均方误差（用于回归问题）和交叉熵损失（用于分类问题）。

④ 早停规则。为了防止过拟合，梯度提升机通常使用早停规则，如果在连续多个迭代训练中，模型性能没有显著提升，则提前终止训练。

⑤ 模型融合。最终的模型是多个弱模型的加权和，每个模型都有自己的权重。

基于梯度提升机进行意图识别的流程如图 4.13 所示，经过文本清洗、分词、去

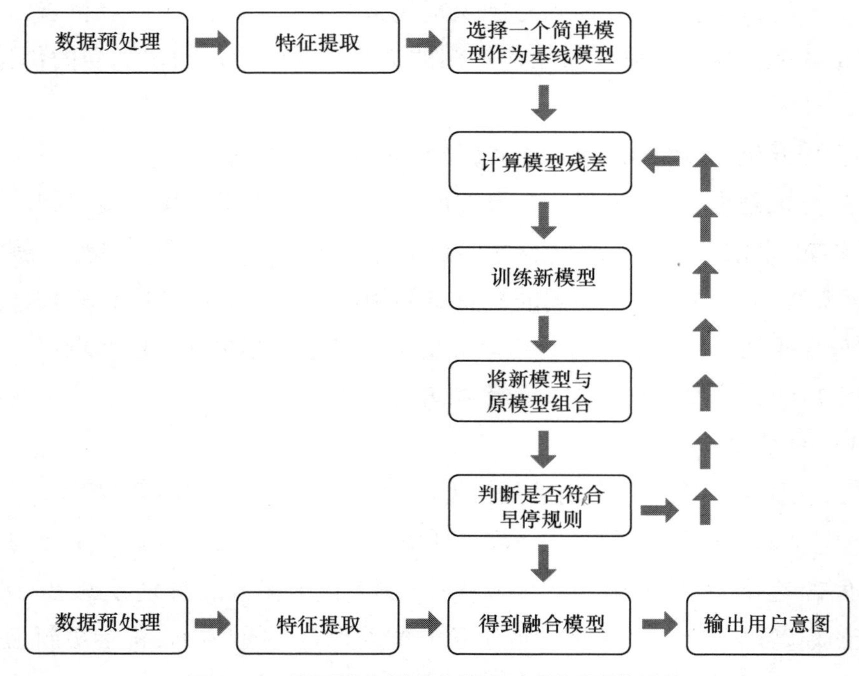

图4.13　基于梯度提升机进行意图识别的流程

停用词、词干提取或词形还原、数据标注等数据预处理后，根据任务的复杂性和数据的具体特点，选择 TF-IDF 或 Word Embeddings 等适当的特征表示方法进行特征提取。然后选择一个简单模型作为基线模型，完成模型初始化，再经过多次迭代训练不断叠加新模型，在每次迭代训练过程中都要进行早停规则判断，在迭代次数达到后结束迭代，得到最终模型。对新的用户输入进行相同的预处理和特征提取，并输入融合模型，经过计算输出用户意图结果。

梯度提升机在处理复杂的非线性关系时表现出色，适合文本数据的处理，并且可以自动处理特征之间的交互作用，无须手动设计交互项。但其参数调整复杂，需要大量的计算资源和计算时间，且对异常值较为敏感，需要额外的数据预处理步骤。

4.1.3　基于深度学习的意图识别

深度学习（Deep Learning，DL）是机器学习技术的分支，它基于人工神经网络的架构，尤其是那些含有多个隐藏层的复杂网络结构，通过模拟人类大脑处理信息的方式，自动学习和识别数据中的复杂模式和特征。深度学习与机器学习的第一个区别是特征提取，机器学习通常需要有人工特征提取过程，而深度学习的特征提取，可以通过深度神经网络自动完成。深度学习与机器学习的区别：特征提取如图 4.14 所示。

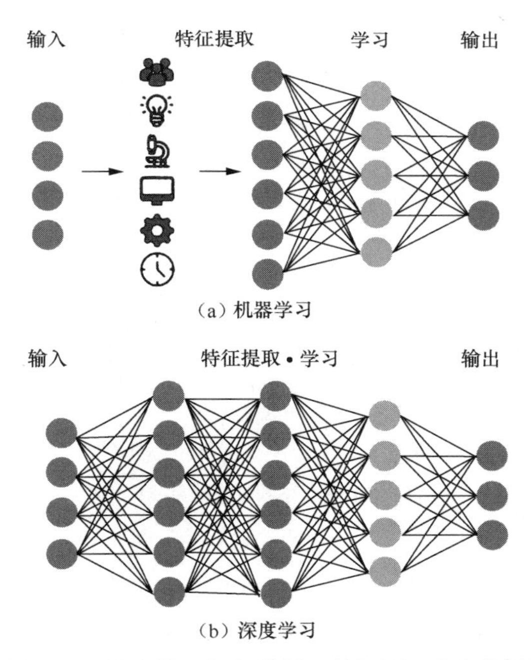

图4.14　深度学习与机器学习的区别：特征提取

深度学习与机器学习的第二个区别是数据量，深度学习比机器学习需要更大的训练数据量，随着数据量的增长，深度学习的预测效果逐渐上升，而机器学习的预测效果会在数据量达到一定量级以后趋向极限。深度学习与机器学习的区别：数据量如图 4.15 所示。

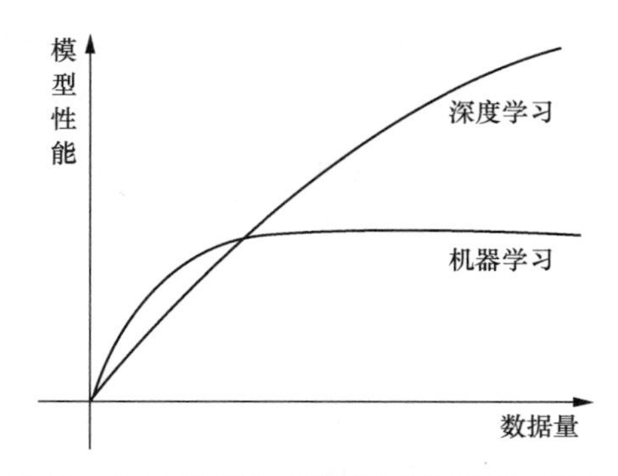

图4.15 深度学习与机器学习的区别：数据量

在用户意图识别领域，深度学习技术由于其能力强大的特性被广泛应用，特别是在处理自然语言和语音数据上，以下是一些常见的用于意图识别的深度学习算法。

1. 卷积神经网络（Convolutional Neural Networks，CNN）

CNN 是一种典型的深度学习架构，它在图像处理、视频分析和自然语言处理（Natural Language Processing，NLP）等领域显示了卓越的性能。之所以称为卷积神经网络，是因为它利用了一种数学操作——卷积。这种数学操作对于分析视觉图像特别有效，因为它能够捕捉图像中的空间和时间依赖性，通过滤波器（卷积核）提取图像特征，这些特征包括但不限于边缘、角点或颜色斑块等，对理解图像内容至关重要。CNN 是一个包含两个卷积层、两个池化层和两个全连接层的典型的卷积神经网络，主要结构组件包括卷积层、激活函数、池化层和全连接层等。CNN 结构示意如图 4.16 所示。

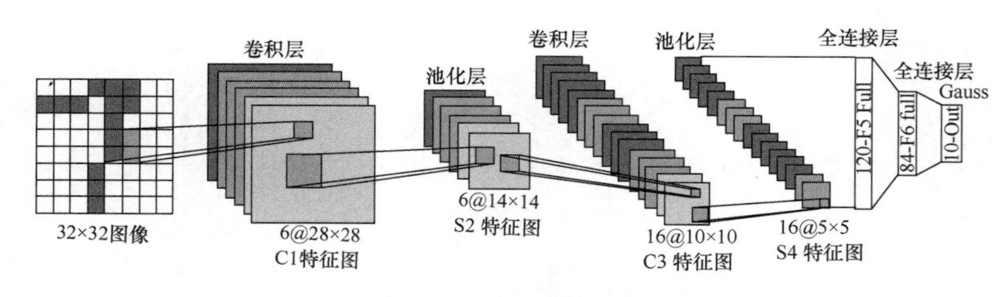

图4.16 CNN结构示意

（1）卷积层

功能：主要负责执行卷积操作，从输入图像中提取特征。卷积层通过滤波器（卷积核）在图像上滑动，计算滤波器和图像片段之间的点乘操作，生成特征图（feature map）。

参数共享：卷积层的一个重要特点是参数共享，即在整个输入数据上使用相同的权重，这降低了模型的参数数量，从而减少了计算量和内存消耗。

（2）激活函数

功能：决定了一个神经元是否应该被激活，即能否对输入的信息做出响应。激活函数的主要作用是将非线性因素引入网络，这使神经网络能够学习和执行更复杂的任务，例如特征的非线性组合和分类决策边界。没有非线性激活函数，无论网络有多少层，最终模型都仅能表达输入数据的线性函数。常用的激活函数有 ReLU（Rectified Linear Unit）函数、Sigmoid 函数和 Tanh 函数。

ReLU 函数：公式为 $f(x)=\max(0,x)$，当输入值小于 0 时，输出值为 0，当输入值大于等于 0 时，输出值等于输入值，ReLU 函数计算简单，且能有效缓解梯度消失问题。

Sigmoid 函数：公式为 $\sigma(x)=\dfrac{1}{1+\mathrm{e}^{-x}}$，将输入值压缩到 0～1，通常用于二分类问题的输出层。

Tanh 函数：公式为 $\tanh(x)=\dfrac{\mathrm{e}^{x}-\mathrm{e}^{-x}}{\mathrm{e}^{x}+\mathrm{e}^{-x}}$，输出范围是 -1～1，比 Sigmoid 函数的数据分布更为均匀，中心化处理使优化更加高效。

（3）池化层

功能：通常位于几个卷积层之后，用于减少特征图的空间维度，增强特征的鲁棒性，并减少计算量。最常见的池化操作是最大池化和平均池化。

（4）全连接层

功能：位于多个卷积层和池化层之后，全连接层用于将网络的输出映射到最终的类别标签上。在全连接层之前，通常会将特征图像展平成一维向量，完成从输入到输出的整个学习过程。

尽管 CNN 最初是为图像识别和处理而设计，但其能力远不止于此。在 NLP 领域，CNN 也展现了显著的应用效果，尤其是在文本分类和意图识别方面。文本分类是自然语言处理领域的一个基本任务，把文本数据分到一个或者多个预定义的类别中。意图识别的目标是从用户的语言输入（无论是口头还是书面）中识别出用户的意图。例如，在一个语音助手应用中，用户可能会说“播放一首轻松的音乐”，而系统需要从这句话中识别用户的意图是“播放音乐”。

基于 CNN 的用户意图识别是一种利用 CNN 强大的图像和序列处理能力来分析用户输入（例如文本或语音）并推断其意图的方法。基于 CNN 进行用户意图识别的流程如图 4.17 所示。经过文本清洗、分词、去停用词、数据标注等数据预处理之后，通过 Word2Vec 等方法将文本数据转换为数值向量，对于语音数据，通常需要将声音信号转换成频谱图或梅尔频谱图。随后结合数据特点和意图种类，构建 CNN，确定网络中包含几个卷积层、几个池化层、几个全连接层，以及每层输入输出的维度、激活参数的选择等信息。选择合适的优化器（例如 Adam 和 SGD）和损失函数（例如交叉熵损失），然后使用标记好的训练集数据训练模型，通过反向传播和梯度下降原理不断调整网络权重。在独立的验证集上评估模型性能，确保模型没有过拟合，并调整模型参数（例如，卷积层数量、大小、池化策略等），以优化性能。对新的用户输入进行相同的预处理之后输入训练好的模型，预测用户的意图。

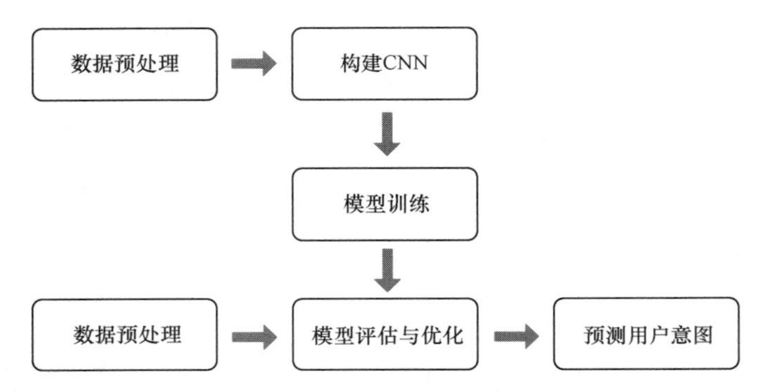

图4.17　基于CNN进行用户意图识别的流程

卷积神经网络不仅能够识别明确的命令式表达（例如“设置一个闹钟”），还能够理解更加复杂和模糊的表达（例如“我明天早上需要早起”），为用户提供更智能和个性化的服务。通过这种方式，为创建更加自然和高效的人机交互提供了强大的支持，使技术能够更好地理解和响应人类的需求。

2. 循环神经网络（Recurrent Neural Networks，RNN）

RNN 是为处理序列数据而设计的，非常适用于时间序列分析、自然语言处理、语音识别等领域。与典型的神经网络不同，RNN 能够处理长度可变的序列输入，这是通过在模型中引入状态（或记忆）来实现的，它可以捕获序列中的动态时间行为。RNN 是一类具有短期记忆能力的神经网络，其神经元不但可以接受其他神经元的信息，也可以接收自身的信息，形成具有环路的网络结构。换句话说，神经元的输出可以在下一个时间步直接作用到自身（作为输入）。RNN 的网络结构与典型神经网络的对比如图 4.18 所示。

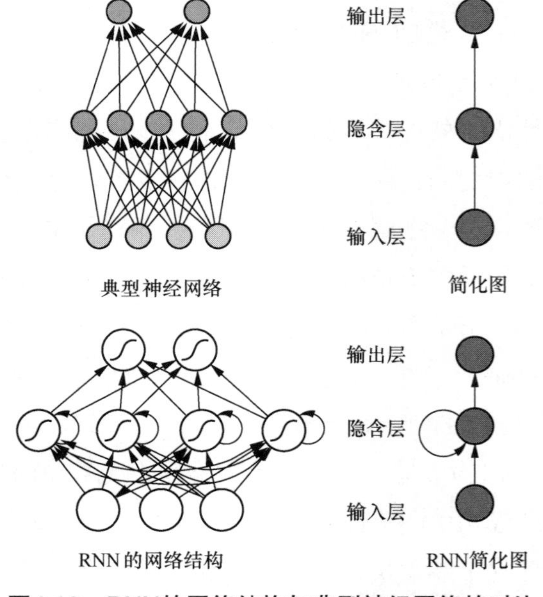

图4.18　RNN的网络结构与典型神经网络的对比

通过简化图可以发现，RNN 比典型神经网络多了一个循环圈，这个循环圈表示的就是在下一个时间步上会返回，并作为输出的一部分。将其在时间点上展开，可以得到RNN的展开图，其中tanh表示Tanh函数。RNN的展开如图4.19所示。

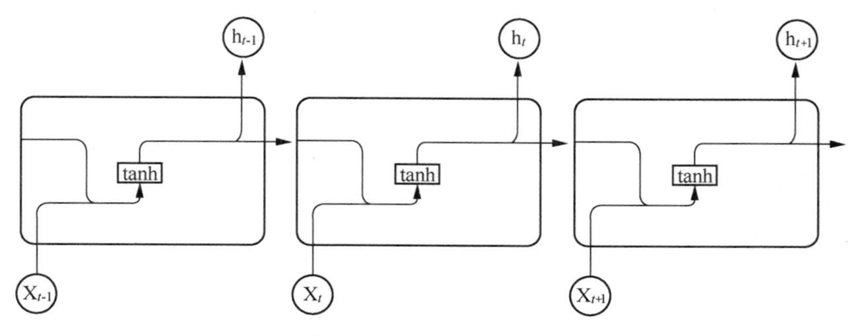

图4.19　RNN的展开

RNN的核心概念包括以下内容。

① 循环结构。RNN的核心是它的循环结构，每个单元将前一个时间步的输出作为当前时间步输入的一部分，这种结构使RNN能够保持一个内部状态，从而记忆并处理整个输入序列的信息。

② 参数共享。在RNN中，同一组参数（权重和偏置）在所有时间步上被重复使用，这种参数共享机制使RNN在处理任何长度的序列数据时都能有效工作，并且显著减少了模型的参数数量，降低了过拟合的风险。

③ 反向传播通过时间（Backpropagation Through Time，BPTT）。为了训练RNN，需要使用“反向传播通过时间”技术，这是一种基于时间，将RNN转换为深层前馈网络的技术，再利用标准的反向传播算法进行训练。

在意图识别领域，RNN特别适用于从用户的语言输入中理解用户的意图，这对于构建智能对话系统、虚拟助手，以及提高人机交互的自然性和效率至关重要。RNN通过处理用户的语言输入序列，能够根据上下文信息和语言的时序特性，捕捉语言的细微差别和复杂的语义模式。在实际应用中，RNN可以被训练来识别特定的意图标签，例如“预订酒店”“查询天气”等，通过学习大量的训练样本，RNN能够理解不同的说话方式、短语和词序变化，从而准确识别用户的意图。例如，对于语句“我想明天去纽约住一晚”，即使表达方式多样，RNN也能够识别用户的意图是预订酒店。此外，RNN还可以在对话上下文中理解意图，允许模型根据对话的历史来做出更加准确的预测。

基于RNN进行用户意图识别的流程如图4.20所示，在收集包含用户输入和相应意图标签的数据集后，首先经过分词、去停用词、文本标准化等数据预处理后，通过Word2Vec、Word embeddings等方法将文本转换为数值向量形式。然后确认RNN的层数、每层的神经元数量、使用的激活函数等信息，并为模型的权重和偏置赋予初始值。再次根据输入序列，计算每个时间步的隐藏状态和输出，根据模型的输出和真实值计算损失函数，利用损失函数对模型参数进行梯度计算并通过反向传播来更新网络权重，不断迭代训练，直至模型性能达到满意水平。最后将新的用户输入进行相同的数据预处理和向量转换后，输入训练好的模型，输出用户意图。

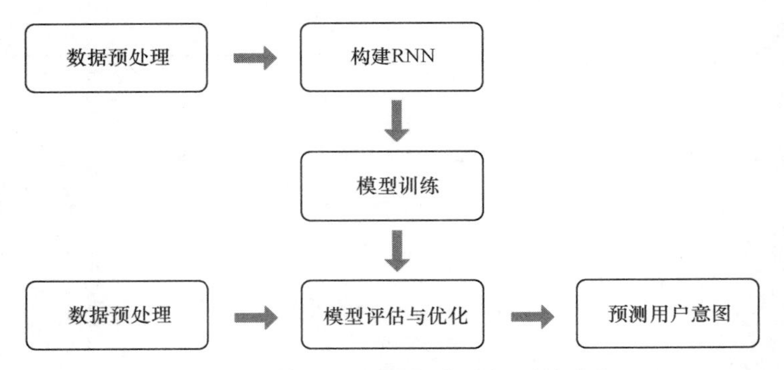

图4.20　基于RNN进行意图识别的流程

尽管 RNN 是处理序列数据的理想模型，但在实践中仍面临着巨大的挑战。一方面，梯度消失和梯度爆炸，由于在时间序列的每一步都有权重相乘，因此长序列中梯度可能会迅速增长（梯度爆炸）或减少（梯度消失），这使网络难以学习。另一方面，长期依赖问题，由于梯度消失的问题，标准的RNN 难以捕捉长时间序列中的依赖关系，这限制了其在处理长序列时的效果。

3. 长短期记忆（Long Short-Term Memory，LSTM）网络

LSTM 网络是一种特殊的 RNN，LSTM 网络是专门设计来解决标准 RNN 在处理长序列数据时遇到的梯度消失和梯度爆炸问题的。LSTM 网络通过引入一种复杂的内部结构，即门控机制（输入门、遗忘门和输出门）来控制信息的流动，从而在长时间间隔内保存信息，且不会丢失记忆的能力。这些门控机制允许 LSTM 网络决定在任何时间点保留、丢弃或添加信息，从而有效地捕获长期依赖关系。LSTM 网络展开如图 4.21 所示，其中 σ 表示 Sigmoid 函数。

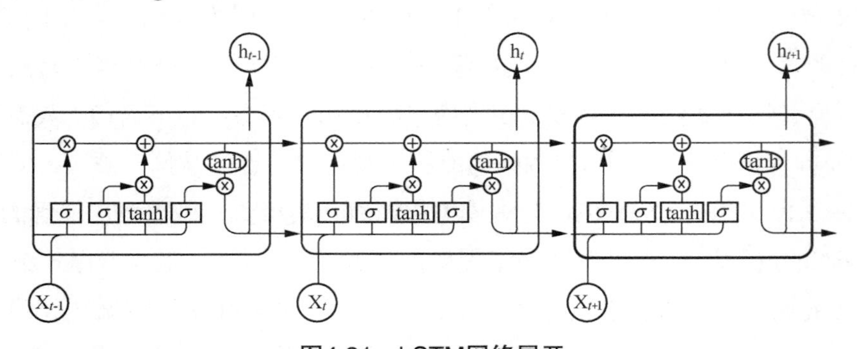

图4.21　LSTM网络展开

LSTM 网络的核心思想在于它能够通过这些门控制信息的流动，实现对长期序列依赖关系的学习。输入门控制当前输入和前一状态的信息应该在多大程度上更新当前的单元状态；遗忘门决定哪个部分信息应该被抛弃；输出门则控制从当前单元状态到

最终输出的转换。这种精细的控制机制让 LSTM 网络能够在处理文本、语音和时间序列数据等顺序信息时，表现出优异的性能。

在意图识别的场景中，LSTM 网络的能力尤为重要。意图识别是理解用户通过文本或语音输入的目的，并据此做出响应的过程，这是许多自然语言处理任务和对话系统中的关键组成部分。用户的意图往往通过连续的语言表达来传达，这就需要模型能够理解和处理序列数据中的依赖关系。LSTM 网络能够记住和利用上下文信息，即使在长文本或长对话中也不会丢失重要的语义信息，这对于准确识别用户的意图至关重要。举例来说，在一个对话系统中，用户可能通过一系列的交互来表达他们的需求。LSTM 网络能够利用之前的交互（状态）信息来更好地理解当前的用户输入，无论是询问天气、预订酒店还是寻求帮助等。LSTM 网络可以捕捉这些连续交互中的细微变化和复杂模式，从而对用户的意图进行准确的分类和响应。基于 LSTM 网络进行用户需求意图识别的流程与 RNN 相同，在此不赘述。

通过利用 LSTM 网络，开发者可以构建更加智能、更加理解用户意图的应用，无论是在提供个性化服务、增强用户体验方面，还是创建更加自然的人机交互界面方面，LSTM 网络都扮演着至关重要的角色。

4. 门控循环单元（Gated Recurrent Unit，GRU）

GRU 是一种用于 RNN 中的高级神经网络架构，旨在解决传统 RNN 中常见的梯度消失问题。GRU 通常被认为是 LSTM 网络的一个简化版本，能够在某些任务中以更少的参数达到与 LSTM 网络类似的性能。GRU 的网络展开如图 4.22 所示。

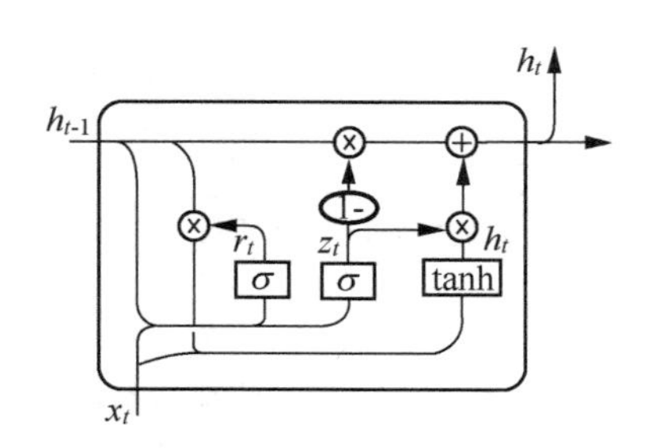

图4.22　GRU的网络展开

GRU 通过两个门控机制来控制信息流：更新门（Update Gate）和重置门（Reset Gate）。门控机制帮助模型在处理序列数据时保持长期的依赖关系，同时避免在训练过程中梯度消失或爆炸。更新门负责决定保留多少之前的记忆，类似于 LSTM 网络中的遗忘门和输入门的结合，它决定了来自过去状态的信息有多少需要被保留，以及有多少新信息将被添加到当前状态。重置门决定了多少过去的信息将被忘记，这类似于 LSTM 网络的遗忘门，但它直接作用于前一状态的内容，决定在计算当前候选隐藏状态时应忽略多少以前的状态信息。

基于 GRU 可以高效地分析序列化的输入数据，例如文本或语音，以确定用户的意图，其操作流程与 RNN 基本相同，在此不再赘述。与 LSTM 网络相比，GRU 结构更简单，训练所需的参数更少，训练速度更快，尤其是在数据集较小的情况下。尽管比 LSTM 网络更轻量，GRU 在大规模数据集上仍可能需要大量计算资源，模型性能高度依赖于超参数设置，需要通过多次试验来找到最优配置。

5. Transformer 模型

Transformer 模型是一种革命性的神经网络架构，与之前依赖于循环层结构的模型不同，Transformer 模型完全基于自注意力（Self-Attention）机制来处理序列数据，这允许它在并行处理数据时更有效地捕捉序列内的长距离依赖关系。Transformer 模型的提出标志着 NLP 领域的一个重大突破，为后续的众多先进模型和应用奠定了基础。Transformer 模型示意如图 4.23 所示。

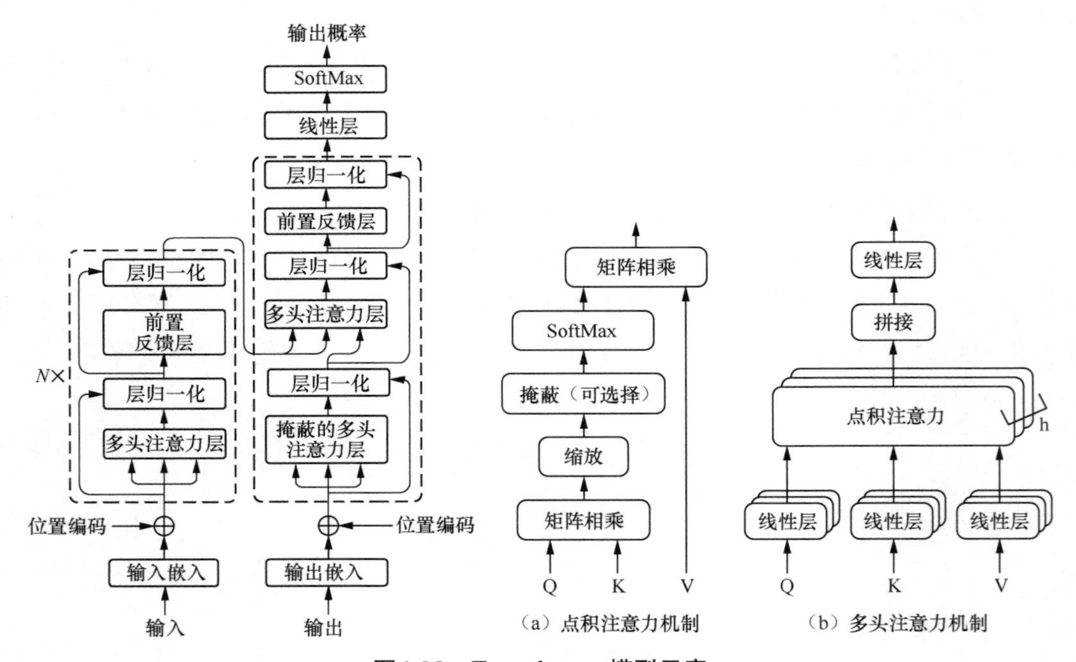

图4.23　Transformer模型示意

Transformer 模型主要由编码器（Encoder）和解码器（Decoder）两个部分组成。编码器负责处理输入序列，将其转换为连续的表示形式，解码器则负责使用编码器的输出来生成目标序列。每个编码器和解码器都由多个相同的层组成，每层都包含自注意力层（Self-Attention Layer）。自注意力机制是自注意力层的核心，基本思想是序列中的每个元素都可以通过计算其与其他所有元素的注意力分数来获得加权表示，因此自注意力层允许模型在序列的不同位置之间计算注意力权重，从而捕捉序列内部的依赖关系，这使 Transformer 模型能够非常有效地处理词序、上下文相关性等语言现象。

前馈神经网络（Feed-Forward Neural Network）通常与自注意力层一起使用，用于对自注意力层的输出进一步的处理。为了增强模型的能力，Transformer 模型引入了多头注意力机制（Multi-Head Attention）。在多头注意力机制中，模型会并行地执行多个自注意力层，每层关注输入的不同部分，然后将这些结果合并起来，以获得更丰富的表示。由于 Transformer 模型缺乏循环或卷积结构，它本身不具备捕捉序列顺序的能力。为了解决这个问题，模型会为输入序列的每个元素添加一个位置编码（Positional Encoding），这个编码随元素在序列中的位置而变化。

Transformer 模型的构建流程如图 4.24 所示。首先，确定编码器和解码器的层数、每层的注意力头数、前馈神经网络的大小等信息，为模型的权重和偏置项赋予初始值，并为输入序列的每个元素添加位置编码；然后，通过编码器的多层结构逐步处理输入序列，使用编码器的输出，通过解码器生成目标序列；根据模型的输出和真实值计算损失函数，利用损失函数对模型参数进行梯度计算，并更新权重，最后迭代训练，直到模型性能达到满意水平。在利用 Transformer 模型进行用户需求意图识别时，通常在 Transformer 模型之后添加输出层，例如全连接层，用于将 Transformer 模型的输出映射到具体的意图类别上。

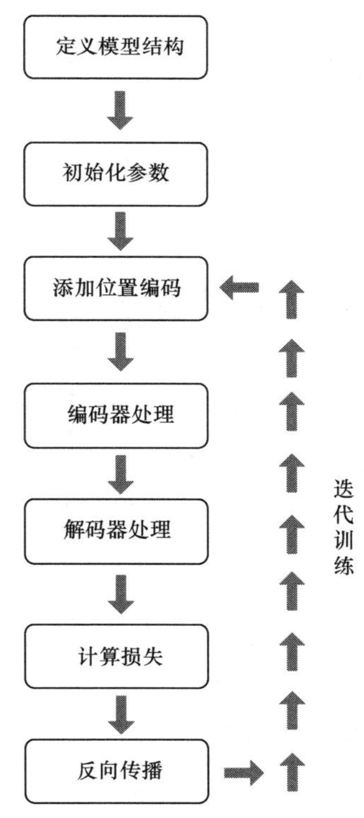

图4.24　Transformer模型的构建流程

Transformer 模型的一个关键优势是能够并行处理整个序列，显著提高了处理效率。传统的 RNN 和 LSTM 网络由于其循环的特性，必须按顺序处理序列中的每个元素，这在处理长序列时会导致显著的时延。相比之下，Transformer 模型通过自注意力机制一次性考虑序列中的所有元素，不仅加快了训练和推理的速度，也提升了模型对长距离依赖关系的捕捉能力。

此外，Transformer 模型的可扩展性也为处理大规模数据集提供了便利，Transformer 模型能够从大量的语言输入中学习到丰富的语言特征和复杂的语义模式。通过在大规模数据集上的预训练，Transformer 模型能够学习到广泛的语言知识，进而在特定的任务（例如意图识别）上，通过微调（Fine-tuning）过程快速适应。

6. BERT[1] 模型

BERT 由 Google 的研究人员在 2018 年推出，是一种基于 Transformer 模型的高级自然语言处理模型，主要用于提升机器对自然语言的理解能力。BERT 模型的独特之处在于其能够以双向（Bidirectional）的方式理解和编码文本数据，这一点与之前的语言处理模型不同，后者通常只能从一个方向（例如从左到右或从右到左）处理文本。BERT 模型示意如图 4.25 所示。

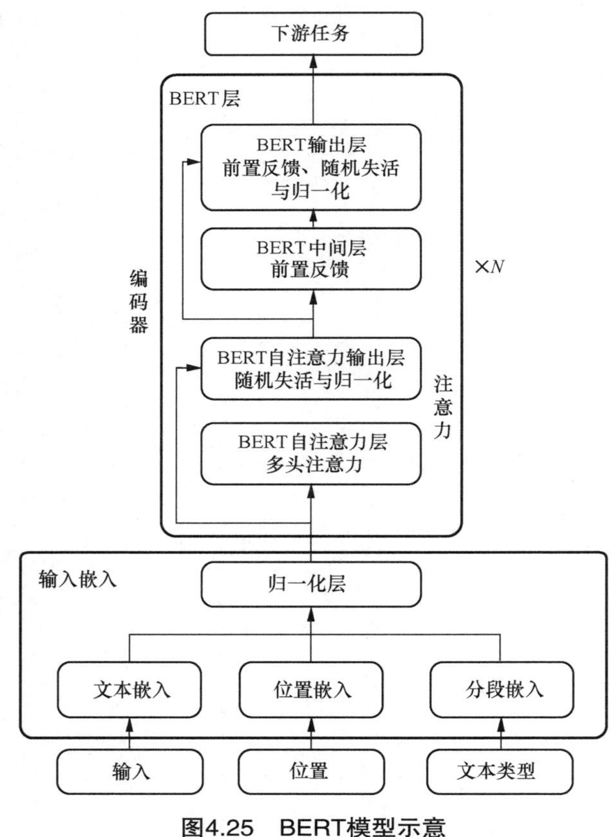

图4.25　BERT模型示意

1　BERT（Bidirectional Encoder Representations from Transformers）是一种语言表示模型。

BERT 模型的核心特征包括以下内容。

① 双向上下文理解。BERT 模型通过预训练两个主要任务来实现对语言的深层次理解，分别是掩码语言模型（Masked Language Model，MLM）和下一句预测（Next Sentence Prediction，NSP）。在掩码语言模型中，模型随机遮盖输入句子中的某些单词，然后尝试预测这些被遮盖的单词，从而使 BERT 模型能够有效地从左侧和右侧的上下文中学习信息；在下一句预测任务中，模型学习判断两个句子是不是连续的文本，这有助于模型理解句子间的关系。

② 预训练和微调。BERT 模型首先在大规模的文本语料库上进行预训练，学习通用的语言特征，随后可以通过微调的方式将预训练的模型应用于特定的下游任务（例如情感分析、问答系统、意图识别等），只需要很少的特定任务数据。

③ Transformer 模型。BERT 基于 Transformer 模型，特别是其编码器部分，它利用多头自注意力机制来捕获输入数据中的复杂关系。

基于 BERT 模型进行用户需求意图识别的一般步骤如下。

（1）数据预处理

收集包含用户输入和对应意图标签的数据，这些数据可能来源于聊天日志、语音识别转录文本、社交媒体帖子等。对数据进行必要的预处理，以去除无用信息（例如分词、HTML 标签和特殊符号等）。

（2）模型选择

选择一个预训练的 BERT 模型作为基础，常用的预训练模型包括 BERT-Base、BERT-Large，或者针对特定语言和领域优化的 BERT 变体。

（3）微调模型

使用预处理后的数据集对预训练的 BERT 模型进行微调，通常在 BERT 的顶层添加一个或多个全连接层，以输出具体的意图分类。在微调过程中，根据实际应用场景调整学习率、批次大小、训练周期等超参数，应用适当的损失函数（例如交叉熵损失）和优化算法（例如 Adam），优化分类层的参数及微调 BERT 模型的内部参数。

（4）评估和测试

在独立的验证集和测试集上评估模型的性能。监控准确率、召回率和 F1分数等指标，分析和解决过拟合或欠拟合的问题。

（5）部署与集成

将训练好的模型部署到实际的应用环境中，例如集成到聊天机器人、客户服务系统或其他交互式应用中。确保模型能够处理实时或批量的用户输入，进而提供快速准确的意图识别。

BERT 模型的双向自注意力机制提供了对语境的深入理解，使意图识别更精确，能够有效提升交互式应用的用户体验，但训练和部署 BERT 模型需要大量的计算资源，可能需要 GPU 或其他高性能硬件支持，模型的管理和维护需要专业的技术知识支持。

4.1.4 基于知识图谱的意图识别

知识图谱是一种用于存储交互式知识的数据库，它使用图形结构来描述实体之间的关系。知识图谱的核心元素包括实体、关系和属性：实体通常是指对象、地点、人物或事物，例如“苹果公司”“纽约市”等，用节点来标识；关系通常指连接两个实体的语义链接，例如“位于”“创立者是”等，用边来标识；属性表示实体的具体特性或描述，例如公司的成立日期。

每个节点代表一个实体（例如人、地点、物体等），而边则表示实体之间的各种语义链接关系（例如“属于”“位于”等）。知识图谱的目的是将现实世界的信息以图的形式结构化，以支持更复杂的信息检索和智能决策。

基于知识图谱的用户需求意图识别是一种使用结构化知识库来增强意图识别准确性和上下文理解的方法。知识图谱通过连接实体和关系构成了一个有助于揭示概念和实体之间复杂关系的网络，在自然语言处理和意图识别中，知识图谱能够提供背景信息和语义细节，从而帮助系统更准确地理解用户的查询和需求。

1. 知识图谱的数据类型和存储方式

知识图谱的核心构成是它独特的数据类型：实体、关系和属性。这些数据类型共同构建了一个丰富的语义网络，使知识的存储和查询不再仅限于表面的数据连接，而是深入语义层面的理解和分析。

① 实体。实体是知识图谱中最基础的元素，代表现实世界中的对象，例如人、地点、组织、事件等。每个实体都有其唯一标识，便于在图谱中被准确识别和引用。

② 关系。关系定义了实体之间的联系，它不仅是一个简单的连接线，更是实体之间相互作用的具体表现。关系的类型多样，例如“属于”“创建”“位于”等，它们描述了实体之间的各种动态或静态的联系。

③ 属性。属性用于描述实体的特征信息，例如一个人的出生日期、一个地点的地理坐标等。属性为实体提供了更详细的背景信息，提升了知识图谱的描述能力。

知识图谱的存储通常依赖于图数据库技术，这种技术专门为处理图形数据而设计，能够高效地管理复杂的实体和关系网络。图数据库（例如 Neo4j、Apache Jena 等）提供了灵活的查询语言，支持复杂的图遍历、模式匹配和路径查询，极大地方便了知识的检索和分析。相较于传统的关系数据库，图数据库在处理连通性查询和复杂关系分析时表现出明显的优势，特别适用于知识图谱的存储和管理。

2. 知识图谱的架构设计

知识图谱的架构设计的关键在于如何有效地组织和处理不同层次的知识，从而支持丰富的应用场景。知识图谱的三层架构（数据层、知识层和应用层）各自承担着不同的职责。

① 数据层。数据层是知识图谱的基础，负责收集、存储和管理各种形式的原始数据。这些数据来源广泛，包括文本、图像、视频，以及各种在线数据库和资料库。数据层的挑战在于如何高效地处理和整合这些大规模、异构的数据资源。

② 知识层。知识层的核心任务是将数据层的原始数据转化为结构化的知识。这一过程涉及复杂的信息抽取、知识表示和知识融合技术。不仅要在知识层精确地提取出实体、关系和属性，还需要通过逻辑推理和知识融合等手段，增强知识的丰富性和准确性。

③ 应用层。应用层是知识图谱价值的体现，它将知识层的结构化知识应用于各种智能场景，例如搜索引擎、推荐系统、自然语言处理等。应用层的设计则需要考虑到不同应用场景的特定需求，例如查询效率、知识的实时更新、用户交互的友好度等。

3. 信息抽取

信息抽取是知识图谱构建过程中的一项核心任务，它负责从海量的非结构化数据中提取出结构化的知识元素。信息抽取通常包括以下 3 个子任务。

① 实体识别。实体识别旨在从文本中识别出具有具体含义的名词或名词短语，例如人名、地名、机构名称等。这一步骤是构建知识图谱的基础，为后续的关系抽取和属性提取奠定了基础。

② 关系抽取。关系抽取的任务是识别文本中实体之间的具体关系。这涉及理解文本中的句法和语义信息，从而准确地判断实体间的相互作用，例如“创办”“属于”等关系。

③ 属性抽取。属性抽取则是从文本中提取出与实体相关的描述性信息，例如日期、地点、数值等。这些属性信息为实体提供了更加详细的背景描述，丰富了知识图谱的信息。

4. 知识融合

知识融合是将来自不同数据源的知识整合到一个统一的知识图谱的过程。这一过程中面临的主要挑战有实体消歧、实体合并和保证知识一致性等。通过有效的知识融合，可以显著提高知识图谱的覆盖度和准确性，为下游应用提供更加可靠的知识支持。

5. 知识加工

知识加工涉及对知识图谱中的知识进行进一步处理和优化，从而提高知识的可用性和应用效率。通过对知识的推理、分类、聚类等，不仅可以发现新的知识联系，还可以提高知识的组织性和易用性。知识加工是知识图谱持续更新和完善的重要环节，对维护知识图谱的活力和适用性具有重要意义。

6. 基于知识图谱进行用户需求意图识别的流程

（1）构建知识图谱

创建针对应用领域的用户需求知识图谱，确保知识图谱覆盖相关的关键实体和关系。

（2）数据预处理

对用户输入内容（例如文本或语音）按标准 NLP 步骤进行处理，包括分词、词性标注、依存解析等，将其转换为结构化的形式。

（3）意图识别

使用知识图谱来识别与解析用户输入的上下文和实体间的关系，与知识图谱中的信息进行匹配，进而判断用户意图。

（4）反馈和优化

利用用户的反馈来不断优化知识图谱，增加新的实体、关系或属性，以反映新的知识和数据。

通过利用知识图谱，系统可以更深入地理解用户输入内容的语义，显著提高意图识别的准确性，但构建全面且不断更新的知识图谱需要大量的人力和资源，且正确识别和连接实体具有挑战性，特别是在面对含糊不清的用户输入内容时。

4.2 个性化需求分类技术

一旦识别出用户需求的真实意图，个性化需求分类将基于产品类型、服务类别、用户偏好、使用场景、紧急程度等多种标准，对用户的个性化需求按照预定义的类别进行组织和分类，即将用户需求映射到一个或多个已经定义好的分类标签上，为后续的需求预测和个性化推荐提供结构化的数据，并帮助企业识别出不同的用户群体，进一步实现市场细分，指导企业开发满足不同用户群体需求的产品，制定针对不同用户群体的沟通策略，为不同的用户群体提供个性化、定制化的精准服务。个性化需求意图识别的结果可以作为需求分类的数据来源之一，而通过分析个体用户的行为和交互，可以识别出不同用户的真实意图，用于个性化需求分类。

4.2.1 基于规则的需求分类

基于规则的需求分类方法是一种传统但依然广泛使用的技术，特别是在需要高度

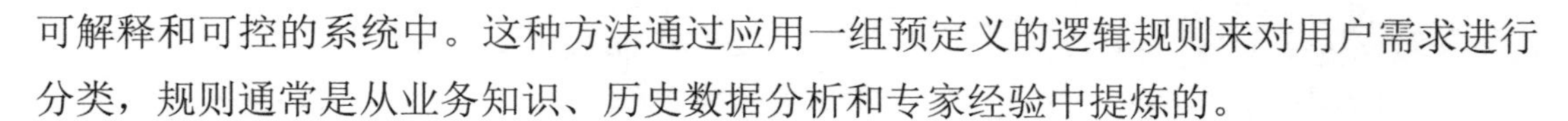

可解释和可控的系统中。这种方法通过应用一组预定义的逻辑规则来对用户需求进行分类，规则通常是从业务知识、历史数据分析和专家经验中提炼的。

1. 规则的定义

基于规则的分类依赖于一套明确的判断准则或条件语句，这些规则定义了如何根据特定的输入数据将需求归类到相应的类别，规则可以非常简单（例如关键词匹配），也可以是包括多个变量和条件的复杂的逻辑组合。

2. 规则构建过程

① 需求分析。首先进行彻底的需求分析，确定哪些因素对需求分类具有决定性影响，通常涉及对业务流程、用户行为和过往案例的详细研究。

② 规则提取。从需求分析中提取关键信息并形成分类规则，例如，一家电子商务网站发现大部分求购“急速配送”的请求都来自某些特定的地理位置，因此创建一个规则将所有来自这些位置的“快速配送”需求自动分类到“优先处理”类别。

③ 逻辑实现。将这些规则转化为可执行的逻辑语句，通常在软件系统中以“if-then-else”的形式实现。

3. 规则类型

① 基于内容的规则。这些规则依据用户请求的具体内容来分类，例如关键词检测、特定短语或术语的出现频率。

② 基于行为的规则。依据用户的行为模式进行需求分类，例如用户在网站上的浏览路径、点击历史等。

③ 基于上下文的规则。结合用户的上下文信息，例如时间、地点、设备类型等，来进行需求分类。

4. 基于规则进行需求分类的优缺点

基于规则进行需求分类的优点是规则易于理解和审核，因此系统的决策过程对用户和管理者都是透明的，与复杂的机器学习和深度学习模型相比，规则系统易于实现和维护、易于通过修改规则进行调整。缺点是可拓展性差，随着业务复杂程度的增加，维护和更新规则库可能会变得非常烦琐；灵活性低，对于未能预见的新情况或细微的需求变化，可能无法再基于现有规则进行准确分类。构建有效的规则需要专业的行业知识和丰富的专家经验，这对于初创或资源有限的企业是一个挑战。

5. 基于规则进行用户需求分类的流程

基于规则的用户需求分类流程如图 4.26 所示，分类流程主要包括需求分析、规则定义、规则实现、测试与部署、监控与优化、反馈循环等。

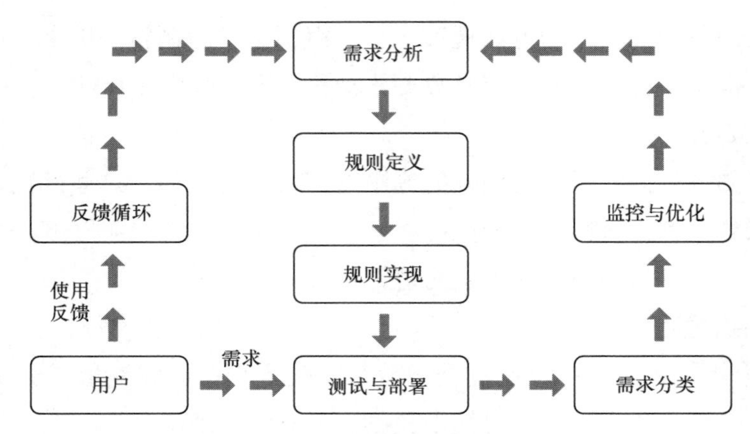

图4.26　基于规则的用户需求分类流程

（1）需求分析

① 收集信息。理解和定义用户需求的种类及业务流程，包括收集用户反馈、历史交易数据、客服日志等。

② 识别关键因素。确定影响需求分类的关键因素，例如用户行为、查询内容、时间、地理位置等。

（2）规则定义

① 规则草拟。根据需求分析的结果，初步制定分类规则。例如，如果用户的查询内容包含“紧急”等词汇，则将其需求分类为“高优先级”。

② 专家验证。与相关领域专家合作，验证这些规则的有效性并进行相应调整。专家的经验可以帮助识别可能出现的遗漏或错误。

（3）规则实现

① 编写规则。使用适当的编程语言或规则引擎将规则转化为可执行的代码。

② 规则集成。将规则引擎集成到现有的信息技术（Information Technology，IT）系统中，例如将其嵌入客户关系管理（Customer Relationship Management，CRM）系统、网站后端或客户服务平台。

（4）测试与部署

① 测试。在安全的测试环境中验证规则的功能和表现。检查规则是否按预期执行，并确保没有引入新的错误或问题。

② 部署。在确认规则无误后，将系统部署到工作环境中。

（5）监控与优化

① 性能监控。持续监控系统的表现，包括分类的准确性、处理速度和用户反馈。

② 规则维护。新的情况或数据的变动可能要求添加新规则或修改现有规则，因此应根据系统的监控结果和业务发展的需要定期更新和维护规则。

（6）反馈循环

① 用户反馈。收集用户反馈，了解分类系统的实际表现和用户满意度。

② 持续改进。利用反馈结果持续改进系统，这可能涉及调整现有规则，或引入新的数据分析方法和机器学习技术来增强规则的智能性。

基于规则的个性化需求分类系统需要精心设计和持续维护，以确保其能够有效地满足用户的个性化需求并提高整体的业务效率。在实施过程中，需要尽可能保持规则的简单，避免过度复杂化。若规则过于复杂，则会使维护变得困难，进而导致其性能下降；还应确保规则的透明度，使非技术人员也能理解和操作这些规则。

4.2.2　基于机器学习和深度学习的需求分类

机器学习能够从复杂的用户输入内容中学习其中的模式和关联，并以此自动分类用户的需求，相较于基于规则的分类方法，基于机器学习的方法能够提供更精准和动态的分类结果，从而提供更个性化和精准的服务。2.1.2 节中介绍过的相关算法均可以用来对用户的个性化需求进行分类。支持向量机通过在高位空间中求解最优的边界，实现不同类别需求的划分；朴素贝叶斯分类器基于贝叶斯定理，其假设所有特征都是独立的，对文本类型输入的需求分类尤其有效；KNN 算法是一种基于实例的学习模式，通过查找最近的 K 个邻居来决定需求的分类；随机森林通过结合多个决策树的预测结果来提高总体的分类性能；梯度提升机通过迭代地添加弱分类器来纠正前一个模型的错误来提升模型性能。

深度学习是机器学习的一个子集，专注于使用多层神经网络来模拟人脑处理数据的方式，从而能够在大量用户数据中学习复杂的模式，将用户需求划分为不同的类别。相较于机器学习，深度学习模型能够处理更加复杂的数据模式，可以自动从原始数据中学习并提取特征，实现端到端的学习，即从输入直接到输出，减少了对中间步骤的依赖，通常具有更好的泛化能力，能够将学习到的知识应用到新的数据上。尽管深度学习模型通常被认为是“黑盒”，但当前研究人员也提供了很多解释性工具，帮助理解模型的决策过程。2.1.3 节中介绍过的深度学习算法也均可用来对用户的需求进行分类。CNN 在处理用户输入的需求文本数据时，能够捕捉相邻单词之间的局部依赖性，并通过卷积层提取有意义的模式；RNN 适合处理时序数据，LSTM 网络通过引入门控机制解决了传统 RNN 在处理长序列时的梯度消失问题，能够学习用户需求数据在时间尺度上的长距离依赖信息，GRU 对 LSTM 网络进行简化，能够以更少的参数达到与其相近的性能；Transformer 模型采用自注意力机制，能够同时处理序列中的所有元素，提高了处理长序列数据的效率；BERT 模型通过预训练来学习通用的语言表示，通过微调适应用户需求分类的特定任务。

基于机器学习和深度学习的用户个性化需求分类流程如图 4.27 所示。

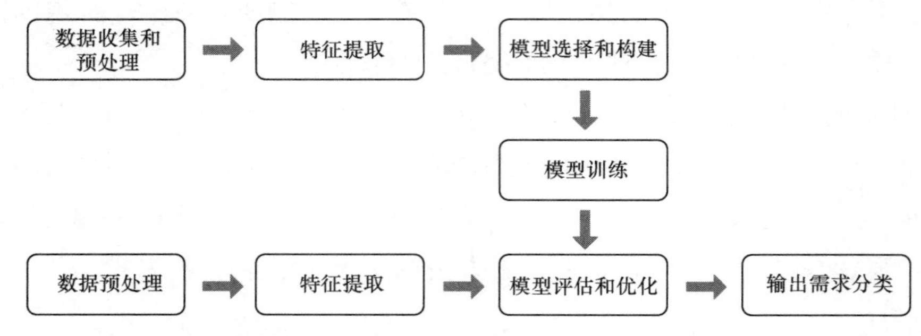

图4.27　基于机器学习和深度学习的用户个性化需求分类流程

（1）数据收集和预处理

收集足够的用户数据，包括用户行为数据、交互日志、文本输入等。这些数据应尽可能多样化并具有代表性，以覆盖不同用户群体和需求类型，避免过拟合。对收集的数据进行人工标注，确定每个数据点对应的需求类别，确保标注的一致性和准确性。对数据进行清洗和预处理，包括去除无效数据、填充缺失值、标准化文本（例如小写化、去除停用词和标点符号）等，并使用 Word2Vec、GloVe 等词嵌入技术将其转换为机器可读的格式。

（2）特征提取

对于机器学习算法，需要从原始数据中人工提取有用的特征，常用的方法包括 TF-IDF、词嵌入向量等，且对于某些模型，在输入数据空间维数较高的情况下，需要使用主成分分析（Principal Component Analysis，PCA）等技术来减少特征空间的维度，以提高模型的训练效率和性能。

（3）模型选择和构建

根据数据的特性和需求选择合适的模型，例如支持向量机、随机森林、梯度提升机、CNN、LSTM 网络等。设计模型的层次和结构，包括选择激活函数、决定层数和每层的节点数等。

（4）模型训练

将数据分为训练集、验证集和测试集，选择损失函数、优化器和评价指标，在训练集上训练模型，同时在验证集上进行模型的性能评估，调整参数以防止过拟合。

（5）模型评估和优化

使用测试集评估模型的准确率、召回率和 F1 分数等评价指标，确保模型具有良好的泛化能力。通过调整学习率、批次大小等超参数来优化模型性能。

（6）输出需求分类

对用户输入进行相同的预处理和特征提取（深度学习无须特征提取），将用户需求输入训练好的模型，计算用户输出的需求类别。

4.3　个性化需求预测技术

个性化需求预测是一种基于用户的历史行为、偏好、背景信息、其他相关因素，以及当前的意图识别和需求分类结果，来预测用户未来需求和偏好的方法，可以帮助企业提供更加个性化和及时的服务，提升用户体验，帮助企业更好地管理库存，降低库存积压或缺货的风险，为企业提供有针对性的营销策略，提高营销效率和投资回报率，提前识别和应对潜在的市场风险。个性化需求预测模型通常需要处理时间序列数据或历史交互数据，使用的技术包括时间序列分析、机器学习、深度学习等。

4.3.1　基于时间序列分析的个性化需求预测

时间序列分析是一种利用历史数据来预测未来事件的统计技术。时间序列是按时间顺序排列的数据点集合，常见于金融市场分析、销售预测、库存研究、经济趋势预测等领域。在个性化需求预测领域，这种方法尤其有助于预测与用户行为、产品需求或市场变化相关的时间模式。

1. 常用的时间序列分析模型

常用的时间序列分析模型有自回归模型（Autoregressive Model，AR Model）、移动平均模型（Moving Average Model，MA Model）和集成自回归移动平均模型（Integrated Autoregressive Moving Average Model，ARIMA Model）。

（1）自回归模型

自回归模型假设当前值可以由之前若干个时间点的值线性预测得到，基于过去的时间点信息来预测未来的时间点信息，广泛应用于经济学、金融学、气象学、销售预测等领域。自回归模型的基本形式可以表示为：

$$X_t = c + \phi_1 X_{t-1} + \phi_2 X_{t-2} + \ldots + \phi_p X_{t-p} + \epsilon_t$$

其中，X_t 是当前时间点的观测值；c 是常数项，表示时间序列的基线水平；ϕ_1，ϕ_2，…，ϕ_p 是模型参数，表示对应滞后项的权重；p 是模型的阶数，即自回归项的数量；ϵ_t 是误差项，通常假设为白噪声，具有零均值和恒定的方差。

自回归模型的关键概念如下。

① 阶数。自回归模型的阶数 p 决定了用于预测当前值的过去观测值的数量，选

择适当的阶数对模型的准确性至关重要。

② 模型参数。模型参数ϕ_1，ϕ_2，…，ϕ_p需要通过数据拟合来估计参数，常用的方法是最小二乘法。

③ 白噪声。将误差项ϵ_t假设为白噪声，即一系列相互独立且同分布的随机变量，具有零均值和常数方差。

④ 平稳性。自回归模型通常假设时间序列是平稳的，即时间序列的统计特性（例如均值和方差）不随时间变化。

⑤ 自相关。时间序列中，一个时间点的观测值与其他时间点观测值具有相关性，自回归模型通过自相关性来预测未来值。

自回归模型的优点是结构简单，易于理解和实现，可以捕捉时间序列的自相关性，适用于预测线性时间序列，缺点是对非平稳时间序列的预测效果不佳，模型阶数的选择需要多次尝试才能确定最佳值，且对误差项的白噪声假设较为严格，实际应用中可能不满足要求。

（2）移动平均模型

移动平均模型主要用来捕捉时间序列数据中的随机波动成分，它假设当前时间点的误差项不仅与前一个时间点的观测值有关，还与前一个时间点的误差项有关，其基本形式可以表示为：

$$X_t = \mu + \epsilon_t + \theta_1\epsilon_{t-1} + \theta_2\epsilon_{t-2} + \ldots + \theta_q\epsilon_{t-q}$$

其中，X_t是当前时间点的观测值；μ是时间序列的均值；ϵ_t是当前时间点的误差项，通常假设为白噪声；θ_1，θ_2，…，θ_q是模型参数，表示对应滞后误差项的权重；q是模型的阶数，即移动平均项的数量。

移动平均模型的关键概念如下。

① 阶数。移动平均模型的阶数q决定了用于预测当前值的误差项的数量，在极大程度上影响模型的准确性。

② 模型参数。模型参数θ_1，θ_2，…，θ_q通过最小二乘法等数据拟合方法来估计参数。

③ 白噪声。误差项ϵ_t是一系列相互独立且同分布的随机变量，具有零均值和恒定的方差。

④ 平稳性。模型通常假设时间序列是平稳的，均值和方差等统计特性不随时间的变化而变化。

移动平均模型的优点是结构简单，易于理解和实现，可以捕捉时间序列的随机波动，适用于分析和预测具有明显随机波动特性的时间序列。缺点是不能很好地捕捉时间序列的趋势和季节性成分，需要进行多次尝试才能确定合适的模型阶数，对误差项的白噪声假设较为严格，实际应用中可能不满足要求。

（3）集成自回归移动平均模型

集成自回归移动平均模型结合了自回归模型和移动平均模型的特点，并通过差分的方式解决了非平稳时间序列的问题，特别适用于分析和预测单变量时间序列数据，模型可以表示为$\text{ARIMA}(p,d,q)$，p表示自回归项的阶数，d表示差分的阶数，用于将非平稳时间序列转换为平稳时间序列，q表示移动平均项的阶数，其基本形式是：

$$\left(1-\sum_{i=1}^{p}\phi_i L^i\right)(1-L)^d X_t=\left(1+\sum_{j=1}^{q}\theta_j L^j\right)\epsilon^t$$

其中，L是滞后算子，$L^i X_t = X_{t-1}$；ϕ_i是自回归项的参数；θ_j是移动平均项的参数；ϵ^t是误差项，通常为白噪声。差分阶数d是为了使非平稳时间序列变得平稳，通过对原始数据进行一次或多次差分，可以得到一个平稳序列：

$$\nabla^d X_t = X_t-\sum_{i=1}^{d}(-1)^{d-i}\binom{d}{i}X_{t-i}$$

集成自回归移动平均模型主要由自回归部分、差分部分和移动平均部分组成，自回归部分捕捉时间序列过去值对当前值的影响；差分部分通过差分来消除时间序列的趋势和季节性成分，使序列变得平稳；移动平均部分捕捉时间序列过去误差项对当前值的影响。其建模步骤如下。

① 模型识别。通过分析时间序列数据的图形表示（例如折线图）、自相关函数和偏自相关函数来确定合适的p、d、q参数。

② 参数估计。使用最小二乘法或其他统计方法来估计模型参数。

③ 模型诊断。检查残差序列是否为白噪声，常用的方法是残差的自相关函数、偏自相关函数图和 Ljung-Box Q 检验。

④ 预测。使用拟合好的模型进行未来值的预测。

集成自回归移动平均模型能够处理非平稳时间序列数据，可以同时捕捉时间序列的趋势和随机波动，但对数据平稳性要求较高，对复杂的多变量时间序列数据可能不够有效，且p、d、q参数的选择需要经过多次尝试。

2. 基于时间序列分析的个性化需求预测流程

基于时间序列分析的个性化需求预测流程如图 4.28 所示，该流程主要包含数据收集和预处理、时间序列分解、模型选择、模型训练与验证、预测用户未来需求。

（1）数据收集和预处理

首先需要充分收集历史数据，包括用户的购买记录、在线行为日志、互动数据等，对数据进行预处理，使用插值方法填充缺失值，剔除或修正异常数据，确保数据质量，并确保所有数据点都有准确的时间戳，且按照时间顺序排列。

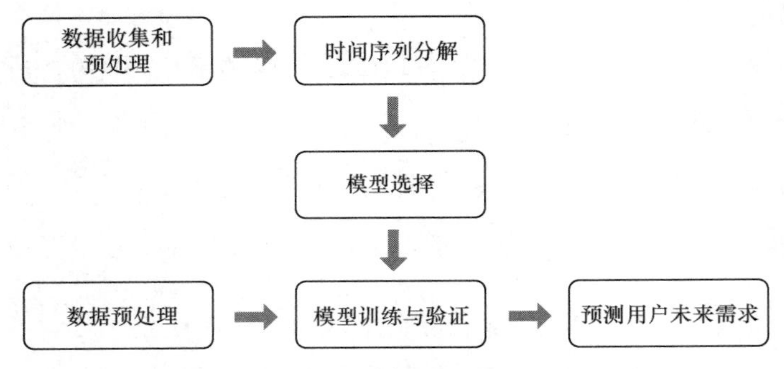

图4.28　基于时间序列分析的个性化需求预测流程

（2）时间序列分解

识别数据中的长期趋势，例如用户需求增长或下降的趋势，识别任何重复出现的模式或周期变化，例如季节性波动或节假日效应。

（3）模型选择

根据时间序列分解得到数据特点，选择合适的时间序列分析模型，例如自回归模型、移动平均模型等。

（4）模型训练与验证

使用历史数据估计模型参数；检查残差是否为白噪声，确认模型是否适当拟合数据；使用滚动预测或其他时间序列交叉验证技术评估模型的预测性能。

（5）预测用户未来需求

对用户输入进行相同的预处理，然后输入训练好的时间序列分析模型，预测未来的需求，并将预测结果转化为业务洞察，例如预测的需求趋势、潜在的需求峰值等。

时间序列分析通过精确地模拟历史数据的时间模式，为企业提供了一个预测用户未来需求的工具，使企业能够做出前瞻性决策。

4.3.2　基于机器学习和深度学习的个性化需求预测

在当今数据驱动的商业环境中，个性化需求预测已成为增强用户体验和推动企业增长的关键策略。利用机器学习和深度学习技术进行个性化需求预测能够提供精准的洞察，帮助企业预测用户行为、优化产品推荐、调整库存管理，并制定有效的营销策略。这些技术通过分析大量的用户历史数据，学习用户行为的模式和趋势，从而预测用户未来的需求。

机器学习方法，例如随机森林、支持向量机、梯度提升机等，已被广泛应用于需求预测中，这些模型能够处理结构化数据（例如用户年龄、购买历史和产品使用频率等），通过训练识别出预测需求的关键因素。然而，机器学习模型通常需要人工特征提取过程，这可能限制它们处理复杂模式的能力。CNN、RNN、LSTM 网络和 Transformer 模型等深度学习技术，提供了更高级的分析能力，特别适用于处理非结构化数据（例如文本、图像和声音），能够自动从原始数据中学习到深层次的特征，例如从用户的社交媒体活动中提取情感和偏好，或从用户与内容的互动中学习隐藏的兴趣点，从而精准预测用户未来的个性化需求。

利用机器学习和深度学习进行用户个性化需求预测的实施步骤与需求分类相同，此处不再赘述，为了得到准确的预测结果，在实施过程中需要确保以下内容。

① 数据质量和多样性。高质量和代表性的数据是成功预测的基石，数据预处理是确保预测模型性能的关键步骤。

② 模型的选择和训练。针对不同的应用选择合适的模型和参数对于实现最佳的预测性能至关重要，超参数调优和模型验证是不可或缺的过程。

③ 动态适应和更新。随着市场和用户行为的不断变化，预测模型需要定期更新以保持其相关性和准确性。

4.4 个性化推荐技术

个性化推荐是个性化需求意图识别、分类和预测流程的最终应用，基于用户的历史行为、偏好、当前意图和需求预测结果，从现有的大量选项中挑选出用户可能喜欢的项目，为用户提供个性化定制产品或服务的建议。以下是关于个性化推荐的相关名词解释。

① 冷启动。冷启动是推荐系统中一个常见的问题，一般分为新用户冷启动和新物品冷启动。对于新用户，由于缺失相关行为数据，无法获得该用户的兴趣偏好，因此无法对其进行有效的推荐。对于新入库 / 上线的物品，由于没有用户或者很少用户对其进行操作（点击、浏览、评论、购买等），因此无法确定其受众类型，也很难将其推荐出去。

② 数据稀疏性。由于很多推荐应用场景涉及的物品数量巨大（例如头条有百亿级规模的文章、淘宝有千万级的商品等），导致用户行为稀少，对于同一个物品，只有很少的用户相关行为，这使得构建推荐算法模型变得困难。

③ 马太效应。马太效应是指头部物品被越来越多的用户消费，而质量好的长尾物品由于用户行为较少，对其的描述信息不足而得不到足够的关注。

④ 灰羊效应。灰羊效应是指若某些用户的倾向性和偏好不明显，则会导致协同

过滤等推荐算法效果变差。这个问题在多个用户使用同一个设备时较为明显，例如家庭中的智能电视，每位家庭成员都用同一个电视在不同时段看各自喜欢的内容，导致该电视体现出的用户行为比较宽泛，无任何特性。

⑤ 稳定性 / 可塑性。稳定性 / 可塑性是指当用户的兴趣稳定后，推荐系统很难改变对用户的认知，即使用户兴趣发生变化了，推荐系统依旧保留用户过往的兴趣，导致推荐结果不准确。

4.4.1 基于协同过滤的个性化推荐

协同过滤主要通过使用用户和项目间的相互作用数据（例如评分、购买、浏览历史）来预测用户对未知项目的偏好。这种方法的核心思想是，如果一组用户在过去对某些项目的喜好相似，那么其在未来对其他项目的喜好也可能相似。协同过滤方法主要分为两大类，包括用户—用户系统过滤和物品—物品系统过滤。

用户—用户协同过滤的原理示意如图 4.29 所示，其原理是通过找到与目标用户具有相似喜好的其他用户，然后根据这些相似用户的喜好来预测目标用户对未接触项目的可能喜好，主要包括以下 3 个步骤。

① 计算用户之间的相似性，常用的相似性度量包括余弦相似性、皮尔逊相关系数和杰卡德相似性等。

② 为每个用户建立并维护邻居列表，即一个与该用户喜好最相似的其他用户的列表。

③ 基于对用户的邻居的评分加权平均，预测目标用户对特定项目的评分或偏好。这种方法简单直观，但在用户数量极大时，计算用户间的相似性非常耗时。

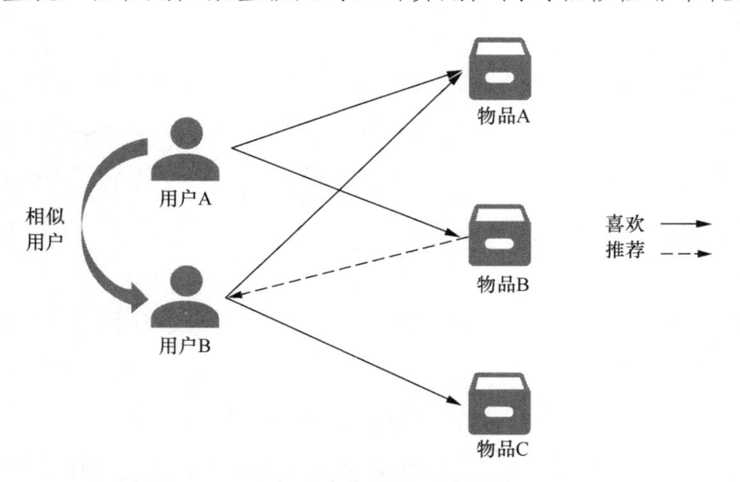

图4.29 用户—用户协同过滤的原理示意

物品—物品协同过滤原理示意如图 4.30 所示，物品—物品协同过滤不直接基于用户的相似性，而是基于物品之间的相似性来做推荐，认为用户可能会喜欢与其过去喜欢的物品相似的物品，主要包括以下步骤。

① 计算物品之间的相似性，方法与用户一用户协同过滤相同，但是其比较的是物品而不是用户。

② 为每个物品建立一个相似物品的列表。

③ 根据用户对某物品的评分，以及相似物品与该物品的相似度，计算目标物品的预测评分。

这种方法的计算效率通常高于用户一用户协同过滤，尤其是当物品数量远远少于用户数量时。另外，物品一物品的关系通常比用户一用户的关系更稳定，因此对模型更新频率的要求更低。但是，该方法可能难以捕捉用户特定的、个性化的偏好。

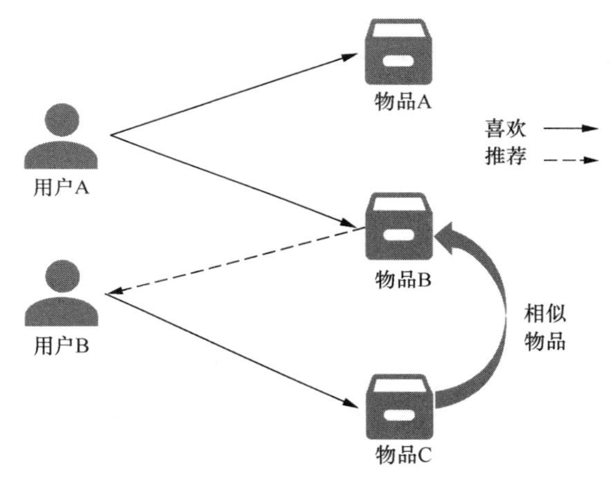

图4.30 物品—物品协同过滤原理示意

基于协同过滤的个性化推荐系统因其相对简单和有效，而广泛用于各种在线推荐平台，例如亚马逊、Netflix 和 Spotify 等。该方法存在明显的冷启动问题，对于新用户或新物品，缺乏足够的交互数据，使得模型难以进行有效推荐。解决策略包括使用基于内容的个性化推荐作为补充，或通过用户的初始注册信息来完成基础性推荐。此外，用户可能只与极小比例的物品发生交互，这使相似性计算只能基于有限的信息，降低了模型的准确性。采用数据插值技术或将协同过滤与其他类型的推荐方法结合使用可以减少这种问题的发生。此外，随着用户和物品数量的增长，传统的协同过滤方法难以扩展。

4.4.2 基于内容的个性化推荐

基于内容的个性化推荐利用对对象的描述性特征（例如文字、图像或元数据）的分析来推荐用户可能感兴趣的其他类似对象。这种推荐方法主要依赖于对象内容本身而非用户之间的交互数据，这使它能够为用户提供与过去喜欢的内容相关联的推荐。其核心是对象的特征表示和用户偏好的建模，通过分析用户过去喜欢或评价过的对象的内容特征，学习用户的偏好模型，并根据这一模型推荐内容特征与用户偏好匹配的新对象。

基于内容的个性化推荐流程如图 4.31 所示。

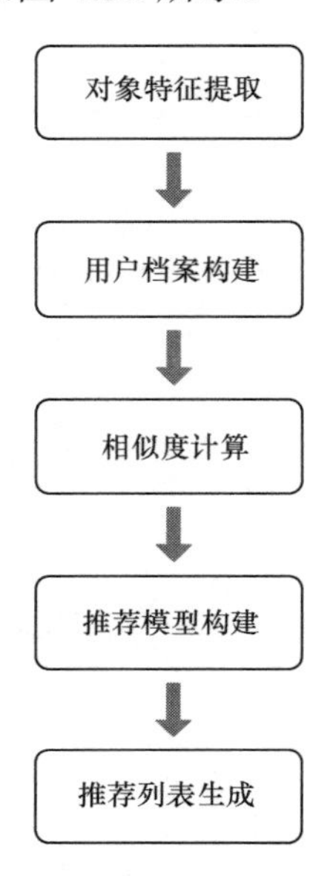

图4.31　基于内容的个性化推荐流程

（1）对象特征提取

根据推荐领域的特定需求，从对象中提取出有用的特征。例如，电影推荐的特征，可能包括类型、导演、演员、语言、发布年份等；对于新闻推荐的特征，则可能是文章的标题、标签、内容等。然后，使用文本向量化（例如 TF-IDF、Word2Vec）、独热编码等技术将提取出的特征转换为一种适合机器处理的特征向量。

（2）用户档案构建

根据用户与内容的交互（例如观看、购买、喜欢、评分等）来构建用户的偏好档案，涉及将用户所有互动过的对象特征进行聚合，形成一个综合的用户偏好表示。

（3）相似度计算

定义一个相似性度量（例如余弦相似度、欧氏距离等）以计算不同对象之间的相似度。

（4）推荐模型构建

使用对象特征和用户偏好数据构建推荐模型（分类器或回归模型），以预测用户对未交互对象的评分或偏好。

（5）推荐列表生成

根据预测的评分或相似性分数对推荐进行排序，为每个用户生成个性化的推荐列表。

基于内容的个性化推荐不依赖于用户与用户之间的交互，因此其处理新项目和新用户时表现良好，不存在冷启动问题，并且推荐的理由直接与项目的内容特征相关，用户容易理解推荐的来源。但推荐的质量高度依赖于如何精确和全面地提取内容特征，且只能推荐用户已经表达过兴趣的内容类型，难以跨越至全新的领域。此外，其倾向于推荐与用户过去喜欢的内容相似的项目，可能导致推荐缺乏新颖性和多样性。

4.4.3　基于矩阵分解的个性化推荐

矩阵分解是个性化推荐系统广泛应用的方法之一，其核心思想是将用户—物品交互矩阵分解为低维的潜在因素空间，通过学习用户和物品的表示来进行推荐。

1. 基于矩阵分解的个性化推荐流程

基于矩阵分解的个性化推荐流程如图 4.32 所示。

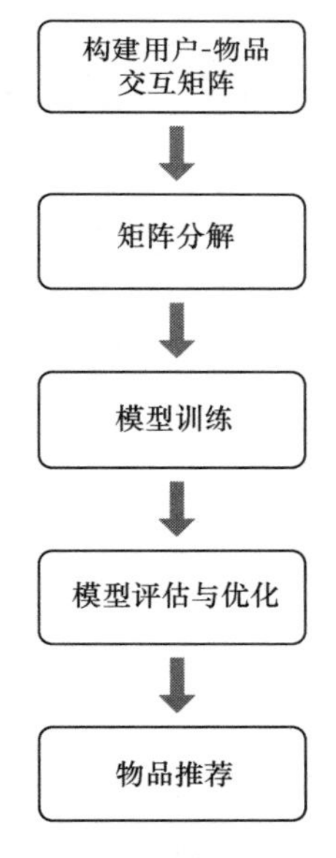

图4.32　基于矩阵分解的个性化推荐流程

（1）构建用户—物品交互矩阵

首先，将用户的行为数据（例如用户对物品的评分、点击、购买等）表示成一个稀疏的用户—物品交互矩阵，记为 $\boldsymbol{R}$，该矩阵的行表示用户、列表示物品、每个元素 R_{ui} 表示用户 u 对物品 i 的行为。

（2）矩阵分解

接下来，利用矩阵分解算法将用户—物品交互矩阵 $\boldsymbol{R}$ 分解为两个低维矩阵的乘积，即

$$\boldsymbol{R} \approx \boldsymbol{P} \times \boldsymbol{Q}^{\mathrm{T}}$$

其中，$\boldsymbol{P}$ 是一个 $m \times k$ 的用户矩阵，$\boldsymbol{Q}^{\mathrm{T}}$ 是一个 $k \times n$ 的物品矩阵，k 是潜在因素的数量，m 是用户数量，n 是物品数量。这里的 $\boldsymbol{P}$ 和 $\boldsymbol{Q}$ 表示了用户和物品在潜在因素空间中的表示，而 k 则表示了潜在因素的维度。

（3）模型训练

通过最小化实际评分与预测评分之间的误差来训练模型，通常采用的损失函数是均方误差（Mean Squared Error，MSE）或者其他的正则化损失函数，以防止过拟合。

（4）模型评估与优化

使用评价指标（例如均方根误差、准确率、召回率等）来评估模型的性能，检验模型对用户行为的预测能力。通过调整潜在因素的数量 k、采用不同的正则化方法、调整学习率等方式来优化模型，提高推荐效果。

（5）推荐物品

通过计算用户向量 $\boldsymbol{p}_u$ 和物品向量 $\boldsymbol{q}_i$ 的内积，得到用户对物品的预测评分：

$$\hat{\boldsymbol{r}}_{ui} = \boldsymbol{p}_u \times \boldsymbol{q}_i^{\mathrm{T}}$$

随后，根据预测评分对物品进行排序，推荐给用户预测评分较高的物品。

2. 常用的矩阵分解算法

在个性化推荐方面，奇异值分解（Singular Value Decomposition，SVD）是最著名的矩阵分解算法，此外，隐语义模型（Latent Semantic Analysis，LSA）、因子分解机（Factorization Machines，FM）、自编码器（Autoencoder）、矩阵分解机（Matrix Factorization Machine，MF）和神经网络矩阵分解（Neural Matrix Factorization，NeuMF）也是常用的方法。

（1）奇异值分解

给定一个 $m \times n$ 维的用户—物品交互矩阵 $\boldsymbol{R}$，可以对其进行奇异值分解，将其分解为 3 个矩阵的乘积：

$$\boldsymbol{R} = \boldsymbol{U}\boldsymbol{\Sigma}\boldsymbol{V}^{\mathrm{T}}$$

其中，$\boldsymbol{U}$ 是一个 $m \times m$ 的单位正交矩阵，是用户特征矩阵，其列向量称为左奇异向量；$\boldsymbol{\Sigma}$是一个 $m \times n$ 的对角矩阵，对角线上的元素称为奇异值，这些奇异值非负且按从大到小的顺序排列，奇异值的数目等于矩阵 $\boldsymbol{R}$ 的秩；$\boldsymbol{V}$ 是一个 $n \times n$ 的单位正交矩阵，是物品特征矩阵，其列向量称为右奇异向量，$\boldsymbol{V}^{\mathrm{T}}$ 表示 $\boldsymbol{V}$ 的转置；这里的 m 是用户数量，n 是物品数量。

使用奇异值分解进行个性化推荐简单而有效，能够从用户行为数据中学习到用户

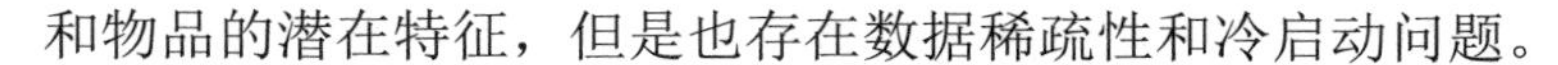

和物品的潜在特征，但是也存在数据稀疏性和冷启动问题。

（2）隐语义模型

隐语义模型也称为潜在语义分析或潜在语义索引，是一种用于分析和理解自然语言文本的方法。其主要思想是通过构建文档－词项矩阵（Document-Term Matrix，DTM），然后利用奇异值分解等技术对文本数据进行分解，从而捕捉文中的语义信息。

隐语义模型的主要内容包括以下几方面。

① 文档－词项矩阵。将文本集合转换为一个文档－词汇矩阵，其中每一行代表一个文档，每一列代表一个词汇，元素值表示某个词汇在某个文档中的出现次数、频率或权重，矩阵可以是二元的（表示某个词项在文档中是否出现），也可以是基于词频的（表示词项在文档中的出现次数），或者是基于词汇的 TF-IDF 值（表示词项在文档中的重要性）。

② 奇异值分解。对文档－词汇矩阵进行分解，得到 3 个矩阵：$\boldsymbol{U}$、$\boldsymbol{\Sigma}$和 $\boldsymbol{V}^{\mathrm{T}}$。

③ 降维。为了减少计算复杂度和噪声，通常只保留最大的几个奇异值对应的奇异向量，可以通过选择一个阈值来确定保留的奇异值的数量。

④ 潜在语义空间。通过降维后的矩阵 $\boldsymbol{U}$ 和 $\boldsymbol{V}^{\mathrm{T}}$ 构建潜在语义空间，其中文档和词汇都被映射到一个低维空间中。

⑤ 相似性计算。在潜在语义空间中，可以使用余弦相似度等方法来计算文档之间的相似性或词汇之间的相似性。

隐语义模型通过奇异值分解和降维，能够揭示文本数据中的隐含语义结构，识别文本中的同义词和多义词，提高语义理解的准确性，去除文本数据中的噪声，提高分析的可靠性。但对于大规模文本集合，隐语义模型的计算复杂度较高，且在潜在语义空间内难以直观解释，进而忽略了词汇在文本中的顺序信息。

（3）因子分解机模型

因子分解机模型是一种用于推荐系统和大规模数据集的监督学习算法，是矩阵分解技术的一个典型代表。它主要用于解决稀疏数据问题，特别是需要利用推荐系统对用户－物品评分进行预测的场景。其核心思想是通过因子分解来捕捉数据中的复杂关系，在推荐系统中，这通常意味着模型会学习用户和物品的潜在特征表示，从而预测用户对物品的评分或偏好。

假设有一个用户－物品评分矩阵 $\boldsymbol{R}$，其中 $\boldsymbol{R}_{ui}$ 表示用户 u 对物品 i 的评分，因子分解机模型的预测$\hat{\boldsymbol{R}}_{ui}$可以表示为：

$$\hat{\boldsymbol{R}}_{ui} = \omega_0 + \sum_{f=1}^{F}\left(\omega_{u_f} + \omega_{i_f}\right) + \sum_{f=1}^{F}\sum_{f'=1}^{F} v_{u_f} v_{i_{f'}}$$

其中，ω_0是偏差项，ω_{u_f}和ω_{i_f}是用户和物品的线性权重，v_{u_f}和$v_{i_{f'}}$是用户和物品的隐含因子，F是隐含因子的个数。

从公式可以看出，因子分解机模型结合了线性模型的元素，其中用户和物品的每个特征（例如用户的性别、年龄，物品的类别等）都与一个权重相关联，此外，还通过因子分解将每个用户和物品表示为一组隐含因子的乘积，模型学习这些隐含因子，并且能够捕捉数据中的复杂交互。对于一个给定的用户－物品，模型的预测结果是所有特征权重的线性组合，以及所有隐含因子的交互项的和。

因子分解机模型特别适合处理推荐系统中的稀疏数据问题，能够捕捉用户和物品之间的复杂交互作用，具有很好的泛化能力。但随着隐含因子数量的增加，模型计算的复杂性也会增加，需要选择合适的隐含因子数量和其他超参数，才能实现准确推荐。

（4）自编码器

自编码器是一种无监督学习的神经网络，它通过学习输入数据的压缩表示来重建输入数据。自编码器的结构包括编码器、解码器和损失函数 3 个部分。编码器是自编码器的前向传播部分，它将输入数据通过一系列变换（通常是神经网络层）转换成一个低维的潜在空间表示；解码器则是自编码器的逆向传播部分，它将潜在空间的表示转换回用原始数据空间的维度来表示。通常使用均方误差来计算原始输入和解码器输出之间的差异，并通过优化算法（例如梯度下降）来调整网络的权重，以最小化差异。

自编码器的工作流程如下。

① 输入。自编码器接收一个输入数据 x。

② 编码。输入数据通过编码器转换为潜在空间的表示$h=f_{\text{encoder}}\left(x;\theta_e\right)$，其中$\theta_e$是自编码器的参数。

③ 解码。潜在空间的表示通过解码器转换回原始数据空间的近似表示$\hat{x}=f_{\text{decoder}}\left(h;\theta_d\right)$，其中$\theta_d$是解码器的参数。

④ 优化。通过最小化损失函数 $L=\|x-\hat{x}\|^2$ 来训练自编码器，其中$\|.\|$表示欧几里得距离。

自编码器有多种变体：稀疏自编码器是在潜在空间表示中引入稀疏性约束，有强迫网络学习稀疏的特征；去噪自编码器是通过在训练过程中添加噪声，使网络能够学习从部分损坏或噪声数据中重构原始输入；变分自编码器则是通过引入概率模型，通过最大化数据的下界来训练，常用于生成模型。

（5）矩阵分解机模型

矩阵分解机模型结合矩阵分解和因子分解机的概念，旨在处理大规模稀疏数据，例如用户－物品评分矩阵，通过学习用户和物品的潜在特征表示预测未知的评分。其核心思想也是将用户－物品评分矩阵分解为两个低维矩阵的乘积，这些低维矩阵代表了用户的潜在特征和物品的潜在特征。

假设有一个用户－物品评分矩阵 R，其中，R_{ui} 表示用户 u 对物品 i 的评分，矩阵分解机模型的预测$\hat{R}_{ui}$可以表示为：

$$\hat{R}_{ui} = \omega_0 + p_u{}^T q_i + \sum_{f=1}^{F}\sum_{f'=1}^{F} v_{u_f} v_{i_{f'}}$$

其中，ω_0是偏差项，p_u和q_i是用户 u 和物品 i 的潜在特征向量，v_{u_f}和$v_{i_{f'}}$是用户和物品的隐含因子，F 是隐含因子的个数。

矩阵分解机的训练过程通常涉及以下步骤。

① 随机初始化。随机初始化用户和物品的潜在特征向量。

② 正向传播。计算模型对所有已知评分的预测。

③ 计算损失。使用均方误差或其他损失函数计算预测评分和实际评分之间的差异。

④ 反向传播。根据损失函数对模型参数进行梯度计算。

⑤ 参数更新。使用梯度下降或其他优化算法更新模型的潜在特征向量。

矩阵分解机适用于大规模数据集，可以有效处理推荐系统中的稀疏评分矩阵，能够捕捉用户的个性化偏好，并为用户提供个性化的推荐。但随着用户和物品数量的增加，模型的计算复杂性也会增加，对于新用户或新物品，存在冷启动的问题，难以生成有效的个性化推荐。

（6）神经网络矩阵分解模型

神经网络矩阵分解模型是一种结合了传统矩阵分解和深度学习技术的方法，用于处理推荐系统中的评分预测问题。它通过神经网络学习用户和物品的潜在特征表示，从而提高推荐的准确性和个性化程度。

神经网络矩阵分解模型的结构包括以下内容。

① 嵌入层。用户和物品通过嵌入层映射到潜在特征空间，生成潜在特征向量。

② 交互层。通过点积或其他交互函数，计算用户潜在特征和物品潜在特征之间的交互。

③ 输出层。通过一个或多个全连接层，将交互结果映射到最终的评分预测。

④ 损失函数。通常使用均方误差作为损失函数，计算模型预测评分和实际评分之间的差异。

神经网络矩阵分解模型的训练过程与矩阵分解机模型相似。通过神经网络的非线性激活函数，神经网络矩阵分解模型能够捕捉用户－物品交互中的复杂非线性关系，可以直接从评分数据中学习潜在特征表示，具有更好的泛化能力。但由于模型的复杂性，在小规模数据集上可能面临过拟合的风险，且需要更多的超参数调优，例如网络结构、学习率等。

4.4.4 基于深度学习的个性化推荐

深度学习模型可以学习用户行为和物品特征之间的复杂关系，从而提供更准确、更个性化的推荐。通常使用用户—物品交互数据构建训练集，这些数据包括用户浏览、点击、购买、评分等，以及文本描述、标签、类别等物品特征。用于个性化推荐的深度学习模型架构通常采用多层感知机模型、卷积神经网络或循环神经网络。多层感知机模型通过多个全连接层学习用户和物品的表示，然后将它们映射到一个共享的语义空间中进行匹配；卷积神经网络适用于处理具有空间结构的物品特征，例如图像或文本数据；循环神经网络适用于处理具有时序结构的用户行为序列，例如用户的点击序列或购买历史。模型训练通常采用随机梯度下降等优化算法，目标是最小化模型预测与真实用户行为之间的损失函数，例如交叉熵损失函数、均方误差等。

深度学习模型能够自动学习用户行为和物品特征之间的复杂非线性关系，从而提高推荐的准确性，能够学习到更丰富、更高效的用户和物品表示，从而提高推荐的个性化程度，并且可以很容易地集成各种类型的数据和特征，包括文本、图像、时序数据等，从而适应不同类型的推荐场景。用户行为数据通常是稀疏的，需要采用合适的技术处理数据稀疏性问题，例如采样、加权等，并且模型容易过拟合训练数据，需要采用正则化等技术缓解过拟合问题，此外，通常较难用深度学习模型解释其推荐结果，需要结合其他技术提高推荐系统的可解释性。

第五章　智能化产品设计与制造技术

智能化产品设计与制造技术是一种结合了现代化设计理念、制造工艺、信息技术与人工智能的综合技术。智能化产品设计与制造技术利用计算机辅助设计（Computer-Aided Design，CAD）、计算机辅助制造（Computer-Aided Manufacturing，CAM）、计算机辅助工程（Computer-Aided Design，CAE）、物联网、大数据分析和机器学习等技术，实现产品从设计到生产的全过程自动化和智能化。智能化产品设计与制造技术不仅提高了设计和制造的效率，降低了成本，而且能够开发更加个性化和定制化的产品。智能化产品设计与制造使企业可以更快速地响应市场需求，提高产品的质量和创新能力，加强企业竞争力。此技术在航空、汽车、电子、医疗等众多领域都有广泛的应用，是工业 4.0 和智能制造的关键技术之一。

本章深入探讨了智能化产品设计和制造领域的前沿技术和方法，涵盖了开放式协同设计技术、模块化设计技术、可变性设计技术、自适应设计技术以及人工智能生成内容（Artificial Intelligence Generated Content，AIGC）辅助设计技术等关键设计领域，同时还涉及了柔性制造技术、增减材制造技术、数字孪生技术、智能物料管理配送技术、人机协同技术、韧性制造系统建模与评估技术等关键制造领域。

5.1　产品设计技术

面向大规模个性化定制的产品设计技术要求开发能够高效满足个别用户特定需求的产品，同时保持生产和操作的成本效率。这种设计方法结合了先进的设计理念、数据管理技术和客户交互策略，使企业能够在保证低成本和高效率的同时，为每个客户提供定制化的产品。

5.1.1　开放式协同设计技术

大规模个性化定制的一大特点是以用户需求为中心，用户可以参与产品设计的过程，开放式协同设计技术为用户参与产品设计提供了一种有效手段。开放式协同设计如

图 5.1 所示。

图5.1　开放式协同设计

开放式协同设计技术是一种开放式的设计方法，旨在通过整合来自不同领域和不同背景的设计师、用户和利益相关者的知识和技能，共同参与产品设计和开发过程。这种设计模式鼓励创新和创意的交流，突破传统设计方法的界限，通过开放和共享的方式加速产品的开发并提高设计质量。

开放式协同设计技术具有五大核心特点。

① 跨领域合作。开放式协同设计涉及多学科团队的合作，包括设计师、工程师、市场专家、最终用户和其他利益相关者，这种多元化的团队可以带来不同的视角和专业知识，增强设计的全面性和实用性。

② 用户参与。用户初期和后期持续的参与是开放式协同设计的关键，通过让用户直接参与设计过程，可以更好地理解他们的需求和期望，从而设计出更符合市场需求的产品。

③ 技术支持。利用云计算、社交媒体平台、在线协作工具和数据共享技术来支持远程和异地的团队协作，这些技术使团队成员可以实时共享数据、反馈和设计更新，无论他们身在何处。

④ 迭代快速原型。快速原型制作和迭代测试是开放式协同设计中的常见做法，通过快速制作原型并在团队内部及与外部用户之间进行测试和评估，可以快速收集反馈并对设计进行相应改进。

⑤ 透明性和开放性。开放式设计过程强调透明性，鼓励知识共享和开源思维，这种开放性有助于创新的快速迭代和改进。

开放式协同设计的应用优势包括以下 4 个方面。

① 提高设计的创新性和适应性。为不同背景的参与者带来新的想法和解决方案，提高产品的创新性和市场适应性。

② 缩短产品开发周期。通过集体智慧和对资源的利用，可以更快地解决设计难题和技术挑战，缩短从形成设计概念到投放市场的时间。

③ 提高用户满意度。接纳用户的反馈和建议并做出相应改进，可以设计出更符合用户需求和期望的产品，从而提高用户满意度和市场接受度。

④ 成本效益。共享资源和专业知识可以减少重复的工作，从而降低研发成本。

开放式协同设计已经在软件开发、电子、汽车设计和医疗设备开发等领域应用。例如，在汽车行业中，一些公司通过在线平台邀请全球设计师提交设计方案，然后与内部工程师和市场团队一起评估和改进这些设计方案，最终开发出新车型。

5.1.2　模块化设计技术

大规模个性化定制的目的是解决长期困扰制造业的“两难”问题，既要提供满足用户个性化需求的产品，又要保证产品的成本、质量和交付时间与大规模生产的产品相近。模块化设计技术为大规模个性化定制提供了一种有效的实现框架和方法，其核心思想是将产品的个性化定制生产全部或部分转变为批量生产，尽可能减少产品内部多样性，增加产品外部多样性。

模块化设计是指将一个复杂产品分解成多个较小且独立的模块，每个模块都具有特定的功能，并且可以独立于其他模块进行设计、制造和测试，模块之间可以通过标准化的接口相互连接，相同种类的模块可以重用和互换，通过对相关模块进行排列组合就可以形成最终的产品。在对一定范围内的不同功能或相同功能、不同性能、不同规格的产品进行功能分析的基础上，划分并设计出一系列模块，用户可以根据自己的需求选择和组合这些模块，从而创造出符合个人需求的个性化产品。在这种模式下，可以实现大规模批量化模块生产，而产品是根据订单定制化组装的。

模块化设计技术的特点和优势包括以下内容。

① 互换性。模块化设计使单个模块可以在不同的产品中使用或者被轻松替换，这为产品的维修、升级或定制提供了便利。

② 灵活性。由于模块的独立性，设计师可以修改或改进单个模块而不影响整个系统，这使迭代和改进过程更加高效。

③ 扩展性。随着市场或技术的变化，可以通过添加新模块或替换旧模块来扩展产品的功能，而无须重新设计整个产品。

④ 缩短开发时间。由于模块可以并行开发和测试，因此模块化设计可以显著减少产品从设计到市场的总体时间。

⑤ 成本效益。在生产过程中，标准化模块的重复使用可以实现规模经济，降低生产成本和库存成本。产品模块化设计流程如图 5.2 所示。

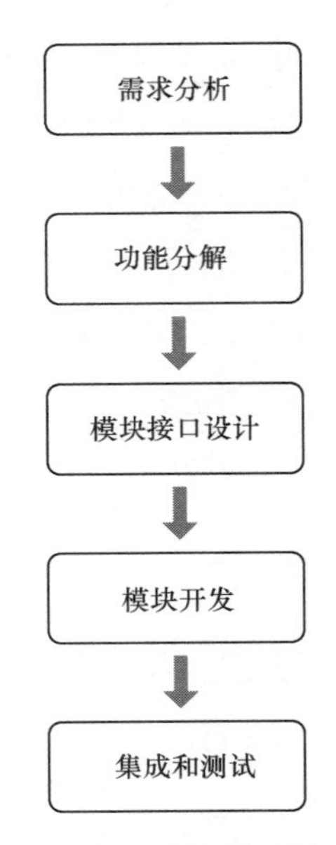

图5.2 产品模块化设计流程

该设计流程可以分为以下 5 个步骤。

① 需求分析。确定产品需求，特别是从市场和客户那里获得的需求，以确定模块化设计需要满足的关键功能和性能指标。

② 功能分解。将产品的整体功能分解成可以由单独模块实现的较小功能单元，每个模块应具有明确的功能界限。

③ 模块接口设计。定义模块之间的接口，包括物理、电气和软件接口，接口的标准化是模块化设计成功的关键。

④ 模块开发。独立开发和测试每个模块，模块开发可以根据各个工程团队的专长来分配，以充分利用各个团队的专业知识和技能。

⑤ 集成和测试。将所有模块组装成完整的产品并进行系统级测试，以确保所有的模块组合在一起时能够正常工作且满足设计规格。

模块化设计技术允许企业通过标准化的组件或模块快速适应市场变化，并实现客户个性化的需求，被广泛应用于电子、汽车制造、航空航天等领域。在消费电子行业，智能手机、计算机和平板计算机等设备的模块化允许用户自定义或升级特定的组件（例如内存、摄像头、电池等），而不需要更换整个设备。在汽车行业，模块化设计使制造商可以通过共享组件和组装过程来生产不同型号的汽车，显著降低了生产成本，简化了供应链，并加快了新车型的开发速度。在航空航天行业，模块化设计使航空器、航天器的维护和升级更加容易，例如，飞机的发动机和航电系统为模块化设计，可以快速更换零配件，从而减少飞机在地面停机时间。

5.1.3　可变性设计技术

可变性设计技术是指使产品在保持基本框架和功能不变的情况下，通过改变某些设计元素来适应不同的用户需求和应用环境，主要用于产品的多样性和定制化，为大规模个性化定制提供了设计层面的支持。可变性设计强调产品能够适应多种使用场景和功能需求，通过预设的变化选项来满足广泛的市场需求。

可变性设计技术为企业面对多样化市场需求提供了一种有效应对策略，旨在通过一定程度的标准化与个性化结合，来实现成本效益和客户满意度的最优化，其特点包括以下内容。

① 模块化。可变性设计通常依赖于模块化的原理，其中不同的模块或组件可以根据特定的需求进行组合或替换，因此，同一产品平台可以产生多个产品变体。

② 配置选项。设计包括多种配置选项，用户可以选择不同的功能、性能或外观选项，以适应自身特定的需求或偏好。

③ 标准化与定制结合。通过标准化的核心组件与定制的可变部分相结合，既保持了生产的规模经济，又满足了消费者的个性化需求。

④ 设计的灵活性。产品设计具备足够的灵活性，可以快速响应市场变化和技术进步，无须对整个产品进行重大改动。

可变性设计实施流程如图 5.3 所示。

① 市场 / 用户分析。在开始设计之前，首先需要进行详细的市场研究和用户研究，了解目标市场的需求、用户偏好和潜在的市场细分可以帮助产品设计确定应具备的可变性范围，这包括识别用户对功能需求和性能要求，了解用户审美喜好和预算限制。

② 定义产品架构。基于市场 / 用户分析的结果，定义产品的基础架构，这应包括确定哪些部分是核心的（即不变的），哪些部分是可变的，设计团队需要确定应该标准化生产的特征和组件，以及需要保留灵活性以适应不同用户需求的变化的特征和组件。

③ 设计模块和接口。在确定可变部分后，接下来的步骤是设计这些可变部分的模块，每个模块都应该有一个清晰定义的功能，并与其他模块通过标准化的接口连接，且这些接口必须通用，以便模块可以在不同的产品

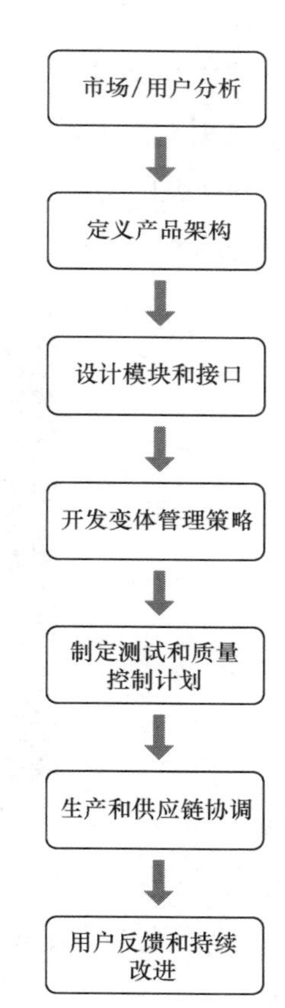

图5.3　可变性设计实施流程

变体之间完成自由组合和互换。

④ 开发变体管理策略。创建管理产品变体的策略，这包括如何定义产品信息（例如使用产品配置管理系统）、如何控制产品配置，以及如何处理订单定制，变体管理策略应支持快速响应市场变化，同时确保操作的简便性和成本效率。

⑤ 制定测试和质量控制计划。为每种产品变体制定测试和质量控制计划，确保所有模块和组件在整合成最终产品前都符合产品质量标准，同时，要确保各个模块间的接口能够正常工作，保证最终产品的性能和用户满意度。

⑥ 生产和供应链协调。协调生产和供应链以支持模块化设计，与供应商协商以确保模块组件的及时供应，调整生产流程以适应基于模块的组装。

⑦ 用户反馈和持续改进。在产品推向市场后，收集用户反馈，并据此调整产品设计，持续改进模块设计可以使企业更好地满足用户需求，提高产品竞争力。

5.1.4 自适应设计技术

产品的自适应设计技术是指在产品设计阶段预见并整合能够自动调整和适应用户需求、使用环境或功能需求改变的能力。这种设计方法能让产品在面对不同使用情况时展示出更高的灵活性和有效性。自适应设计技术不仅关注产品的物理特性，还涵盖交互界面和功能的适应性，确保产品能够在其生命周期中持续满足用户的变化需求。

自适应设计的主要特征如图 5.4 所示。

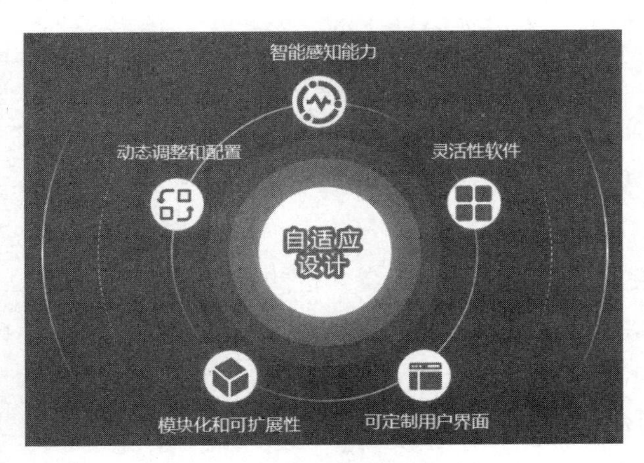

图5.4　自适应设计的主要特征

① 智能感知能力。产品设计包括传感器和输入设备，能够检测和响应外部环境变化（例如温度、光线、湿度或用户行为），例如，智能恒温器根据室内外温度差自动调节室内温度。

② 灵活性软件。通过软件定义的特性和远程更新能力，允许产品在不更换硬件的

情况下升级或增加功能，这种设计使产品能够通过软件更新来适应新的技术标准或用户需求。

③ 可定制化用户界面。产品包括可定制的用户界面，允许用户根据个人偏好或特定需求调整控制面板或显示设置，例如，汽车的仪表板界面可以根据驾驶者的喜好显示不同的信息。

④ 模块化和可扩展性。产品设计允许通过添加或替换模块来增强其功能或性能，例如，可扩展的存储解决方案允许用户根据数据存储需求增加更多存储单元。

⑤ 动态调整和配置。通过设计使产品可以根据检测的数据或用户输入动态调整其设置或配置，例如，智能照明系统可以根据自然光的亮度和用户的活动模式调整灯光强度和颜色温度。

自适应设计技术实施的一般步骤包括以下内容。

① 用户和市场研究。进行深入的用户研究，了解目标用户群的需求、偏好和使用环境，以指导自适应功能的开发。

② 定义自适应需求。确定产品需要适应的具体条件和参数，例如环境变化、用户输入或使用模式的改变。

③ 技术选型和集成。选择合适的传感器、控制系统、接口和其他技术组件，整合进产品设计中，确保这些技术能支持所需的自适应功能。

④ 原型开发与测试。开发产品原型，进行实验室测试和用户测试，验证自适应功能的有效性。

⑤ 迭代优化。根据测试反馈对产品进行迭代和优化，改进自适应机制和用户界面。

⑥ 市场推广与持续更新。将产品推向市场后，继续收集用户反馈，定期更新软件以改进或增加自适应功能。

5.1.5 AIGC 辅助设计技术

AIGC 辅助设计技术结合了人工智能的科技能力与人类设计师的创造力，共同完成设计任务，代表了从传统内容创作到智能内容生成的转变，主要通过提供自动化工具、数据驱动的洞察和创意生成功能，辅助设计师在各个设计阶段更高效地完成工作。AIGC 辅助设计技术对实现大规模个性化定制具有非常深远的影响。

① 提高设计效率和速度。AIGC 辅助设计技术可以自动生成设计方案，快速响应消费者的个性化需求。例如，通过输入用户的偏好或选择，可以即时创建符合其要求的产品设计，加快了设计过程，从而使企业能够更快地将产品推向市场。

② 降低成本。传统的个性化产品设计往往涉及高昂的设计和制造成本，因为每

个定制项都需要单独处理和生产，AIGC 辅助设计技术通过自动化设计优化生产流程，减少了人力成本和时间成本，使大规模生产个性化产品更经济可行。

③ 增加设计的可行性和创新性。AIGC 辅助设计技术能够利用其庞大的数据分析能力，探索新的设计可能性，提供创新的个性化方案。它可以分析当前的设计趋势、用户反馈和历史数据，生成创新且实用的设计方案，这在人工设计中可能难以实现或需要大量时间和资源。

④ 改善用户体验。AIGC 辅助设计技术能够真正地实现让用户参与设计过程，用户可以通过界面直接输入其需求和偏好，AI 根据这些信息生成定制化的产品，这种互动不仅增强了用户的体验，还提高了产品的满意度和市场接受度。

⑤ 提供动态和实时的个性化服务。随着市场的快速变化，消费者的需求也在不断变化，AIGC 辅助设计技术能够实时更新数据和分析趋势，根据最新的市场动态快速调整设计方案，确保产品始终符合消费者当前的需求。

⑥ 支持可持续性发展。通过优化设计和生产过程，AIGC 有助于减少资源浪费。例如，AI 可以精确计算材料的使用量，最大程度地减少过程中的剩余和废料，对生产线进行优化以减少能源消耗。

AIGC 辅助设计技术的主要功能包括以下内容。

① 文本生成与编辑。AIGC 辅助设计技术可以基于 NLP 生成文本内容，例如文章、标题、摘要等，还可以进行文本风格迁移，生成特定风格的文本，或者将图像转换成描述性文本。

② 图像生成。AIGC 辅助设计技术可以生成高质量的图像，包括艺术画作、广告图、设计图等，通过学习大量的图像数据，其能够根据用户输入的描述或指令生成相应的图像内容。

③ 视频和音频生成。在视频和音频领域，AIGC 辅助设计技术可以生成与文本描述相符的视频片段，或者根据提示语生成特定风格的音乐和音频内容。

④ 虚拟试衣与 3D 模型生成。在服装设计领域，AIGC 辅助设计技术可以进行虚拟试衣，通过对人体部位的检测和衣物模型的变形处理，实现衣物的虚拟穿着效果。

⑤ 设计工作流优化。AIGC 辅助设计技术可以帮助设计师快速生成 UI 界面、包装设计原型，通过定制化的工具和模型，提高设计效率。

⑥ 剧本创作与影视制作。AIGC 辅助设计技术可以辅助剧本创作，生成不同风格的故事线，同时在影视制作中，AIGC 辅助设计技术可以用于场景建模、角色动画制作，甚至可以生成特效和渲染效果。

AIGC 辅助设计技术的实现流程如图 5.5 所示，其涉及多个步骤和组件，包括数据的收集与处理、模型的训练、技术的集成以及用户界面的开发等的共同协作，使设计师实现利用 AI 的强大功能来优化和创新设计过程。

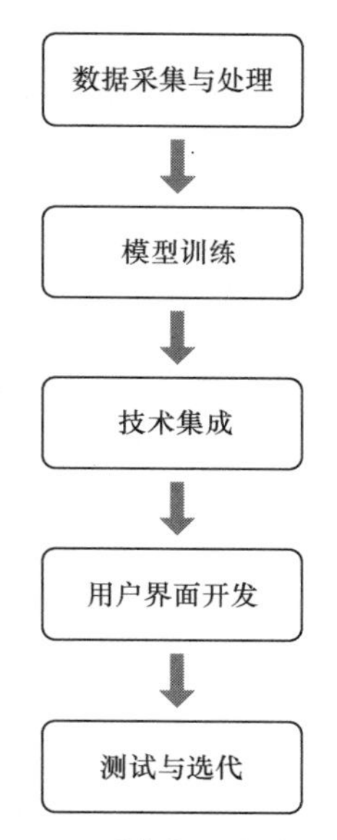

图5.5　AIGC辅助设计的实现流程

（1）数据收集与处理

首先需要收集大量与设计相关的数据，这些数据包括图像、文本、用户反馈、历史设计项目等，数据的类型和质量将直接影响 AI 模型的性能。然后对收集的数据进行预处理，包括清洗无关数据、格式化和必要的数据标注。最后根据具体需求，对于图像数据可以标注图像中的对象，对于文本数据可以标注语义。

（2）模型训练

首先，根据设计任务的具体需求选择合适的机器学习或深度学习算法，常用的算法包括生成对抗网络（Generative Adversarial Networks，GANs）、卷积神经网络等；然后，使用选择的算法和经预处理后的数据来训练 AI 模型，这一过程中可能需要大量的计算资源，尤其是在处理复杂的设计任务时；最后，通过调整模型参数、使用不同的训练技术或引入新的数据来优化模型的性能。

（3）技术集成

将训练好的 AI 模型集成到现有的设计软件或开发新的工具，确保 AI 模型能够与设计工具无缝地交互。开发应用程序编程接口（Application Programming Interface，API），使 AI 模型能够以服务的形式提供给设计平台或其他应用。

（4）用户界面开发

通过设计用户界面，设计师能够容易地使用 AI 功能，包括创建直观的控制面板、可视化工具和反馈系统等，根据用户反馈持续优化界面设计，提高其易用性和功能性。

（5）测试与迭代

在设计工具中测试集成的 AI 功能，确保其能够在各种情况下正常工作。邀请设计师使用具备 AI 功能的工具，并收集用户反馈，根据用户反馈对 AI 模型和用户界面进行必要的调整。监控 AI 系统的运行情况，包括性能指标和用户满意度，以持续进行改进。

通过上述步骤，AIGC 辅助设计技术可以有效地实现提高设计效率、降低成本和增强创新能力。随着技术的发展和应用的深入，AIGC 辅助设计技术将在设计行业中扮演越来越重要的角色。

5.2 韧性制造技术

韧性制造技术是一种集成了网络通信、协同工作和韧性策略的现代化制造技术，旨在提高制造系统在面对各种预期和意外干扰时的适应性、恢复力和持续性。该技术依托于云计算、物联网、大数据分析和人工智能等现代信息技术，实现了制造资源和能力的网络化共享和跨地域的协同工作。它能够在复杂多变的制造环境中实时监控、预测、响应和优化生产过程，确保制造系统即使在面临诸如供应链中断、机器故障或市场需求急剧变化等不确定性因素时，也能保持高效、稳定和灵活地运行。韧性制造技术是实现智能制造和高度自适应生产环境的关键，对于提升制造业的竞争力和创新能力具有重要意义。

5.2.1 柔性制造技术

柔性制造是指一种应对大规模个性化定制需求而产生的新型生产模式，“柔性”是相对于“刚性”而言的，传统的刚性自动化生产线主要用于实现单一品种的大批量生产，而柔性生产线则偏向用于实现多品种、小批量、周期可控的生产，满足当今消费者个性化、多样化的需求。柔性制造技术的核心在于提高生产线和供应链的反应速度，以及系统适应外部和内部变化的能力，可以无缝切换生产不同的产品，而无须耗费大量时间和资源在生产线的重新配置上。柔性制造技术集成了自动化技术、信息技术和制造加工技术，将工程设计、生产制造和经营管理等过程在计算机及其软件的支撑下，构成一个完整而有机的系统。

柔性制造技术的特点包括机器柔性、工艺柔性、产品柔性、生产能力柔性、维护柔性和扩展柔性。这些特点使生产系统能够根据产品变化或原材料变化确定相应的工

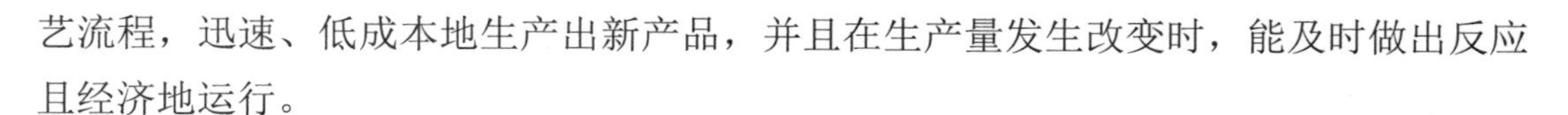

艺流程，迅速、低成本地生产出新产品，并且在生产量发生改变时，能及时做出反应且经济地运行。

1. 智能柔性装配技术

智能柔性装配是指利用智能化技术在柔性制造环境下进行装配和生产的方法。它结合了智能制造和柔性制造的理念，旨在实现多品种、小批量订单的混线生产，使生产过程智能化、灵活化和高效化，提高生产效率、质量和适应性，从而更好地适应市场的变化和客户的需求。全球首个智能 + 5G 大规模定制虚实融合示范验证平台如图5.6所示，可以实现不同型号家电产品的智能柔性装配，采用3D视觉引导机械臂从料框中实现物料的无序抓取，采用2D视觉引导机械臂进行精确抓取并装配。

图5.6　全球首个智能 + 5G大规模定制虚实融合示范验证平台

智能柔性装配的实现涉及以下关键内容。

① 智能化装配设备。使用智能传感器、执行器和控制系统来实现装配设备的智能化，这些装置能够感知环境、检测产品特征、进行自适应调整，并与其他设备和系统实现实时通信和协作。

② 自适应装配策略。利用人工智能、机器学习等技术对装配过程进行分析和优化，根据实时的生产环境和产品要求调整装配策略和参数，可以实现装配过程的自动化和持续优化，以此提高装配质量和效率。

③ 协作式装配系统。建立装配系统内各个装配设备之间的协作和通信机制，实现多机器人协作、设备协同和任务分配。通过协作式装配系统，可以实现更复杂、更灵活的装配任务，并提高生产效率和适应性。

④ 智能监控与诊断。使用智能监控系统对装配过程进行实时监测和诊断，检测装配过程中的异常情况并采取相应的措施，有助于提前发现问题、避免生产中断，并提高装配过程的稳定性和可靠性。

⑤ 虚拟装配和仿真。借助虚拟装配和仿真技术，预先模拟和优化装配过程，包

括装配顺序、工艺参数和设备配置等。这可以帮助减少试错成本、提高装配精度，并加速新产品上市的时间。

⑥ 智能物联网和大数据分析。运用智能物联网技术实现装配设备和系统的互联互通，收集和分析装配过程中产生的大量数据，通过分析数据，可以发现潜在问题、优化装配过程，并提供决策支持和预测性维护。

2. 可重构制造系统

可重构制造系统（Reconfigurable Manufacturing System，RMS）是一种能够快速调整物理结构和逻辑配置来适应不同产品生产需求的制造系统。RMS 强调的是在保证高效率的同时具备极高的灵活性和适应性，特别适用于多品种、小批量的生产环境，或需求快速变化的市场。RMS 在设计之初就考虑到快速改变结构和软硬件组件的需求，以便快速调整其生产能力和功能，应对突如其来的市场变化或系统的内在变化。RMS 的目标是“在需要的时候，准确地提供所需的能力和功能”，这使得它能够根据市场需求动态变化，及时调整生产线的生产数量和种类。

RMS 的主要特征包括以下 5 个。

① 模块化。RMS 的组成部件（机器、生产线组件、物流设备等）是模块化的，具备互换性和可重组性，每个模块都有特定的功能，例如装配、加工或检测，可以根据生产需求快速地添加、删除或重新配置。

② 可伸缩性。RMS 可以根据生产量的变化进行扩展或缩减，确保生产能力与需求相匹配，从而优化资源使用。

③ 集成化。RMS 集成了先进的信息技术，例如物联网、人工智能和机器学习，以支持决策制定和实时数据分析。

④ 自定义化。RMS 可以快速调整以生产不同的产品，满足个性化和定制化的市场需求。

⑤ 快速转换。RMS 可以快速调整生产线的物理结构和逻辑配置，以最短的停机时间适应新的生产任务。

RMS 的核心是可重构性，即利用对制造设备、功能模块或相关组件的重排、更替、剪裁、嵌套和革新等手段对系统进行重新组态、更新过程、变换功能或改变系统的输出（产品与产量）。

汽车制造业经常需要根据不同的车型和市场需求调整生产线，RMS 使制造商可以快速更换或升级机器和设备配置，以适应新车型的生产需求，而无须重建整个生产线，从而大幅节约时间和成本。汽车燃料电池的 RMS 如图 5.7 所示。这是一个可以满足 8 个以上车型的 RMS，这个系统由多个离散的岛型生产单元构成，每一个岛型生产单元都是标准化的模块，岛内为工业机器人作业区域，岛外为辅助物流作业区域，各生产单元能快速地重新组合，并提前进行重组后的虚拟联调和产能验证，既能满足单品种大批量生产，也能满足多品种、中小批量生产。

图片来源：FFT SmartTruck解决方案

图5.7　汽车燃料电池的RMS

RMS 面临的挑战包括技术实现难度较大，需要高度集成和智能化的技术支持，例如先进的机器人技术、物联网技术等，这些技术的研发和应用都需要大量的投入。此外，由于 RMS 需要采用先进的技术和设备，其初始投资和维护成本往往较高，对于资金紧张的企业来说可能是一个较大的负担。管理和协调难度也会相应增加，企业需要建立完善的管理制度和协调机制，以确保系统的顺利运行。

3. 制造系统自适应重构技术

制造系统自适应重构是指制造系统根据内外部环境的变化，通过自动化或半自动化的方式，对其结构、配置或行为进行调整和重构，以实现对变化的快速响应和优化。这种重构可以是针对硬件、软件或组织结构的调整，旨在提高制造系统的灵活性、适应性和效率。

制造系统自适应重构技术通常涉及以下 6 个方面。

① 系统布局的重构。通过改变生产线的物理布局或重新配置机器人和其他自动化设备的位置，以适应新产品的生产或优化现有产品的生产流程。

② 工艺参数的调整。根据新的生产要求或材料特性，动态调整生产工艺参数，例如温度、压力、速度等，以确保生产过程工艺的稳定性和产品质量。

③ 操作时间的优化。通过分析生产数据和使用人工智能算法，优化各个生产环节的操作时间，减少等待和空闲时间，提高整体生产效率。

④ 数字孪生的应用。利用数字孪生技术创建制造系统的虚拟副本，进行模拟和测试，以预测和评估重构方案的效果，从而在实际应用前进行优化。

⑤ 人工智能的集成。将人工智能算法集成到制造系统中，使系统能够自动分析

数据、做出决策并执行重构操作，以提高系统的自主性和响应速度。

⑥ 多代理系统。通过多代理系统协调不同的生产单元和资源，实现分布式决策和协同工作，以适应复杂的生产环境和多变的生产需求。

制造系统自适应重构技术的关键组成部分包括以下 5 个。

① 智能控制系统。自适应重构技术依赖强大的控制系统，这些系统能够实时监控生产过程中的各种参数，例如机器性能、产品质量和资源消耗，控制系统使用人工智能和机器学习算法来分析数据，自动识别和实施最优的生产策略。

② 通信技术。制造系统内部的各个模块通过高效的通信网络相互连接，这些通信技术确保信息实时流通，使系统能够即时响应环境或内部变化。

③ 实时数据分析与优化。系统不断收集和分析操作数据，利用这些数据进行实时优化，通过数据分析帮助识别效率瓶颈、预测设备故障，并提供决策支持，以实现持续的过程改进和资源优化。

④ 自动化机械臂和机器人技术。自动化机械臂和机器人在重构过程中发挥关键作用，它们可以在不同的操作模块间快速转移，执行多样的任务，从而减少人工干预，提高生产灵活性和效率。

⑤ 可持续性和能效管理。自适应重构技术还包括能效管理和可持续生产的策略，系统能够根据实时能耗数据调整操作，优化资源使用，减少浪费，符合绿色制造的理念。

5.2.2 增减材制造技术

增减材制造技术包含增材制造（例如 3D 打印）和减材制造（例如传统的机械加工）两种方法，是实现大规模个性化定制的关键使能技术之一，可以实现产品的个性化设计和制造，为用户提供独一无二的产品，例如定制化的鞋履、珠宝、医疗设备等。这种技术提供了一种高度灵活和效率的制造策略，允许在同一个制造系统内同时增加和去除材料，以创造出高精度的复杂部件。

1. 增材制造

增材制造是一种层层构建物体的制造过程，它以数字模型为基础，通过逐层添加材料（塑料、金属或其他材料的粉末或丝材等）来制造物体，非常适合生产复杂设计的产品，并减少材料浪费。增材制造的涡轮螺旋桨发动机如图 5.8 所示。

增材制造主要包括以下 6 个类型。

① 陶瓷膏体光固化成形（Stereo Lithography Apparatus，SLA）。其使用紫外光激光逐层固化光敏树脂，能够制造非常平滑的物体表面和机器内部复杂的细节，主要用于高精度模型和原型制作。

图片来源：美国GE公司

图5.8　增材制造的涡轮螺旋桨发动机

② 激光选区烧结（Selective Laser Sintering，SLS）。其使用激光将粉末状材料（例如尼龙）烧结成固体，不需要支撑结构，可以制造复杂的几何形状，广泛用于功能性部件和小批量生产。

③ 融床熔化或熔融沉积建模。通过加热挤出热塑性塑料丝材，逐层建造物体，生产设备相对便宜，操作简单，广泛用于教育和初期原型设计。

④ 直接金属激光烧结。类似于SLS，但使用金属粉末，适用于航空航天、汽车和医疗等行业，可制造高性能、高强度的金属部件。

⑤ 数字光处理。类似于SLA，但使用更传统的光源（例如投影仪）来固化树脂，生产速度更快，工作效率更高，适合大规模生产。

⑥ 多喷嘴黏合和多材料喷射。其喷射小滴光固化树脂并立即固化，可以支持多种颜色和材料的混合，制造非常精细和复杂的细节，广泛用于高级原型和艺术品的生产。

增材制造的特点和优势包括以下内容。

① 设计自由度。可以制造传统方法难以或无法制造的复杂形状，例如内部蜂窝结构和复杂的空洞结构。

② 快速原型。从设计到成品的时间大幅缩短，使快速迭代和测试成为可能。

③ 定制化生产。适合按需生产个性化产品，例如定制医疗植入物和定制珠宝。

④ 节省材料和成本。增材制造是逐层添加材料，因此可以减少材料浪费，并且在某些应用中可以降低生产成本。

⑤ 易于访问。技术越来越普及，制造价格逐渐降低，使更多用户和企业能够利用这项技术。

2. 减材制造

减材制造是指从原材料中通过切割、磨削、钻孔或其他形式去除材料来制造部件的传统工业过程，是常见的制造技术之一，广泛应用于各种工业领域，从小型机械零件到大型结构的生产。常见的减材制造方式主要包括车削、铣削、磨削、钻孔、电火花加工和水切割。

（1）车削

车削是使用车床通过旋转工件对其进行切削的过程。将工件安装在车床上，切削工具按照预定的路径移动，以去除材料，形成所需的尺寸和形状。这种技术特别适用于圆柱形或轴状部件的生产。

（2）铣削

铣削是使用铣床和旋转的切削工具来去除工件表面材料的过程，可以产生各种复杂的外形和内部特征，例如槽、平面、曲面等。铣削适用于生产复杂的零件，例如模具和机械部件。

（3）磨削

磨削是使用砂轮或其他磨料工具对工件进行高精度和高质量的表面切削的过程。磨削常用于加工硬质材料或需要极高精度和光洁度的应用，例如工具制造和金属加工。

（4）钻孔

钻孔是使用钻头在材料上制造圆形孔的过程。这是制造中常见的一种操作，用于准备螺纹孔、安装孔或油孔等。

（5）电火花加工

电火花加工是利用电火花的热能从电导性材料中去除材料的过程。这种技术能够处理极硬的材料，适用于生产复杂的模具、模型和精细的机械部件。

（6）水切割

水切割是使用高压水流来切割材料的过程，可以分为无砂切割和加砂切割两种方式。这种方法可以用于切割各种材料，包括金属、石材、陶瓷和复合材料，具有不产生热影响区的优点。

减材制造技术广泛应用于机械制造、汽车、航空航天、模具制造、建筑和医疗器械等领域，主要特点和优势包括：精度高，通过精确控制切削工具和工件的相对位置，可以实现高精度加工；适用范围广，几乎所有的硬质材料都可以使用减材技术加工；表面质量好，可以通过选择合适的切削工具和参数获得优良的表面处理；成本效益优，对于大规模生产，减材技术通常具有可观的成本效益，特别是大量生产同种产品时。

3. 混合制造技术

结合增材制造和减材制造的技术通常被称为混合制造技术，其利用两种方法的优势，创造了一种灵活、高效的制造解决方案。这种技术能够在单一的制造系统中同时执行添加和移除材料的过程，从而实现复杂部件的高精度和高质量生产。

混合制造的工作原理如下，首先，使用增材制造技术快速建造出部件的粗略形状，

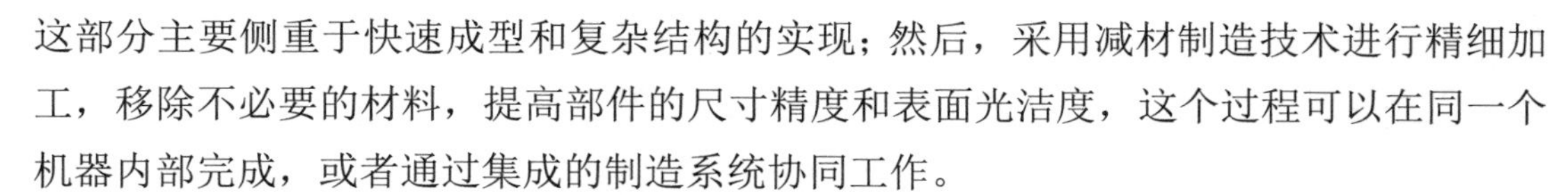

这部分主要侧重于快速成型和复杂结构的实现；然后，采用减材制造技术进行精细加工，移除不必要的材料，提高部件的尺寸精度和表面光洁度，这个过程可以在同一个机器内部完成，或者通过集成的制造系统协同工作。

混合制造技术的应用优势包括以下内容。

① 减少材料浪费。通过精确控制增材和减材的过程，混合制造技术可以显著减少材料浪费。

② 时间效率。相比单独的增材或减材过程，混合制造可以减少生产时间，尤其是在生产复杂的部件时。

③ 提高产品性能。能够生产出结构更优化、性能更高的产品，适用于航空航天和汽车行业。

④ 降低生产成本。尽管初始投资可能较高，但通过减少材料和能源消耗，长此以往可降低生产成本。

5.2.3 数字孪生技术

数字孪生技术是一种通过创建物理实体的虚拟模型来模拟、分析与优化其性能和生命周期的高级技术，涉及收集实体（例如机器、系统或过程）的详细数据，并使用这些数据在数字环境中构建一个精确的可交互的虚拟副本。

数字孪生技术的工作原理涉及以下 3 个部分。

① 数据收集。使用传感器、物联网设备、数据采集系统等技术从物理实体收集实时数据，包括操作数据、环境数据等。

② 虚拟模型创建。利用收集的实时数据，在数字平台上构建物理实体的精确虚拟模型，这个虚拟模型可以模拟实体的实际性能和行为。

③ 分析和优化。在安全的虚拟环境中测试和分析模型，预测故障、优化操作，并提供决策支持，并且可以通过模拟不同的情况和条件来完成。

数字孪生技术包括以下 3 个特点和优势。

① 实时性。实现了数据的实时更新和同步，确保虚拟模型始终反映其物理对应物的当前状态。

② 互动性。操作者可以与数字孪生模型互动，测试改变条件下所带来的影响，不会对实际实体造成风险。

③ 预测能力。通过分析数据和模拟未来情况，数字孪生可以预测潜在问题并提前进行干预。

数字孪生技术广泛应用于制造业、建筑业、城市规划和医疗保健等多个领域。在制造行业中，企业可以利用数字孪生技术来优化产品的设计、生产和维护过程，通过模拟生产线和产品性能，工程师能够在实际生产之前预测潜在问题，并据此调整设计，从而减少原型制作的成本和时间，电机工厂生产设备的数字孪生模型如图 5.9 所示；在医疗领域，数字孪生技术正被用来创造个体化的患者模型，这些模型能够帮助医生更好地理解疾病的影响，并为患者制定个性化的治疗方案，通过模拟药物在患者体内发挥的药用，医生可以优化治疗方法，减少药物副作用，提高治疗效果；此外，城市规划者利用数字孪生技术来创建城市的虚拟副本，能够测试和评估城市发展计划、交通系统规划或灾害应对策略的效果，以确定最有效的解决方案。

图5.9　电机工厂生产设备的数字孪生模型

数字孪生技术的发展为企业和组织提供了前所未有的洞察力和优化潜力。企业通过持续监控和预测，能够更有效地管理资源，减少风险，并提高整体效率。随着物联网技术和大数据分析技术的进步，数字孪生的精度和应用范围将进一步扩大，推动各行各业的变革。数字孪生技术的发展还将涵盖更多的交互式和自动化功能，使其成为推动数字化转型的关键工具。

5.2.4　智能物料管理配送技术

智能物料管理配送技术是指应用现代信息技术、自动化技术和人工智能等手段，以提高物料管理和配送流程的效率和准确性，通常涵盖物料的采购、存储、管理、配送和跟踪，确保在供应链各环节中实现高效的物料流动和优化的库存管理。智能物料管理配送系统示意如图 5.10 所示，其关键在于集成先进的技术，例如物联网、机器学习、大数据分析和自动化设备，以实现更加精准和自动化的操作。

智能物料管理配送技术实现的核心是利用物联网设备和高级数据分析来优化物料管理和配送过程，通过网络化的传感器、跟踪设备和其他智能设备实时监控和控制物料流。智能物料管理配送技术关键组成部分包括以下内容。

① 传感器和 RFID 标签。RFID 标签、近场通信（Near Field Communication，NFC）芯片或二维码用于标识和跟踪物品，温度、湿度、振动等传感器监测物料在储存和运输过程中的环境条件。

② 数据通信系统。使用无线网络（例如 Wi-Fi、蜂窝网络、LPWAN[1] 等）将数据从传感器传输到中央数据库或云平台，实现设备间的通信和数据共享。

③ 数据处理和分析平台。集中处理数据，使用机器学习和人工智能算法进行分析，预测供应链趋势，优化库存水平，降低过剩或短缺的风险，提供仪表板和报告功能，实时展示关键性能指标和告警。

④ 自动化和机器人技术。在仓库中使用自动化叉车和机器人来拣选、搬运和装载货物，自动化配送车辆（例如无人驾驶车辆或无人机）进行物料配送。

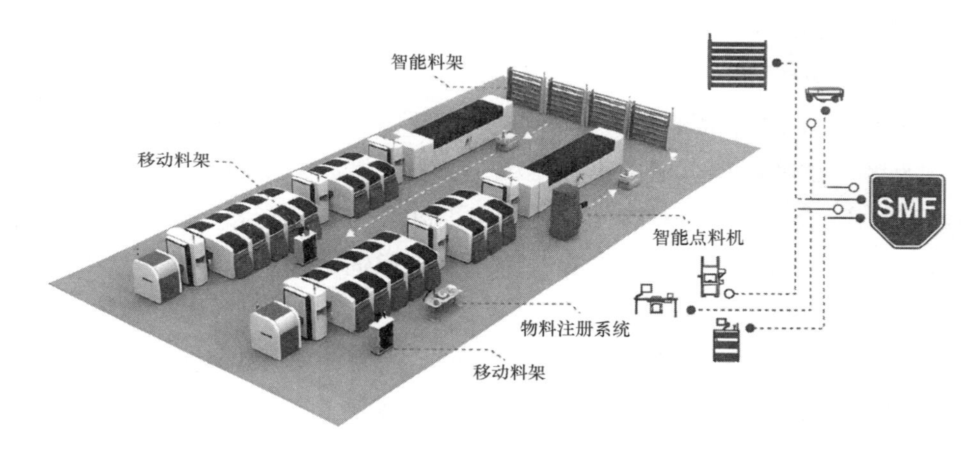

图5.10 智能物料管理配送系统示意

智能物料管理配送技术的工作原理如下，物料装备了传感器和标签，持续发送数据到中心服务器或云平台；数据处理平台通过分析这些数据，提高管理库存水平，强化预测需求，优化补货和配送计划；实时监控系统帮助识别并解决物流过程中的问题，例如配送延迟、物品损坏或条件异常；通过机器人和自动化设备提高拣选和装载的速度与准确性。

智能物料管理配送技术是现代供应链管理的关键组成部分，自动化和智能化技术的应用显著提高了物料处理和配送的速度和准确性，优化库存管理和物流操作减少了不必要的库存和运输成本，实时的数据跟踪和分析提供了整个供应链的可见性，有助于识别瓶颈和改进点，快速、准确的配送服务提高了用户满意度和忠诚度。智能物料管理配送技术已经广泛应用于各行各业，在制造业，用于自动补充生产线上的原材料，确保生产不间断；在零售业，帮助企业快速准确地处理订单，实现即时配送；在医疗行业，确保药品和医疗设备的储存和配送符合严格的规范和条件。

1. LPWAN：Low-Power Wide-Area Network，低功率广域网络。

5.2.5 人机协同技术

人机协同技术也被称为协作机器人技术，是指人类与机器人共同工作在一个共享的工作空间内，执行任务的技术。这种技术强调的是人类和机器之间的直接互动、安全共存，以及效率与能力的互补。人机协同技术的核心在于机器人的设计与编程需要使之能够理解和预测人类同事的动作，安全地与其互动，而不需要传统的安全围栏。通过人机协同技术，协作机器人不仅仅是执行命令的工具，而且能够理解人类的意图和需求，协助人类完成更复杂、更富有创造性的任务。人机协同技术涵盖了广泛的领域，包括但不限于自动化、机器人技术、人工智能和增强现实。在这种协同模式下，协作机器人能够适应人类的工作方式，提供实时的支持和增强，同时人类可以通过直观的交互界面指导机器人的操作，实现精确控制和高效决策，为多品种、小批量、个性化定制产品的高效生产和管理提供强有力的技术支持。

人机协同技术的主要特点包括以下 4 个。

① 灵活性。协作机器人通常设计得比传统工业机器人更加轻便和灵活，可以比较容易地对其进行重新配置和移动，以适应不同的生产线需求。

② 智能感知。协作机器人配备高级传感器和视觉系统，能够感知周围环境，包括操作人员的位置和动作，从而确保操作的安全性。

③ 易于编程。协作机器人通常对用户友好，支持简单的编程接口，甚至可以通过手动引导机器人的手臂来安排任务（即通过示教编程）。

④ 力量和速度限制。为确保安全，协作机器人的力量和速度有明确限制，以防在与人类互动时发生伤害。

人机协同技术具有较多优势。

① 增强生产力。协作机器人可以执行重复性高、体力要求大或危险的任务，让操作人员可以专注于更需要创造力和决策能力的工作。

② 提高工作安全性。通过减少操作人员参与危险任务的需要，降低工作场所的伤害风险。

③ 提高效率和质量。协作机器人可以持续无间断工作，且执行标准化，有助于提高产品的质量。

④ 劳动力灵活性。协作机器人的使用可以缓解劳动力短缺的问题，尤其是在经济高速发展或人口老龄化的地区。

人机协同技术已经被广泛应用于汽车、电子、医疗等领域。在汽车制造、电子产品组装等行业的组装线上，协作机器人与操作人员一起工作，执行螺丝拧紧、部件安装等精确任务，人机协同完成发动机部件装配如图 5.11 所示。在仓库和物流中心，协作机器人负责搬运产品、打包和分类的工作；在质量检测中心，配备视觉系统的协作机器人进行产品检查和质量控制，确保生产标准的一致性；在医疗领域，协作机器人进行精密操作协助，例如手术辅助、生物样本处理等。

人机协同技术的发展正在推动工作方式的根本转变，它强调的是操作人员与机器人是合作关系而非竞争关系。这种技术不仅能够提高工作效率和质量，还能够为操作人员创造更安全、更富有创造力的工作环境。随着人工智能和机器学习技术的不断进步，未来的人机协同将更加智能、更加紧密，为各行各业带来革命性改变。

图片来源：《现代制造》

图5.11　人机协同完成发动机部件装配

5.2.6　韧性制造系统建模与评估技术

韧性制造系统是指能够适应内部和外部环境变化的制造系统，具有快速恢复正常生产能力的特点，它的建立旨在有效应对例如市场需求变化、供应链中断、设备故障和其他潜在的干扰因素，提高企业面对不确定性和风险时的生存和竞争能力，确保生产活动的连续性和效率。韧性制造系统的关键特点包括以下 5 个。

① 适应性。能够调整生产流程和操作以适应变化的环境和需求。

② 灵活性。具有灵活的生产能力，能够根据需求变化调整产品类型和生产量。

③ 冗余。通过备用设备和多元化的供应链来减少对单一资源的依赖，增加系统的冗余性。

④ 快速恢复。在面对干扰时，能够迅速恢复到正常运作状态。

⑤ 预测和响应。利用先进的数据分析和人工智能技术预测潜在风险，并实施有效的应对措施。

1. 韧性制造系统建模技术

韧性制造系统建模技术是用来设计、评估和优化制造系统韧性的方法。这些技术可以帮助企业了解系统在面对不同类型的干扰时是如何表现的，并制定相应的策略来增强其韧性。韧性制造系统建模技术主要包括系统动力学建模、仿真建模、随机模型和多标准决策分析。

（1）系统动力学建模

系统动力学建模是一种分析和理解复杂系统行为的方法，特别适用于韧性制造系统的评估和改进。在韧性制造系统中，系统动力学建模用于模拟系统内各部分的相互作用及其随时间的变化，以评估系统对各种干扰的反应能力。系统动力学建模在韧性制造系统中的应用细节如下。

① 理解系统结构。系统动力学建模首先需要理解制造系统的结构，包括所有关键的元素和它们之间的相互作用；这通常涉及流程图的绘制，识别系统中的库存、流量、反馈回路和时延。

② 建立数学模型。根据系统结构，建立数学模型来表示各元素间的关系，这些关系通过微分方程展现，描述各种变量随时间的变化方式，模型需要准确反映实际操作中的动态过程和反馈机制。

③ 运行模拟。使用系统动力学软件模拟运行，以观察系统在不同情况下的行为，可以通过调整模型参数来模拟各种可能的干扰情境，例如原材料短缺、需求波动或设备故障等，以及这些干扰对系统运行的影响。

④ 分析反应和适应性。通过模拟的结果，分析制造系统对干扰的反应和适应性，重点关注系统的恢复时间、灵活性、冗余能力和长期稳定性等方面，系统动力学模型可以揭示复杂的因果关系和反馈回路，帮助识别系统的薄弱环节。

⑤ 优化和决策。基于模拟结果，开发策略来优化系统的结构和流程，增强其韧性，系统动力学建模为决策者提供了一种强有力的工具，可以用于评估不同策略的长期效果和潜在的非预期后果。

⑥ 持续改进。系统动力学建模是一个迭代过程，随着新信息的获取和系统环境的变化，模型应不断更新和改进，以确保其反映当前的操作条件和情况。

通过系统动力学建模，企业能够深入理解制造系统的动态行为和内在逻辑，评估其对不同类型干扰的韧性，从而为改进决策提供支持。这种方法特别适用于揭示复杂系统中的反馈循环和非线性效应，帮助企业构建更具韧性的制造系统。

（2）仿真建模

仿真建模是一种重要的韧性制造系统建模技术，通过创建系统的虚拟模型来模拟现实世界的运营情况和干扰事件。这种技术使企业能够在不影响实际生产的情况下评估系统的韧性，并测试不同策略以应对潜在的挑战。以下是仿真建模在韧性制造系统中的详细应用。

① 类型和方法。仿真建模可以采用多种类型，离散事件、仿真模拟事件在特定时间点的发生，适用于分析生产流程和物流系统；连续仿真模拟连续时间内的变化，适用于处理化工过程或能量流等，用代理人基模型模拟个体或“代理人”在系统中的行为及其相互作用，适用于模拟复杂系统中的决策过程和社会动态。

② 模型构建。明确仿真的目的和需要解决的具体问题，收集数据并分析制造系统的工作原理，构建包含所有相关组件和流程的模型，定义模型参数，例如生产速度、机器故障率、供应链管理延迟等，并根据实际数据对模型进行校准。

③ 执行仿真。在模型构建和校准完成后，执行仿真来模拟不同的运营条件和干扰情境，这些情境可能包括供应中断、设备故障、市场需求变化等，仿真运行可以重复多次，以生成统计意义上的可靠结果。

④ 分析仿真结果。分析仿真结果以评估制造系统在各种情境下的表现，关注的指标可能包括系统的恢复时间、产出变化、成本效益和潜在瓶颈，这些分析有助于识别韧性的弱点和改进点。

⑤ 策略开发和验证。基于仿真结果，开发和测试不同的策略以增强制造系统的韧性，这些策略可以随后在仿真环境中进行验证，以确保它们在实际操作中的有效性。

⑥ 持续改进。仿真建模是一个迭代过程，应定期更新模型并重复仿真过程，以反映实际运营中的变化和新的风险情况，这有助于不断优化系统的韧性。

企业通过仿真建模，能够在虚拟环境中综合评估和测试其制造系统的韧性，识别潜在问题，并在实际遇到干扰之前优化响应策略。这种方法提高了决策的质量和有效性，帮助企业构建更加具有韧性的制造环境。

（3）随机模型

随机模型在韧性制造系统建模技术中用于处理和分析不确定性，特别是在生产过程和供应链管理中遇到的随机和不可预测的事件。这种模型通过引入随机性来模拟现实世界的不确定因素，从而帮助评估和优化系统的韧性。以下是随机模型在韧性制造系统建模中的详细介绍。

① 基本原理。随机模型利用概率论和统计学原理来描述和分析随机事件对制造系统的影响，这些模型并非基于固定的输入输出关系，而是考虑变量的随机性和不确定性，例如机器故障率、供应延迟、市场需求波动等。

② 模型构建。识别关键变量和过程，确定哪些系统组件和过程受随机性影响，并且对系统韧性具有重要影响，收集有关所选变量的历史数据，分析其概率分布特征，例如正态分布、泊松分布或指数分布，根据数据分析结果，为每个随机变量或

过程定义适当的概率模型，使用统计方法估计模型的参数，确保模型能准确反映实际情况。

③ 运行随机模拟。使用随机模型进行模拟时，会随机生成各种输入参数，模拟系统在不同情况下的行为，这通常涉及大量的模拟运行数据，以获得统计上显著的结果。

④ 评估和优化。通过随机模拟，评估不同策略和决策在面对不确定性时的效果。

⑤ 持续改进。随着新数据的获得和外部环境的变化，需要定期更新随机模型，并重新评估系统韧性。

随机模型在韧性制造系统建模中发挥着重要作用，提供了一种有效的方法来理解和管理不确定性。通过这种建模技术，企业可以更好地预测和准备应对各种随机干扰情况，从而提高整体的系统韧性。

（4）多标准决策分析

多标准决策分析（Multi–Criteria Decision Analysis，MCDA）是一种用于韧性制造系统建模的技术，它帮助企业在多个竞争目标和决策标准之间做出选择。这种方法特别适用于复杂决策环境，其中需要考虑多个方面的因素，例如成本、效率、韧性和风险。MCDA 通过系统地评估和比较不同决策选项的相对优劣，以支持更加全面和平衡的决策过程。

MCDA 的核心步骤包括以下 6 个。

① 定义决策目标和标准。首先明确决策的目标，然后确定用于评估不同决策选项的标准或指标，这些标准可能包括成本、时间、质量、韧性等。

② 识别决策选项。确定可能的决策选项或方案，这些选项能够帮助企业实现其韧性目标。

③ 评估选项和打分。对每个决策选项进行评估，根据预定义的标准给每个选项打分，这可能涉及定量分析、专家评估或模拟研究。

④ 权重分配。对各个决策标准分配权重，反映它们在总体决策过程中的相对重要性，其权重通常基于企业的战略目标和优先级的确定。

⑤ 综合评价。结合打分和权重，计算每个决策选项的综合得分，这通常通过加权求和或其他数学模型来完成。

⑥ 进行敏感性分析。分析不同决策标准的权重变化如何影响最终的决策结果，以评估决策的稳健性。

多标准决策分析有多种方法。

① 层次分析过程。通过建立目标、标准和选项的层次结构，然后进行成对比较来确定相对重要性和偏好。

② 技术评价和选择方法。基于选择方案与理想解和负理想解的距离进行排名。

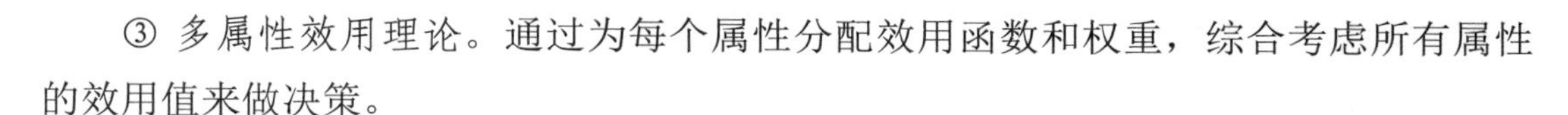

③ 多属性效用理论。通过为每个属性分配效用函数和权重，综合考虑所有属性的效用值来做决策。

在韧性制造系统中，MCDA 可以用于以下方面。

① 优化资源分配。决定如何分配资源以增强系统的韧性，例如在预防维护和紧急响应之间分配投资。

② 供应链管理。评估不同的供应链配置方案，考虑成本、效率、供应商的可靠性和风险。

③ 生产计划和调度。在满足生产需求的同时，权衡生产效率、成本和系统的灵活性或韧性。

企业通过建模技术，可以更好地理解和改进制造系统的韧性，从而在面对不确定和挑战时保持运营的连续性和效率。

2. 韧性制造系统评估技术

韧性制造系统评估技术是为了确定系统在面对各种挑战和干扰时的应对能力，可以帮助制造企业理解系统的韧性水平，并指导其改进措施。主要的韧性制造系统评估技术包括韧性指标评估、情景分析、基准测试及模拟和仿真测试。

（1）韧性指标评估

韧性指标是用来衡量制造系统在面对干扰时恢复能力的量化指标，这些指标通常涵盖多个方面，包括以下内容。

① 恢复时间（时间维度），系统从干扰发生到恢复正常运作所需的时间。

② 性能损失（性能维度），干扰期间系统性能下降的程度。

③ 恢复成本（经济维度），系统恢复正常运作所需的资源和成本。

④ 灵活性和适应性，系统对变化和干扰的响应速度和效率。

通过定量分析这些指标，企业可以评估其系统的韧性水平，并识别改进的方向。

（2）情景分析

情景分析在韧性制造系统评估中扮演着关键角色，它涉及探索和评估制造系统在不同预设情境下的响应和适应能力。情景分析旨在预测和评估系统对各种潜在干扰的反应，以便制定有效的韧性增强策略。以下是情景分析在韧性制造系统评估中的详细介绍。

① 定义情景。情景分析的第一步是定义可能影响制造系统的各种情景，这些情景可以涉及历史数据、专家意见、市场趋势分析等，常见的情景包括供应链中断、市场需求急剧变化、生产过程中的技术故障、自然灾害、经济波动等。

② 情景建模。一旦定义了情景，下一步就是建立模型模拟定义下的情景对制造系统的影响，包括使用仿真软件进行模拟，建立数学模型，或者使用系统动力学方法，

进行足够详细的建模，以便准确反映系统对不同情景的响应。

③ 风险评估。在情景模型的基础上，进行风险评估，确定每个情景可能对制造过程产生的具体影响，包括评估系统性能的变化、可能出现的损失，以及恢复正常工作所需的时间和资源，有助于识别系统的薄弱环节和韧性不足的领域。

④ 应对策略。根据风险评估的结果，开发应对策略以增强系统的韧性，包括改进供应链管理、增加生产线的灵活性、引入更高效的恢复计划或加强基础设施的抗灾能力，应对策略应针对特定情景设计，以确保在实际发生风险时能够有效减轻影响。

⑤ 评估和迭代。情景分析是一个迭代过程，需要定期评估和更新，随着外部环境的变化和系统本身的更新，情景和模型可能需要调整，持续的评估可以帮助企业不断完善其韧性策略，以适应不断变化的挑战。

⑥ 案例研究和实证研究。在实践中，情景分析常常结合案例研究和实证研究进行，通过分析特定行业或企业在面对实际挑战时的表现，可以提供有价值的洞察和经验教训，帮助其他组织制定更有效的韧性策略。

情景分析使企业能够系统地考虑和评估在各种潜在挑战下的行为和策略，是增强韧性制造系统的重要工具。企业可以通过情景分析更好地准备应对未来可能遇到的各种情况，从而保持竞争力和可持续发展。

（3）基准测试

基准测试在韧性制造系统评估中用于衡量和比较企业的系统性能与行业标准或其他组织的性能。这种评估技术有助于识别强项和弱点，从而指导制定改进措施。以下是基准测试在韧性制造系统评估中的详细介绍。

① 目标和范围定义。在进行基准测试之前，需要明确评估的目标和范围，这包括确定要评估的系统组件、过程及与韧性相关的特定方面，目标的设定应根据企业的需求和行业特点来决定。

② 选择基准。基准是进行比较的标准或参照点，选择适当的基准对于有效的基准测试至关重要，这些基准可以是行业标准、最佳实践、领先企业的性能数据或历史性能数据，确定这些基准有助于设定实际的性能目标。

③ 数据收集和分析。进行基准测试需要收集相关的性能数据，这可能包括操作效率、生产能力、质量控制、成本管理、供应链稳定性等方面的数据，收集这些数据后，通过对比分析来评估企业的韧性表现与选定基准之间的差距。

④ 评估韧性表现。使用收集的数据和信息评估制造系统在面对干扰和挑战时的韧性表现，涉及分析系统的恢复能力、适应能力和持续运营能力，基准测试的结果应揭示企业在韧性方面的相对位置和潜在的改进机会。

⑤ 识别改进机会。将基准测试的结果应用于识别改进机会，包括制定改进计划

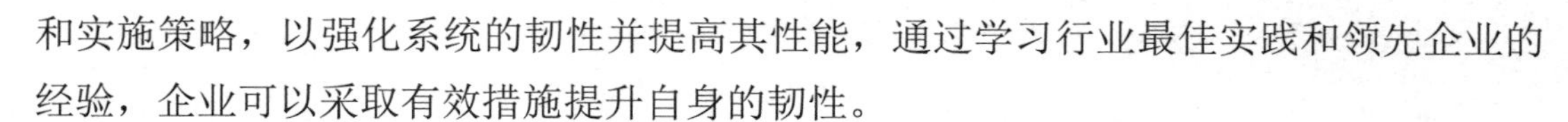

和实施策略，以强化系统的韧性并提高其性能，通过学习行业最佳实践和领先企业的经验，企业可以采取有效措施提升自身的韧性。

⑥ 持续改进和监控。基准测试不应是一次性活动，而应是持续进行的过程，企业需要定期进行基准测试，以监控改进措施的效果，并确保系统持续符合或超过行业标准，这个过程有助于企业不断适应变化的环境和市场要求。

总之，基准测试为韧性制造系统提供了一个客观的评估框架，通过与行业标准或领先企业的比较，帮助识别性能差距和改进潜力。基准测试促进了企业对自身韧性能力的深入理解，并指导其在持续变化的市场环境中实现持续改进和保持竞争优势。

（4）模拟和仿真测试

模拟和仿真测试是评估韧性制造系统性能的重要技术之一。通过创建系统的虚拟模型并模拟各种运营情境和干扰事件，企业可以评估系统在不同条件下的反应和适应能力。模拟和仿真测试可以在不影响实际生产的情况下进行，提供了一个安全的环境来测试和优化系统的韧性。以下是模拟和仿真测试在韧性制造系统评估中的关键步骤。

① 创建系统模型。模拟和仿真测试的第一步是创建制造系统的详细模型。这包括系统的所有关键组成部分，例如生产线、供应链、人员、流程和技术。模型应足够精确，以确保测试结果的可靠性和有效性。

② 定义干扰和情境。基于可能影响制造系统的各种风险和挑战，定义一系列干扰情境。这些情境包括设备故障、原材料供应中断、市场需求波动、自然灾害等。还需为每种情境设定参数，例如干扰的持续时间、强度和影响范围。

③ 进行模拟测试。使用仿真软件执行模拟测试，将制造系统置于定义的干扰情境中，这样可以观察和分析系统在干扰下的行为和性能，例如生产延迟、成本增加、产能下降等。

④ 评估韧性指标。根据模拟测试的结果，评估制造系统的韧性指标，例如恢复时间、恢复成本、生产中断的影响等，这些指标有助于量化系统的韧性水平，并识别韧性的强项和弱点。

⑤ 优化和改进。利用仿真测试的发现，识别并实施改进措施以增强系统韧性，包括调整生产流程、增加资源冗余、改善供应链管理或引入新技术，通过反复的模拟和测试，可以细化策略，以确保在实际发生干扰时系统能够有效响应。

⑥ 实时调整和决策支持。模拟和仿真也可以用于支持实时决策，通过对当前和预期操作条件的持续仿真，企业可以预测潜在问题，并在它们发生之前制定应对策略。

模拟和仿真测试为韧性制造系统提供了一个强大的工具，使其可以在无风险的环境中评估和提高系统的韧性。这种方法不仅有助于识别潜在的风险和弱点，还能测试不同的改进策略，确保制造系统能够有效地应对各种挑战。

第六章 工业智能互联平台技术

工业智能互联平台是面向制造业数字化、网络化和智能化需求，构建基于海量数据采集、汇聚、分析的服务体系，支撑制造资源泛在连接、弹性供给、高效配置的工业云平台。工业智能互联平台为大规模个性化定制提供了技术和基础设施支持，使企业能够灵活地响应市场变化，高效生产个性化产品，同时保持成本和效率优势。

工业智能互联平台需要具备以下 4 个基本功能。

① 实现广泛采集不同来源和不同结构的数据。

② 具备并支撑海量工业数据处理的环境。

③ 基于工业机理和数据科学实现海量数据的深度分析，并实现工业知识的沉淀和复用。

④ 提供开发工具及环境，实现工业 App 的开发、测试和部署。

因此，工业智能互联平台的体系架构必须能够实现这 4 个基本功能，即涵盖边缘层、基础设施即服务（Infrastructure as a Service，IaaS）层、平台即服务（Platform as a Service，PaaS）层、软件即服务（Software as a Service，SaaS）层和贯穿上述各层级的工业安全防护层。工业智能互联平台架构如图 6.1 所示。

（1）边缘层

边缘层位于工业智能互联平台的最底层，靠近物理设备和传感器。边缘层主要负责对海量设备进行连接和管理，并利用协议转换实现海量工业数据的互联互通和互操作；同时，通过运用边缘计算技术，实现错误数据剔除、数据缓存等预处理和边缘实时分析，从而降低网络传输负载和云端计算压力。

（2）IaaS 层

IaaS 层提供虚拟化的计算资源、存储资源和网络资源。用户可以通过云平台租用这些资源，而无须购买和维护物理硬件。IaaS 允许用户在云中运行任何操作系统和应用程序，提供了灵活性和可扩展性，是建立其他服务（例如 PaaS 和 SaaS）的基础。

（3）PaaS 层

PaaS 层提供了一个开发平台，使开发者能够构建、测试、部署和管理应用程序的环境。PaaS 提供了应用程序开发所需的工具和服务，例如数据库管理、API 管理和开发框架。PaaS 使开发者可以专注于应用程序的开发而不需要管理底层的基础设施。

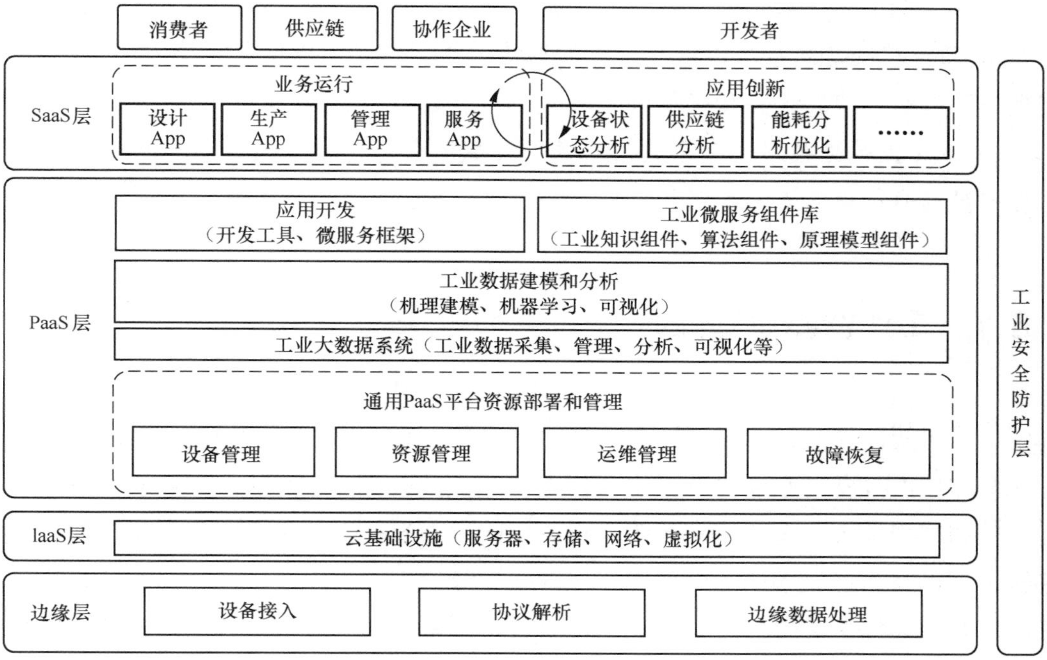

消费者　供应链　协作企业　开发者

SaaS层
业务运行：设计App　生产App　管理App　服务App
应用创新：设备状态分析　供应链分析　能耗分析优化　……

PaaS层
应用开发（开发工具、微服务框架）
工业微服务组件库（工业知识组件、算法组件、原理模型组件）
工业数据建模和分析（机理建模、机器学习、可视化）
工业大数据系统（工业数据采集、管理、分析、可视化等）
通用PaaS平台资源部署和管理：设备管理　资源管理　运维管理　故障恢复

IaaS层
云基础设施（服务器、存储、网络、虚拟化）

边缘层
设备接入　协议解析　边缘数据处理

工业安全防护层

图6.1　工业智能互联平台架构

（4）SaaS 层

SaaS 层为用户提供通过互联网访问的应用软件服务。用户不需要安装和运行应用程序的本地实例，而是直接通过网络（通常是浏览器）使用软件。SaaS 提供了易于访问、易于管理且成本低、效益高的软件解决方案，包括各种业务管理软件、办公软件和专业服务软件等。

（5）工业安全防护层

安全防护层是整个工业智能互联平台的关键组成部分，旨在保护工业智能互联平台免受外部和内部威胁。这个体系包括物理安全、网络安全、数据安全和应用安全等多个方面。通过实施严格的访问控制、数据加密、入侵检测、安全监控和应急响应等措施，工业安全防护体系确保了数据和系统的完整性、可用性和保密性。

这些层次结构为企业提供了从数据收集和处理到应用开发和部署，再到安全保护的完整解决方案，使工业智能互联平台能够支持复杂的工业应用和服务。

面向大规模个性化定制的工业智能互联平台的核心技术可以总结为以下 5 个。

① 工业智能感知技术，克服复杂工业现场的强噪声，实现人、机、料、法、环的全方位感知。

② 工业互联与信息集成技术，克服异构互联实体和异构互联网络，实现网络数

据实时传输和信息高度共享。

③ 工业智能技术，将人工智能技术与工业深度耦合，实现智能分析和决策。

④ 工业控制协同技术，依托先进的通信网络、实时的数据处理能力和智能算法，实现不同控制系统、设备和工作人员之间的高效协作。

⑤ 工业大数据技术，利用大规模的数据收集、存储和分析，从工业生产和运营过程中提取有价值的信息和洞察发展趋势。

6.1 工业智能感知技术

工业智能感知是指通过广泛部署工业传感器，全面感知人（例如生产者、消费者）、机（例如生产设备、仓储设备、仪器仪表）、料（例如生产原料、半成品、成品）、环境（例如生产环境、仓储环境）等，得到生产者与消费者的生产状态、生命体征、位置轨迹，以及生产设备的运转状态、能耗效率等数据，实现全工厂、全企业、全产业链信息的全面深度实时监测，完成物理世界与网络空间的连接，打造工业泛在感知能力。工业智能感知的“触手”是大量信息生成设备，现有的感知方法既包括温度、压力、应变、位移、湿度、密度等传统感知技术，也包括射频识别、机器视觉、激光雷达等新型工业感知技术。

6.1.1 传统工业感知技术

传统工业感知技术是指在工业生产领域长期应用并且经过验证的传感技术，在工业生产中扮演着至关重要的角色，用于监测、测量和控制各种参数，例如压力、温度、振动、流量、位移、湿度等，帮助实现生产过程的控制和优化。相关传统工业传感器如图 6.2 所示。

图6.2　相关传统工业传感器

（1）压力传感技术

压力传感技术用于测量液体、气体或固体的压力，常见的压力传感器包括压阻式传感器、电容式传感器和压电传感器。在工业生产中，压力传感器被广泛用于控制系统、流体系统、气体系统等领域。

（2）温度传感技术

温度传感技术用于测量物体的温度，常见的温度传感器包括热敏电阻、热电偶和红外线传感器。在工业生产中，温度传感器被广泛用于温度控制、环境监测、产品质量检测等方面。

（3）流量传感技术

流量传感技术用于测量流体的流速或流量。常见的流量传感器包括涡轮流量计、电磁流量计和超声波流量计。在工业生产中，流量传感器被广泛用于监测管道流体的流量，帮助控制生产过程。

（4）位置传感技术

位置传感技术用于检测物体的位置或运动状态。常见的位置传感器包括编码器、光电传感器和超声波传感器。在工业生产中，位置传感器被广泛用于机械设备的定位、运动控制和安全监测。

（5）振动传感技术

振动传感技术用于监测设备或机器的振动情况。常见的振动传感器包括加速度传感器和速度传感器。在工业生产中，振动传感器被广泛用于设备状态监测、故障诊断和预防性维护。

6.1.2 射频识别技术

（1）RFID 技术的定义与系统组成

RFID 技术是一种用于自动识别和跟踪标签中信息的无线通信技术，RFID 系统由标签、读写器和数据处理系统组成，通过无线电波传输数据。RFID 工作原理示意如图 6.3 所示。

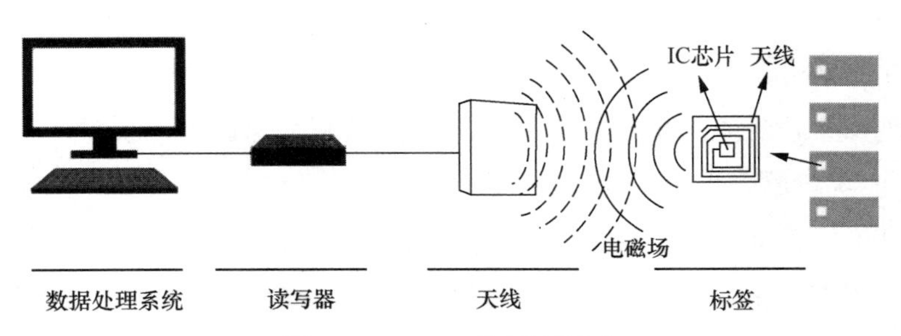

图6.3 RFID工作原理示意

① 标签。标签是 RFID 技术的载体，是一种由微型芯片、微型天线和封装材料组成的无源或有源设备，可以附着在物体上，例如商品、容器、人员等，实现识别和跟踪功能。微型芯片上包含一个唯一的电子编码，用于标识目标对象，还可以存储产品的生产日期、价格等其他信息。微型天线用于接收和发送无线电信号，它与微型芯片

相结合，构成了标签的无线通信部分。封装材料通常由塑料或其他材料制成，用于保护微型芯片和天线，并确保标签在各种环境下都能正常工作。根据能源来源的不同，可以分为主动式标签、半主动式标签和被动式标签。主动式标签内置电池，能够主动发射信号，通常具有更长的通信距离和更快的通信速度，半主动式标签也内置电池，但只用于激活微型芯片，通信时仍需要读写器发送信号，被动式标签不具备自身电源，从读写器发送的无线电信号中获取能量来激活微型芯片并通信。

② 读写器。读写器是 RFID 系统中最复杂的关键组件，配备天线能够向周围发送无线电波，激活附近的标签，然后接收返回信号，读取标签中存储的信息，例如唯一标识符、生产批次、价格等，并将数据传输到后端系统进行处理。除了读取信息，读写器还可以根据后端系统发送的指令，对标签进行写入、擦除、锁定等操作，实现信息的更新和修改。此外，读写器还可以同时管理多个标签，实现批量识别和操作，提高工作效率。

③ 数据处理系统。数据处理系统主要由后端系统、数据库和业务应用 3 个部分组成。后端系统负责接收、解析和处理读写器从标签读取的数据；数据库用于存储和管理读写器从标签读取的信息；业务应用程序用于分析数据、生成报告和支持决策制定。

（2）RDIF 技术的功能

① 实时数据采集与共享。RFID 技术能够实时采集生产线上的数据，包括物料流动、生产进度、设备状态等信息，并将其共享给相关的管理系统，例如制造执行系统、企业资源计划系统等，这将使生产过程更加透明，便于管理者及时做出决策和调整。

② 生产过程的自动化与优化。通过在生产线上部署 RFID 读写器和标签，可以对生产物料和产品进行自动识别和追踪，实时监控物料和产品位置，从而减少人工操作的错误，提高生产自动化水平。

③ 质量控制与追溯。在生产过程中，每个产品或部件都可以被赋予一个 RFID 标签，记录其生产信息，例如生产日期、批次、质量检验结果等，一旦出现质量问题，可以快速追溯到具体的生产环节，从而及时采取措施，保证产品质量。

④ 库存管理与物料配送。RFID 技术在库存管理和物料配送方面也发挥着重要作用。通过 RFID 标签，可以实现对库存物料的快速盘点和精确管理，减少库存成本和浪费。同时，RFID 系统还可以优化物料配送流程，确保物料及时准确地送达生产线，提高生产效率。

⑤ 大规模个性化定制生产的支持。大规模个性化定制的核心是以规模化生产的高效率和低成本生产满足用户需求的个性化产品，在这种模式下，每个产品的工艺流程和物料清单都是存在差异的，RFID 技术可以支持这种生产模式，通过识别每个产品的特定需求，实现定制化的生产流程和物料配置。

6.1.3　机器视觉技术

机器视觉技术是一门综合应用光学、机械学、电子学、计算机科学等多个学科的先进技术，旨在通过模拟人眼的视觉感知功能，赋予机器对外界环境的感知、识别和判断能力。机器视觉技术涉及图像的获取、处理、分析和解释，以实现对目标或场景的自动化检测和理解。机器视觉技术可以定义为使用光学非接触感应设备自动接收并解释真实场景的图像以获得信息，从而控制机器或流程。机器视觉技术也可以简单地定义为从数字图像中自动提取信息，以便控制或检测所制造的产品。

机器视觉监测系统如图 6.4 所示。

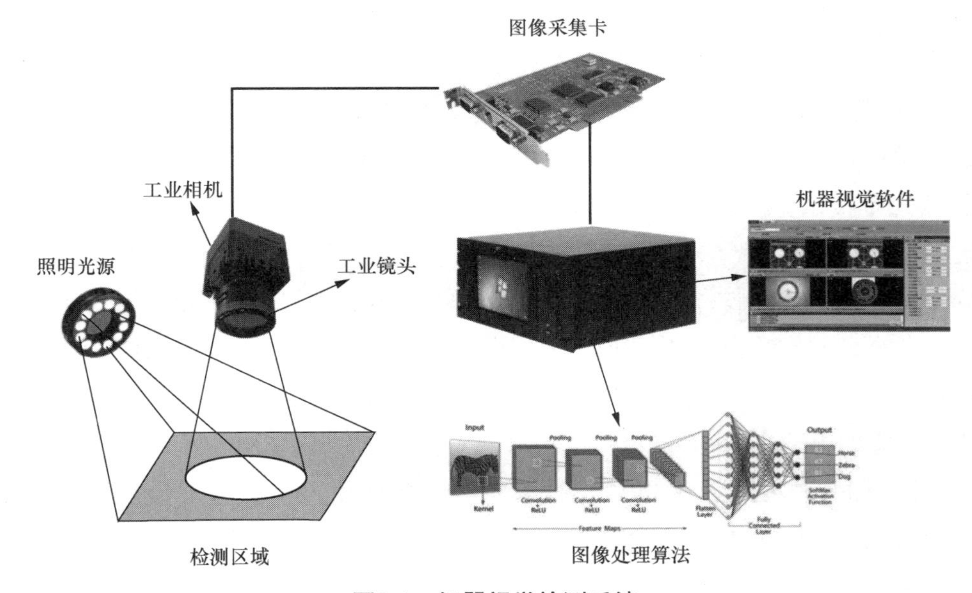

图6.4　机器视觉检测系统

一个典型的机器视觉检测系统通常包括照明光源、工业镜头、工业相机、图像采集卡、计算机或处理器等硬件部分，以及机器视觉软件、图像处理算法等软件部分。

① 照明光源。照明光源是机器视觉系统的重要组成部分，它的品质直接影响输入数据的质量和应用效果。根据不同的应用需求，需要选择合适的视觉光源，以实现最佳效果。常见的光源类型包括 LED 环形光源、低角度光源、背光源、条形光源、同轴光源等。

② 工业镜头。工业镜头在机器视觉检测系统中主要负责光束调制，并完成信号传递，镜头的类型包括标准、远心、广角、近摄和远摄等，选择依据一般是根据相机接口、拍摄物距、拍摄范围、电荷耦合器件（Charge-Couple Device，CCD）尺寸、畸变允许范围、放大率、焦距和光圈等。

③ 工业相机。工业相机是机器视觉系统的核心，其功能是将光信号转变为电信号，具有比普通相机更高的传输力、抗干扰力和稳定的成像能力，根据输出信号方式，可以分为模拟工业相机和数字工业相机，按芯片类型不同，可分为CCD工业相机和CMOS[1]工业相机。

④ 图像采集卡。图像采集卡是机器视觉检测系统中的一个关键部件，它直接决定了摄像头的接口类型，例如黑白、彩色、模拟、数字等，典型的图像采集卡包括PCI[2]采集卡、1394采集卡、VGA[3]采集卡和千兆网采集卡等。

⑤ 机器视觉软件。机器视觉软件是机器视觉检测系统中自动化处理的关键部件，根据具体应用需求，对软件包进行二次开发，可自动完成对图像采集、显示、存储和处理，在选购机器视觉软件时，需要考虑开发硬件环境、开发操作系统、开发语言等因素，以确保软件运行稳定，方便二次开发。

⑥ 图像处理算法。图像处理算法包括对采集到的图像进行预处理、特征提取、分类、识别等操作，这些算法能够识别图像中的边缘、模式、形状等关键信息。

机器视觉技术因其高效率、高精度、高稳定性等优势，已经广泛应用于多个工业场景。

① 质量检测与控制。机器视觉技术可以用于自动检测产品缺陷，例如裂纹、划痕、变形、污点等。在电子行业，它可以用于检测印刷电路板上的焊点质量。在汽车制造行业，它可以用于检查零部件的尺寸和外观。在食品和制药行业，它可以用于确保产品包装的完整性和标签的正确性。

② 尺寸测量与定位。机器视觉技术可以精确测量产品尺寸，例如长度、宽度、高度和直径等，确保产品符合设计规格，此外，它还可以用于指导机器人进行精确的定位和抓取，例如在装配线上自动组装零部件。

③ 产品识别与分类。通过图像识别技术，机器视觉技术能够识别不同的产品，并根据预设的规则将其分类，这在自动化仓库管理和物流分拣中尤为重要，可以提高分拣效率和减少错误。

④ 跟踪与监控。机器视觉技术可以实时监控生产线上的流程，跟踪产品和组件的移动，确保生产过程的连续性和稳定性，例如，在半导体制造中，用于监控晶圆的加工过程。

⑤ 机器人导航与协作。机器视觉技术可以为机器人提供视觉引导，使其能够在复杂的生产环境中自主导航和执行任务，这在自动化仓储和物料搬运中十分常见，机

---

1. CMOS：Complementary Metal Oxide Semiconductor，互补金属氧化物半导体。
2. PCI：Peripheral Component Interconnect，外设部件互连标准。
3. VGA：Video Graphics Array，视频图形阵列。

器人可以根据机器视觉技术提供的信息避开障碍物、选择最佳路径。

⑥ 精密加工与装配。在需要高精度的加工和装配过程中，机器视觉技术可以提供精确的定位和测量，确保零部件的正确安装和加工质量。

⑦ 预测性维护。通过分析机器视觉捕获的图像数据，可以预测设备可能出现的故障，从而提前进行维护，减少停机时间和维修成本。

⑧ 包装与封口检测。机器视觉技术可以检查包装是否正确封闭，标签是否正确放置，以及产品是否正确装入包装盒中。

6.1.4 激光雷达技术

激光雷达（Light Detection and Ranging，LiDAR）技术是一种结合了现代激光技术和光电探测技术的遥感技术，通过发射激光脉冲并接收由目标物体表面反射回来的光波，来测量物体与雷达之间的距离。LiDAR 技术的名称来源于“光”（Light）和“雷达”（Radar）的结合，其工作原理与传统的微波雷达相似，不同之处是用激光作为测距和定向的载体。LiDAR 系统的组成如图 6.5 所示。

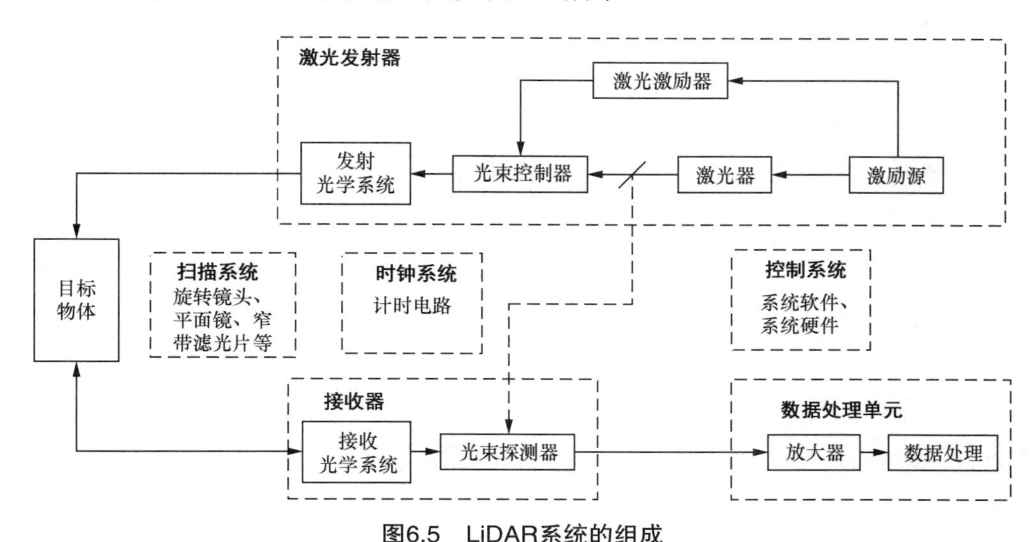

图6.5 LiDAR系统的组成

LiDAR 系统通常由激光发射器、扫描系统、接收器、时钟系统、数据处理单元、控制系统等部分组成。

① 激光发射器。激光发射器是系统的主要能量来源，是发射脉冲激光束的装置，负责产生高频率的激光脉冲，并向目标物体发射。

② 扫描系统。扫描系统控制激光束的方向，以扫描目标区域，扫描系统可以是机械式的，例如旋转镜头或平面镜，也可以是电子式的，例如调制激光束的方向。

③ 接收器。接收器用于接收从目标或环境反射回来的激光信号，通常包括光电二极管或光电探测器，以便将光信号转换为电信号。

④ 时钟系统。时钟系统用于测量激光脉冲发射和接收之间的时间差，从而计算目标物体的距离，通常由高精度的计时电路组成。

⑤ 数据处理单元。数据处理单元负责对接收到的信号进行放大、滤波、转换等处理，并根据时钟系统提供的时间信息计算目标的距离和其他相关信息，通常包括数字信号处理器和专用的算法。

⑥ 控制系统。控制系统用于控制整个 LiDAR 系统的运行，包括软件和硬件部分，用于控制激光发射器、接收器、扫描系统和数据处理单元的操作。

LiDAR 技术因其高精度和高分辨率的特点，已经被广泛应用于多个领域。

① 工业自动化与智能制造。LiDAR 技术在工业自动化流程中发挥着重要作用，被广泛应用于物料监视、机器人导航和路径规划等方面，例如，它可以安装在支撑架的横梁中部，对传送带上的物料进行快速扫描，并将扫描数据与传送带的速度、宽度等信息传输到计算机内，有效保障工艺流程的顺畅，此外，LiDAR 技术还可以辅助自动导引车和自主移动机器人进行导航，实现安全保护和多种移载功能。

② 工业安全。与传统的传感器相比，LiDAR 技术具有更强的抗干扰能力，能够在各种严苛环境中稳定运行，其非接触式检测方式能够迅速、精确地完成定位和测距任务，从而有效保障操作人员的安全，例如，在机器人臂的作业范围内，LiDAR 技术可以实时监测人员的进入，实现自动停机或报警，避免事故的发生。

③ 精确测量与物流管理。在物流、仓储等工业行业中，及时获取物品体积数量、掌握物品出入库情况对生产库存管理具有重要意义，LiDAR 技术通过扫描物品表面，可以获取其三维点云数据，进而计算物品的精确体积，这种应用不仅提高了测量精度，还大幅减少了人工干预，提高了工作效率。

④ 智慧物流与仓储。LiDAR 技术可以用于改善自动化移动机器人的导航系统，以及地面运输配送，为智能仓储建设提供支持，在降本增效的同时创造更加安全的工作环境。

⑤ 安防巡检与交通监控。LiDAR 技术可以提供精确的距离测量和轮廓信息，帮助监控系统进行有效的避障和路径规划，这对于港口、仓库、工厂等场所的安全管理和运营效率提升具有重要意义。

⑥ 工业机器人与机械臂。LiDAR 技术可以提高机器人的感知能力和作业精度，通过 LiDAR 技术传输回来的实时数据，机器人可以更准确地执行搬运、装配、焊接等任务，同时确保作业过程中的安全。

⑦ 工业设计与仿真。LiDAR 技术可以用于创建精确的三维模型，这些模型可以

用于产品设计、工艺规划和虚拟仿真等，基于 LiDAR 技术获取的数据，工程师可以在虚拟环境中测试和优化设计方案，从而减少实物原型的研发需求，加快产品研发周期。

⑧ 自动驾驶。LiDAR 技术是自动驾驶汽车的关键传感器之一，它能够提供车辆周围环境的精确三维地图，帮助车辆实现精确定位和导航，以及障碍物检测和避障，LiDAR 技术帮助自动驾驶车辆能够实时计算与周围车辆、行人等障碍物之间的距离，从而提高行车安全性。

6.2　工业互联与信息集成技术

工业互联与信息集成技术是指利用先进的信息技术和通信技术，将工厂内外的各种设备、系统和信息资源进行连接、集成和共享，以实现工厂内生产过程的协同、优化和智能化管理。

6.2.1　实时性、可靠性与确定性保障技术

工业互联与信息集成的实时性是指确保工业系统能够在极短的时间内完成对数据、事件和指令的处理；可靠性是指工业系统在规定的条件和时间内能够持续正常运行和执行预定功能的能力，主要涉及系统稳定性、数据准确性、故障恢复和长期可用性等内容；确定性是指网络通信的可预测性与一致性，通常涉及时间同步、数据传输的一致性、服务质量保障、故障预测和避免等内容。

（1）时间敏感网络

时间敏感网络（Time Sensitive Networking，TSN）是一种以太网技术，它通过一系列标准定义来确保网络中的流量具有可预测的传输时间。TSN 可以提供低时延、低抖动和高可靠性的数据传输，适用于对实时性要求极高的工业应用场景，例如实时通信、视频流处理、工业自动化等。

TSN 旨在实现数据传输和处理的高实时性能，确保数据能够按时到达目的地并在规定的时间内处理完成，其关键特点主要有以下 6 个。

① 严格的时间要求。TSN 要求数据传输和处理的时延必须在严格的时间限制内完成，这些时间限制可能是硬性的，必须满足要求，否则会导致系统故障，也可能是软性的，允许偶尔的时延但要保证大部分情况下满足要求。

② 实时调度。TSN 通常采用实时调度算法来确保数据包在网络传输和处理过程

中能够按照严格的时间要求进行，实时调度算法通常考虑任务的优先级和截止时间，以及资源的可用性和限制。

③ 流量控制。为了满足时间要求，TSN 可能需要实现流量控制机制，以确保网络中的数据传输不会超过网络的容量，从而导致时延增加或丢包。

④ 服务质量保证。TSN 需要提供高质量的服务保证，确保数据传输和处理能够满足用户的实时性能需求，这涉及带宽分配、流量调度、优先级队列等机制。

⑤ 网络拓扑优化。为了减少时延和提高数据传输效率，TSN 需要优化网络拓扑结构，采用更短的路径和更快速的传输设备。

⑥ 硬件支持。为了满足严格的时间要求，TSN 需要专门的硬件支持，例如高速交换机、实时处理器等。

（2）确定性网络

确定性网络是由互联网工程任务组（Internet Engineering Task Force，IETF）工作组制定的一种网络结构，其传输和处理数据的方式可以确保在预定时间范围内产生确定的结果。与传统的非确定性网络相比，确定性网络能够提供更可靠的性能保证，特别适用于极其严格的实时性能和可靠性的应用场景，例如工业自动化、智能交通系统、医疗设备等。

确定性网络通过提供严格的时间保证、低时延和高可靠性，能够满足对实时性能和可靠性要求较高的应用场景，其关键特点包括以下 6 个。

① 严格的时间保证。确定性网络能够在网络传输和处理数据时提供严格的时间保证，确保数据能够按照预定的时间到达目的地，并在规定的时间内处理完成。这种时间保证通常通过使用实时调度算法和流量控制机制来实现。

② 低时延。确定性网络通常具有低时延的特点，即数据传输和处理的时间较短，能够满足实时性能需求，这对于需要快速响应的应用场景非常重要，例如工业自动化中的机器控制和智能交通系统中的交通信号控制。

③ 流量控制和调度。确定性网络通常采用流量控制和调度机制来确保数据传输过程中的可靠性和实时性，这包括优先级队列、时分复用、令牌桶等技术，以确保高优先级数据能够及时传输并优先处理。

④ 服务质量保证。确定性网络通常提供高质量的服务保证，确保数据传输和处理能够满足用户的性能需求。这可能包括带宽保障、数据包丢失率控制、时延保证等。

⑤ 网络拓扑优化。为了减少时延和提高数据传输效率，TSN 可能需要优化网络拓扑结构，采用更短的路径和更快速的传输设备。

⑥ 硬件支持。为了减少网络传输的时延和提高网络的可靠性，确定性网络可能需要优化网络拓扑结构，采用更短的路径和更可靠的传输设备。

（3）超可靠低时延通信

超可靠低时延通信（ultra-Reliable and Low-Latency Communication，uRLLC）是一种无线通信技术，它是 5G 网络的关键特性之一，旨在为用户提供极高可靠性和极低时延的通信服务。uRLLC 技术对于需要实时或近实时响应的应用至关重要，例如工业自动化、自动驾驶汽车、紧急响应系统和其他对时间敏感的服务。uRLLC 技术的主要特点包括以下 6 个。

① 极低的时延。uRLLC 技术能够提供毫秒级甚至更低的端到端传输时延，这对于实时应用来说非常重要。

② 高可靠性。uRLLC 技术确保数据传输的高度可靠性，即使在网络条件不佳的情况下也能保持通信的稳定性。

③ 低能耗。uRLLC 技术在设计时考虑能效，旨在降低设备的能耗，这对于电池供电的移动设备尤其重要。

④ 高密度的设备连接。uRLLC 技术支持大量设备的连接，这对于物联网等应用场景非常关键。

⑤ 先进的通信技术。uRLLC 技术利用了多种先进的通信技术，例如大规模多输入多输出、波束成形、动态频谱共享等，以提高通信效率和性能。

⑥ 网络切片。uRLLC 技术支持网络切片技术，允许电信运营商为不同的服务需求创建专用的网络分区，确保关键任务应用的性能。

6.2.2　标识解析技术

标识解析技术是对工业系统中的设备、产品、零部件等赋予唯一的身份标识，并提供这些标识的解析服务，以实现对这些实体的准确识别、追踪和管理。这种技术对于实现智能制造、供应链管理、产品生命周期管理等具有重要意义，主要涉及标识体系、标识注册与管理、解析服务、数据交换与共享、安全性与隐私保护、标准化与互操作性等关键方面。

① 标识体系。标识体系是一套规则，用于为工业互联网中的实体分配唯一的标识符，这些标识符可以是数字、二维码、RFID 标签等形式，常见的标识体系包括全球统一的标识系统，例如 ISO / IEC 15459 标准系列，以及针对特定行业或应用的标识体系。

② 标识注册与管理。标识注册是将实体的标识符与实体信息关联起来的过程，通常涉及一个中央数据库或分布式数据库，用于存储标识符与实体信息间的映射关系，标识管理则涉及标识符的分配、更新、注销等操作，确保标识符的正确性和有效性。

③ 解析服务。解析服务是工业互联网中的核心功能，它允许用户通过输入标识

符来查询与之关联的实体信息，解析服务通常由专门的解析节点提供，这些节点可以是本地服务器、云服务器或边缘计算设备。

④ 数据交换和共享。标识解析技术使不同系统和平台之间能够高效地交换和共享数据，可以通过标识符快速定位到特定实体的详细信息，从而实现数据的互联互通，数据共享可以促进供应链协同、生产优化、维护服务等方面的改进。

⑤ 安全性与隐私保护。在标识解析过程中，确保数据的安全性和实体的隐私是必须的，这涉及加密技术、访问控制、身份验证等安全机制，需要确保只有授权的用户和系统才能访问和解析标识符关联的信息。

⑥ 标准化与互操作性。为了实现不同制造商、不同设备和不同平台之间的互操作性，标识解析技术需要遵循一系列国际和行业标准，标准化有助于降低实施成本，提高系统的可扩展性和兼容性。

6.3 工业智能技术

人工智能技术是新一轮科技革命和产业变革的重要驱动力量，以大规模语言模型为代表的人工智能正在深入千行百业。工业智能技术是人工智能技术与工业领域的深度耦合，可以实现工业智能设计、工业智能生产、工业智能管理和工业智能服务。

6.3.1 工业机器学习与深度学习

工业机器学习与深度学习是将机器学习和深度学习技术应用于工业领域的实践，在提高效率、优化生产过程、减少成本和增强创新方面发挥关键作用。

（1）工业机器学习

工业机器学习模型种类繁多，各种模型根据具体任务的需求和数据类型而被选择，工业机器学习模型的主要功能如下。

① 数据驱动的决策。通过分析历史数据，机器学习模型可以帮助企业做出更加精准的业务决策，例如在制造业中可以通过分析生产数据来预测设备故障，实现预测性维护。

② 过程优化。机器学习可以用于优化生产流程和操作，通过实时监测和分析生产线的数据，可以及时调整生产参数，优化生产效率和产品质量。

③ 资源管理。机器学习模型可以帮助企业更加有效地管理资源，例如原材料、能源和人力资源，以减少资源浪费并提高生产力。

以下是常用的工业机器学习模型。

• 回归模型

线性回归、多项式回归：适用于连续数值预测，例如设备寿命或生产量预测。

岭回归、LASSO 回归：适用于处理具有多重共线性的数据集。

• 分类模型

逻辑回归：用于二分类问题，例如合格与不合格的产品分类。

支持向量机：用于高维数据的分类，适用于质量控制和缺陷检测。

• 决策树和集成学习

决策树：直观易理解，适用于故障诊断和决策分析。

随机森林、梯度提升树：在准确性和鲁棒性方面表现优异，适用于复杂的分类和回归任务。

• 聚类算法

K-最近邻、层次聚类：适用于数据分组和异常检测，例如在生产过程中识别异常模式或分段。

• 时间序列分析模型

自回归积分滑动平均模型、季节性自回归积分滑动平均模型：用于时间序列数据的分析和预测，例如需求预测和库存管理。

• 异常检测模型

孤立森林、一类支持向量机：适用于检测数据中的异常点或异常行为，例如监控工业过程中的异常情况。

这些模型可以根据具体的工业应用场景和数据特性进行选择和调优。在实际应用中，通常需要对数据进行彻底的探索和预处理，并对模型进行精细调整，以达到最佳的性能。

（2）工业深度学习模型

工业深度学习模型主要涵盖用于图像处理、时间序列分析、自然语言处理等多种任务的深度神经网络，这些模型因能够处理大规模复杂数据而在工业领域应用，工业深度学习模型的主要功能如下。

① 图像和声音处理。在工业自动化和质量控制中，深度学习尤其是计算机视觉被广泛应用于图像识别、缺陷检测和产品分类，例如，深度学习模型可以从产品图像中检测出微小缺陷，以提高质量控制的准确性和效率。

② 复杂决策和预测。深度学习模型能够处理更复杂的数据和模式，适合需要从大量数据中学习深层次模式的应用场景，例如，在能源管理中，深度学习模型可以用于预测能源需求和优化能源分配。

③ 增强现实和虚拟现实。在制造和维护中，深度学习可以结合增强现实和虚拟现实技术，提供交互式视觉辅助，帮助操作员和技术人员更有效地完成复杂的任务。

以下是常用的工业深度学习模型。

• 卷积神经网络

用于图像和视频分析，适用于处理视觉数据，广泛应用于产品质量检测、缺陷识别、机器视觉系统、自动化检查。

• 循环神经网络

用于处理序列数据，例如时间序列数据或连续事件数据，广泛应用于预测设备维护时间、时间序列分析、工艺过程优化。

• 长短期记忆网络

属于循环神经网络的一种，擅长处理长期依赖问题，广泛应用于生产过程中的趋势预测、设备状态监测、能源消耗预测。

• 门控循环单元

属于长短期记忆网络的变种，结构更简单，计算效率更高，广泛应用于时间序列预测、序列建模等。

• 自编码器

由编码器和解码器组成，通过重构输入数据来学习数据的有效表示，广泛应用于异常检测、数据去噪、特征提取。

• 生成对抗网络

由一个生成网络和一个判别网络组成，能够生成新的、与真实数据相似的数据样本，广泛应用于数据增强、模拟新的工业场景、产品设计。

• 变分自编码器

类似于自编码器，但是在生成数据的同时学习数据的概率分布，广泛应用于复杂数据集的生成、深度学习模型的无监督学习。

这些深度学习模型可以通过学习大量数据中的复杂模式和特征来改善工业系统的性能，例如提高生产效率、减少故障率、优化资源分配等。随着技术的不断发展和应用的深入，工业深度学习模型将在更多的领域中发挥重要作用。

6.3.2 工业大模型

大模型（Large Models）是深度学习的一个重要发展方向，特指在人工智能领域中的大型神经网络模型，由于其具有大量的参数、层和复杂的结构，因此能够处理和学习大规模数据集中的复杂模式和关系。这些模型通常是通过深度学习技术训练的，可以用于多个领域，例如自然语言处理（文本分类、机器翻译、情感分析、问答系统等）、计算机视觉（图像分类、目标检测、图像生成等）、语音处理（语音识别、语音合成）等。大模型有以下 3 个特点。

① 参数众多。大模型可能包含数亿到数千亿个参数，这些参数使大模型能够学习大量的数据和复杂的特征。

② 能力强大。这些模型因为参数众多和结构复杂，通常能够在各种任务上表现出色，从而实现更高的准确率和更深层次的理解。

③ 通用性。许多大模型（例如 GPT 系列、BERT 系列等）被设计为多用途模型，可以适用于多种不同的任务和应用场景。

工业大模型（Industrial Large Models，ILMs）是指为特定行业或领域定制开发的、具有大量参数的大型人工智能模型，这些模型通过大量数据的训练，能够对特定行业的任务进行高效和精准的处理。它们通常比通用大模型（例如 GPT-3 或 BERT）更加专业，因为它们针对的是特定的业务场景和需求。工业大模型有以下 4 个特点。

① 定制化。针对特定行业的数据、术语和工作流程进行训练，以满足该领域的具体需求。

② 高效性。由于针对特定任务进行专门优化，这些模型在处理相关问题时通常更加高效。

③ 准确性。通过大量的行业特定数据训练，使模型能够提供更精准的分析和预测。

④ 集成性。容易与行业现有的系统和工作流程集成，以提高自动化水平和决策效率，例如，在医疗行业，工业大模型可以针对医疗图像识别、疾病预测、药物发现等特定任务进行训练和应用；在金融行业，则可以应用于风险评估、市场分析、自动交易等方面。

工业大模型的构建模式主要存在预训练模式、微调模式和检索增强生成模式 3 种。

（1）预训练模式

预训练模式是指按照通用大模型的构建方法，收集大量无标注的工业数据集和通用数据集，使用 Transformer 等架构重新训练模型，学习工业数据集中的通用特征和知识，使模型能够从容应对行业中的具体问题。这种模式的优点是工业大模型具备广泛的工业通用知识，因此通过预训练可以最大程度地满足各类工业场景的需求；缺点也同样明显，高质量工业数据的收集、大量的训练时间、对庞大算力资源的占用、电力消耗及其他相关开销，导致预训练大型模型的成本高昂，可达数百万美元，甚至更高，只有大型科技公司或研究机构才有能力承担，普通的企业或个人很难负担得起。

（2）微调模式

微调模式是指在一个已经预训练好的基础大模型的基础上，利用特定工业场景已经标注好的针对特定任务的高质量数据集对大模型进行架构调整（例如添加特定的输出层）和参数优化，使其学习到工业细分领域的知识，从而能够完成特定的工业任务。在微调过程中，通常会选择冻结大模型的底层参数，以保留其在预训练阶段学习到的通用知识，只更新模型的顶层或新添加的适配器层，以学习特定任务的特征。微调模式能够合理利用预训练基础大模型的广泛知识，通过微调使其能够适应特定的任务需求，减少从头开始训练所需的时间和资源，并且对数据量的要求更低，单个任务的微调通常只需要几千条至上万条工业数据，但要求所用的数据已被标注。

（3）检索增强生成模式

检索增强生成模式是指为已经预训练好的基础大模型外挂一个行业知识库（通常为向量数据库），在不改变原大模型参数的情况下，使其能够在生成响应之前引用训练数据集以外的权威知识，从而快速接入工业细分领域的信息，实现特定工业场景的知识问答和内容生成。在没有检索增强生成前，大模型接受用户输入，并根据预训练过程中学习到的知识创建响应结果。

检索增强生成允许大模型动态地访问和利用大量的外部信息，检索增强生成模式的大模型工作过程如图 6.6 所示。

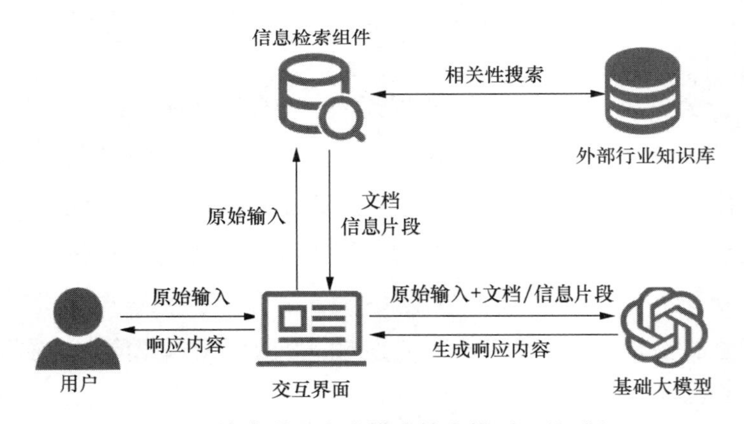

图6.6　检索增强生成模式的大模型工作过程

检索增强生成为大模型添加了一个信息检索组件，这个组件会将用户输入转换为向量表示，并于外部行业知识库中执行相关性搜索，检索与之相关的文档或信息片段，这些文档或信息片段不仅提供了上下文背景，还扩展了模型对特定领域或话题的理解，大模型根据这些文档或信息片段及用户的原始输入来生成响应。这种模式的优势是不需要进行额外训练，只需要构建和接入权威的行业知识库，就能快速利用现有的基础大模型实现对工业领域知识的理解和应用，后续大模型的更新和维护也仅局限于信息检索组件和行业知识库的迭代。但工业大模型的泛化能力和稳定性与预训练模式和微调模式相比要差，可能无法充分适应工业场景的需求。

工业大模型的发展面临以下挑战。

① 计算资源和成本。大模型需要依靠大量的计算资源进行训练和推理，这意味着高昂的硬件和运营成本，对于许多公司而言，尤其是中小企业，高昂的成本是一个重大障碍。

② 数据隐私和安全。在训练和应用大模型时，处理敏感数据需要遵守数据隐私和安全法规，确保数据不被非法使用或泄露对企业来说是一个挑战。

③ 模型可解释性和透明度。大模型往往被认为是“黑箱”，其决策过程难以解释，而在某些行业，例如医疗和金融，可解释性是法律或监管要求的一部分。

④ 工业应用的实时性要求。工业生产制造环节通常对实时性有严格的要求，例如生产线控制、自动化生产线，特别是那些涉及连续生产流程的，例如汽车制造、电子组装等，对实时性的要求极高，任何延迟或故障都可能导致整条生产线停产，造成巨大的经济损失，此外，工厂边缘侧的计算资源通常有限，难以支持工业大模型的运行，只能将其部署在云端，无法满足实时性要求。

⑤ 工业应用的可靠性限制。工业大模型存在“幻觉”问题，即大模型的生成内容具有不确定性，在面对某些特定的输入时，有一定的概率生成与事实不符的虚假信息，可能导致严重的生产事故、产品质量问题和经济损失，因此，工业大模型必须具备极高的准确性和鲁棒性，才能在工业生产中落地应用。

⑥ 规模化高质量工业数据资源池的构建。训练数据的质量直接决定了工业大模型的泛化能力和推理、生成能力，中小型企业生产规模小，缺少先进的数据采集、存储、清洗和整合能力，大型企业不愿对内部工业生产数据开源共享，因此，难以建立全面的大模型工业语料库，形成涵盖重点工业领域的规模化高质量数据资源池。

⑦ 性能测评机制的建立。当前工业大模型的应用分布较为零散，尚未形成标准化、体系化的应用范式，缺少标准化的性能测试数据集和长效的性能测评机制，难以有效评估工业大模型结果的可信度。

6.4　工业控制协同技术

工业控制协同技术是指在工业系统中，通过高度集成和优化的控制方法，实现多个控制单元或系统之间的有效协作与协调，以提高整个工业系统的效率、可靠性。这种技术是实现高度自动化、智能化生产流程的关键，其发展宗旨是提高生产效率、降低成本、优化资源利用，并且更好地满足市场需求。信息物理系统（Cyber-Physical Systems，CPS）和云边协同技术是支撑工业控制协同实现的关键技术。

6.4.1 物理信息系统

信息物理系统是计算机系统、网络通信和物理实体相互嵌入、相互交互、相互依赖而形成的复杂系统，它将计算与物理过程相结合，通过网络连接和嵌入式计算，实现对实时数据的收集、分析和控制，以实现对物理世界的智能化管理和控制。CPS 的本质是基于“物”的互联，构建与物理空间相映射的数字空间，以虚知实，以虚控实。

CPS 的精髓在于对数字空间的构建，以最终实现控制。信息物理系统的技术体系如图 6.7 所示，其技术体系包含状态感知与数据收集、数据处理与分析、科学决策、精准控制，这四大过程形成了一个闭环。

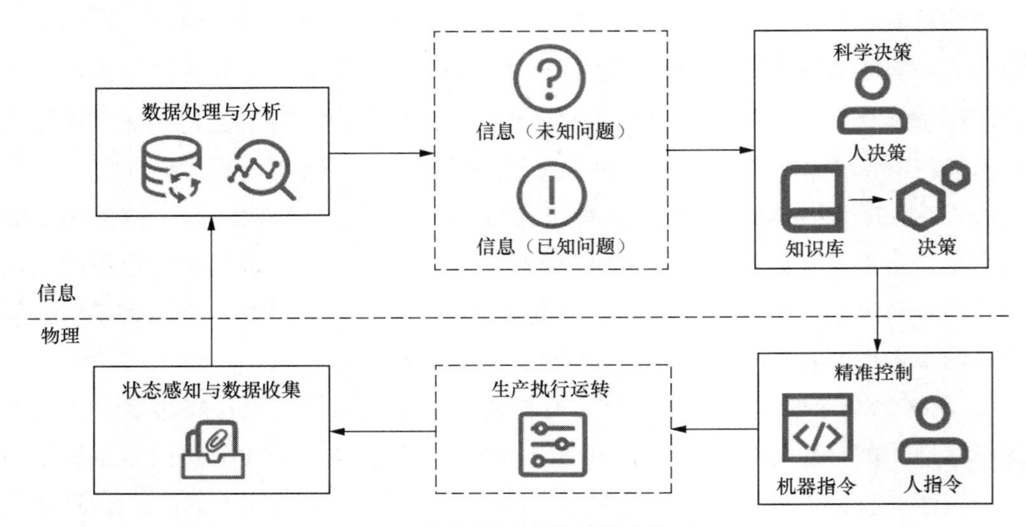

图6.7　信息物理系统的技术体系

（1）状态感知与数据收集

状态感知与数据收集是从物理空间迈向数字空间的基础，需要有策略地对全域的数据进行获取。所谓“有策略”，是指以业务场景的目标为导向进行有选择性和有所侧重的数据采集，而不是采用固定的、无差别的采集。因为工业领域与金融、电商等领域不同，以金融领域为例，交易流水这样的数据是必须保存的，而工业领域很多数据是没有实际应用价值的，全部保留需要付出巨大的成本。所谓“全域”，是指数据要尽可能覆盖整个生产过程，包括设备运行的状态数据、维修保养数据、环境参数、制造管理运营的系统数据等。

（2）数据处理与分析

对采集的数据进行处理，生成能够被高效查询使用的高质量数据。所谓“高效查询使用”，是指数据经过有效组织，包括关联、建立主题模型等，像仓库中的货物经过整理、归类后能够被快速找到。所谓“高质量”，是指数据经过清洗、分类，将异常数据做好标记和隔离，避免在有问题的数据上得出错误的分析结果。在此基础上，通过可视化、规则、统计、算法模型对数据进行分析，提取其中的高价值信息。随着数据不断积累，便可以进行纵向和横向双重分析。以设备为例，所谓纵向，是指对单个设备进行分析，将其当前状态与历史状态进行对比分析，判断是否异常；所谓横向，是指对多个同类设备进行对比分析，找出与其他设备行为不一样的异常设备行为。

（3）科学决策

对基于数据分析产生的两类信息进行判断并形成决策。这两类信息分别是曾经遇到过的、已知的问题和未曾遇到过的、未知的问题。对于前者，可以从专家知识库中进行查找、比对，做出相应的决策；对于后者，则需要依赖人工进行综合判断后给出一个决策，如果这个决策在实践中多次被证明是有效的，则可以作为新的知识规则添加到专家知识库中，方便后续自动做出判别。

（4）精准控制

针对做出的决策进行执行，包括系统自动触发的执行指令和人为操作做出的干预，实现生产过程的调节与控制。这一步是整个系统真正产生价值的地方，任何没有执行动作的分析和决策都不会产生实际价值。

6.4.2　云边协同技术

云边协同技术是指将云计算和边缘计算相结合，实现云端和边缘设备之间的协同工作和资源共享，以提高系统的性能、响应速度和资源利用率。云边协同技术能够有效地解决边缘计算中资源有限、计算能力弱、网络带宽受限等问题，为各种应用场景提供更加灵活、高效的解决方案。云边协同技术将云计算的大规模数据处理能力和边缘计算的实时性、本地化处理能力结合起来，云计算负责非实时、长周期的数据分析和大批量数据的存储、计算任务，而边缘计算则处理实时性要求高的、短周期的数据，以及本地设备的控制和响应。

云边协同架构如图 6.8 所示，云边协同架构通常包括云中心、边缘节点和终端设备。云中心提供强大的计算资源和存储能力，边缘节点靠近数据源，负责数据的初步处理和快速响应，终端设备负责数据的采集和执行边缘节点的指令。通过资源协同和调度，实现云端和边缘设备之间的资源共享和任务调度，根据任务的性质和需求，将任务分配给适合的云端或边缘设备进行处理，以最大程度地提高系统的性能和资源利用率。云边协同技术可以利用云端的大数据和机器学习算法对数据进行分析和挖掘，实现智能化的决策和优化，根据实时数据和环境变化，动态调整任务的分配和资源的调度。

图6.8　云边协同架构

云边协同技术适用于诸多应用场景，包括智能交通、智能制造、智能医疗、智能家居等。在智能交通场景中，可以利用边缘设备实现对交通流量的实时监测和管理，同时利用云端进行数据分析和智能决策；在智能制造场景中，可以利用边缘设备实现对生产过程的实时监控和调整，同时利用云端进行生产优化和智能化控制。

6.5　工业大数据技术

工业大数据技术涉及从数据的采集、存储、管理到分析和应用的一系列技术和方法，旨在处理大量的工业数据，以支持决策制定、优化操作和提高效率。

6.5.1　数据采集

工业大数据的数据采集是获取工业环境中生成的各种数据的过程，其目的是收集足够的信息用于进一步分析和决策支持。数据采集来源包括以下 5 个。

① 传感器数据。来自生产现场的各种传感器，例如温度、压力、湿度、振动等传感器，这些传感器实时监测并记录设备和生产过程的状态。

② 机器数据。从各种机器和设备收集的数据，包括操作参数、工作状态、故障记录等。

③ 生产线数据。包括生产过程中的数据，例如生产速度、产量、质量控制数据、

原材料消耗等。

④ 物流和供应链数据。来自仓库管理系统、运输跟踪系统的数据，例如库存水平、物流状态、供应链流程等。

⑤ 财务和市场数据。企业资源规划（Enterprise Resource Planning，ERP）系统、客户关系管理（Customer Relationship Management，CRM）系统和其他商业智能系统中的数据，例如销售数据、财务数据、市场趋势等。

数据采集技术主要有以下 4 个。

① 直接接口采集。通过物理连接或网络连接直接从生产设备、控制系统和传感器中采集数据。

② 工业通信协议。利用各种工业通信协议（例如 OPC UA、Modbus、Fieldbus 等）在设备间传输和采集数据。

③ 数据采集系统（Data Acquisition System，DAS）。特定的硬件和软件系统，用于收集、记录和处理来自生产现场的数据。

④ IoT 技术。利用 IoT 设备和平台实现数据的远程采集和监测，支持更广泛的设备连接和数据交换。

工业数据采集面临以下挑战。

① 数据的多样性和复杂性。工业数据来源多样，格式和类型各不相同，需要对其进行有效的集成和标准化处理。

② 实时数据采集和处理。许多工业应用需要实时或近实时地采集和处理数据，以快速响应设备状态的变化。

③ 数据的质量和准确性。保证采集数据的质量和准确性对于后续的分析和决策至关重要。

④ 数据安全和隐私。在数据采集和传输过程中需要确保数据的安全性并保护隐私。

通过高效和精确的数据采集过程，企业能够获取对生产和运营至关重要的深入洞察，这是实现高效数据分析、优化运营和驱动业务决策的基础。

6.5.2 数据存储

在工业大数据的背景下，数据存储和管理是处理和分析大规模数据集的关键环节，特别是对于那些生成海量数据的工业应用来说至关重要。有效的数据存储和管理策略能够确保数据的可访问性、完整性、安全性和可持续性。

工业大数据的数据存储方式主要包括以下 5 种。

① 传统数据库系统。传统数据库系统包括关系型数据库（例如 MySQL、Oracle、

SQL Server），适用于结构化数据存储，支持复杂的查询和事务处理。

② NoSQL 数据库。NoSQL 数据库包括非关系型数据库（例如 MongoDB、Cassandra、HBase），适用于存储非结构化或半结构化数据，提供灵活的数据模型和水平扩展能力。

③ 分布式文件系统。例如 Hadoop 分布式文件系统（Hadoop Distributed File System，HDFS），适用于存储大量的非结构化数据，支持高吞吐量的数据访问和高容错性。

④ 数据湖。数据湖是存储原始数据的集中式存储系统，可以包含结构化、半结构化和非结构化数据，数据湖允许存储大量数据，并支持不同类型的分析。

⑤ 云存储解决方案。例如 Amazon S3、Google Cloud Storage 和 Microsoft Azure Storage，提供可扩展、高可用和安全的数据存储服务。

6.5.3 数据处理

工业大数据的数据处理是确保数据质量和确保数据可以进一步分析的关键步骤，这个过程通常包括数据清洗、数据整合、数据转换等操作。

数据清洗的详细步骤如下。

① 去除重复数据。检查数据集中的重复记录并去除，避免在分析过程中造成数据偏差。

② 处理缺失值。识别数据中的缺失值并决定如何处理，可能的方法包括填补缺失值（例如使用均值、中位数或基于模型的估计），或者删除含有缺失值的记录。

③ 纠正错误和异常值。通过规则或模型识别不合理或错误的数据点，并进行修正或删除，异常值的处理需要根据业务背景决定是纠正还是排除。

④ 数据标准化 / 归一化。将数据转换为标准格式和范围，例如通过归一化处理使数据值落在 0～1范围内，或通过标准化处理使数据具有 0 的均值和 1 的标准差。

⑤ 格式统一。确保所有数据遵循相同的格式和标准，例如日期格式统一为 YYYY-MM-DD，文本数据统一大小写等。

数据整合的内容主要包括以下 3 个。

① 数据融合。将来自不同数据源和不同格式的数据合并到一起，形成一个统一的视图，以便进行进一步分析。

② 实体识别和解析。识别不同数据源中相同实体的引用（例如，同一个产品或组件），并解决数据之间的冲突。

③ 维度整合。对数据进行分类和汇总，以支持多维度的分析和决策。

数据转换的内容主要包括以下 3 个。

① 特征工程。从原始数据中提取有意义的特征，以供机器学习模型和其他分析工具使用。

② 数据聚合。将数据分组并计算每组的统计指标（总和、平均值、最大值、最小值等），以简化分析和报告流程。

③ 时间序列分析。对于时间敏感的数据，进行时间序列分析，识别趋势、周期性和季节性变化。

工业大数据的数据处理是一项复杂且细致的工作，需要充分考虑数据的特性和分析的需求。有效的数据处理可以显著提高数据质量，从而确保分析结果的准确性和可靠性。

6.5.4 数据分析和挖掘

工业大数据的分析和挖掘是指应用统计学、机器学习、深度学习等方法对大量工业数据进行探索、分析和解释的过程，以发现模式、趋势和关联，支持决策制定和业务优化。

数据分析主要关注从数据中提取有用信息和对数据的洞察，能够帮助企业理解历史性能并做出知情决策，可以分为以下 3 类。

① 描述性分析。分析历史数据以理解过去的行为和趋势，包括汇总统计、数据可视化（例如条形图、折线图、散点图）和报告生成，以揭示数据的基本特性和模式。

② 诊断性分析。深入探究数据以找出原因和效果的关系，通过技术（例如关联规则学习、因果分析等），识别数据中的关键因素和事件之间的联系。

③ 预测性分析。使用历史数据来预测未来趋势、事件或行为，运用统计模型、机器学习算法（例如回归分析、时间序列分析、神经网络）进行趋势预测和行为预测。

数据挖掘主要关注从大量数据中自动发现模式和知识，通常更加侧重于探索性分析和使用复杂的算法模型，常用的方法主要有以下 5 个。

① 聚类分析。将数据分组成若干类别或簇，使同一簇内的数据具有高度相似性，而不同簇的数据具有较大差异，应用实例包括市场细分、异常检测和社群识别。

② 关联规则学习。寻找数据项之间有意义的关联或频繁模式，常用于市场分析、推荐系统等，例如发现消费者经常同时购买哪些商品。

③ 分类和回归。分类用于预测数据点属于哪个类别，回归用于预测数值型的目标变量，应用机器学习算法（例如决策树、随机森林、支持向量机、神经网络等）进行模型建立和预测。

④ 时间序列分析。分析时间顺序排列的数据点以确定长期趋势、周期性变化和季节性因素，应用于生产能力预测、库存管理和市场趋势分析。

⑤ 文本挖掘和自然语言处理。分析和解释文本数据以发现有用信息，应用于情感分析、主题建模、文档分类和自动摘要。

通过数据分析和挖掘，企业可以更好地理解市场和运营状况，优化生产流程，提高效率和竞争力。工业大数据的分析和挖掘过程需要跨学科的知识，包括数据科学、工业工程和业务管理，确保分析结果既准确又具有实际应用价值。

6.5.5 数据可视化

工业大数据的数据可视化是将复杂的工业数据集转换成更容易理解的视觉格式的过程。这不仅有助于数据分析师和工程师快速识别数据集中的模式和趋势，而且也使非技术人员能够理解数据背后的信息。工业大数据的数据可视化涉及多种技术和工具，旨在改善决策制定过程并提高生产效率。常见的工业大数据可视化方法包括仪表板、时间序列图、散点图和气泡图、热图、地理信息系统可视化、3D 可视化等。

① 仪表板。仪表板是最常见的数据可视化形式之一，它可以集成多种可视化元素，例如图表、计数器、警报等，提供一目了然的数据概览，工业企业可以使用仪表板来监控生产线的运行状态、设备的性能指标、生产效率等。

② 时间序列图。时间序列图是展示随时间变化的数据的有效方式，在工业领域，常用于分析生产过程中的变化趋势、故障预测和设备维护计划等，常见的时间序列图包括折线图、面积图和曲线图等。

③ 散点图和气泡图。散点图和气泡图可以用来显示两个或多个变量之间的关系，在工业环境中，它们可以用于分析生产过程中不同参数之间的相关性，例如生产速度与温度之间的关系。

④ 热图。热图可以用来可视化数据的密度分布和集中程度，在工业领域，热图可以帮助企业识别设备故障的热点区域、生产线上的瓶颈以及资源利用率的差异等。

⑤ 地理信息系统可视化。对于涉及地理位置信息的工业数据，地理信息系统可视化的作用非常大，它可以帮助企业在地图上显示设备的分布情况、生产过程中的地理相关性及供应链的物流路径等。

⑥ 3D 可视化。对于复杂的工业场景和产品设计，使用 3D 可视化技术可以提供更加逼真和直观的展示效果，例如，在产品设计阶段，使用 3D 可视化可以帮助工程师更好地理解产品的结构和性能。

⑦ 虚拟现实和增强现实可视化。虚拟现实和增强现实可视化可以将数据可视化推向新的高度，通过模拟虚拟环境或将数字信息叠加在现实世界中，用户可以以全新的方式与数据进行交互和探索。

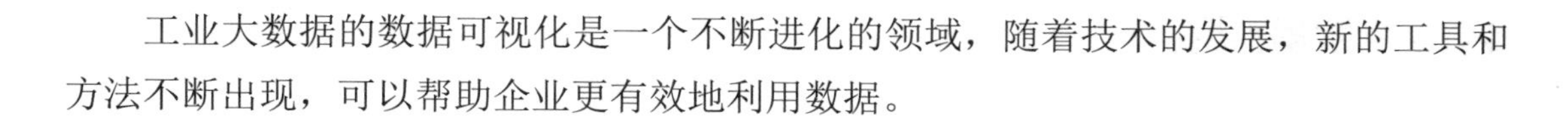

工业大数据的数据可视化是一个不断进化的领域，随着技术的发展，新的工具和方法不断出现，可以帮助企业更有效地利用数据。

6.5.6　元数据管理

元数据是描述数据的数据，它包括数据的结构、内容、语义、来源、质量等信息，元数据管理技术是指管理和维护工业数据中的元数据，以支持数据的发现、理解、使用和管理，其主要包括以下内容。

① 元数据收集和注册。指收集、识别和记录工业数据中的各种元数据信息，包括数据源、数据结构、数据类型、数据格式、数据所有者、数据质量指标等，元数据可以从数据存储系统、数据处理工具、数据传输管道等环节进行收集，并进行注册和索引，以供后续的元数据管理和使用。

② 元数据存储和管理。指将收集到的元数据信息进行组织、存储和管理，元数据存储可以采用数据库、数据仓库、元数据管理系统等工具和平台，元数据管理包括元数据的分类、标准化、版本控制、权限管理等方面，工业企业可以建立元数据仓库或元数据目录来集中管理和维护元数据信息。

③ 元数据检索和查找。指通过元数据信息来查找和发现工业数据资源，工业企业可以利用元数据管理系统提供的检索功能来搜索和定位特定类型的数据、特定数据来源、特定数据结构等，元数据检索和查找可以帮助用户快速找到需要的数据资源，提高数据利用效率。

④ 元数据血缘和关系分析。指分析工业数据之间的关系和依赖关系，通过分析元数据信息，可以了解数据的来源、传输路径、加工过程等，进而推断数据之间的血缘关系和依赖关系，元数据血缘和关系分析可以帮助企业理解数据的流动和变化过程，从而更好地管理和维护数据。

⑤ 元数据质量管理。指确保元数据的准确性、完整性、一致性和可信度，工业企业可以建立元数据质量标准和规范，对元数据进行质量评估和监控，及时发现和纠正元数据中的错误和问题，元数据质量管理对于保证数据管理和分析的有效性和可靠性至关重要。

⑥ 元数据与数据治理的整合。元数据管理与数据治理密切相关，元数据信息是数据治理的基础，工业企业可以将元数据管理与数据治理框架相结合，建立统一的数据管理流程和规范，确保数据的合规性、安全性和可靠性。元数据管理可以为数据治理提供支持和指导，帮助企业更好地管理和利用工业大数据。

6.5.7 数据安全

工业大数据的数据安全是指在收集、存储、处理和分析来自工业操作的大量数据时采取的措施，以保护数据不被未授权用户访问、泄露、篡改或破坏。随着工业互联网的发展和工业 5.0 时代的到来，数据已成为提高生产效率、优化运营和驱动创新的关键资产。因此，确保工业数据的安全性和完整性至关重要。

工业大数据的数据安全涉及以下几个关键方面。

① 身份认证和访问控制。身份认证是确认用户身份的过程，而访问控制是控制用户对数据和系统资源的访问权限，工业企业可以使用多种身份认证技术，例如密码、生物识别、多因素认证等。访问控制策略包括基于角色的访问控制（Role-Based Access Control，RBAC）、基于属性的访问控制（Attribute-Based Access Control，ABAC）等，其确保只有授权的用户能够访问敏感数据和系统资源。

② 数据加密。数据加密技术是将数据转换为密文，以保护数据的机密性，企业可以使用对称加密算法和非对称加密算法对数据进行加密，确保数据在传输和存储过程中不被窃取或窥视。此外，端到端加密和数据字段级加密也是常用的数据加密技术。

③ 安全传输协议。安全传输协议用于保护数据在网络传输过程中的安全性，企业可以使用安全套接字层（Secure Socket Layer，SSL）或传输层安全性协议（Transport Layer Security，TLS）等安全传输协议来加密数据传输通道，防止数据在传输过程中被窃取或篡改。

④ 安全监控和审计。安全监控和审计技术用于监视系统和数据的安全状态，并记录安全事件和操作日志进行审计，企业可以使用安全信息和事件管理（Security Information and Event Management，SIEM）系统来实时监控系统和网络的安全事件，以及使用审计工具记录用户操作、数据访问和系统行为，以便追踪安全事件和调查安全违规行为。

⑤ 数据备份和灾难恢复。数据备份和灾难恢复技术用于保护数据免受硬件故障、自然灾害和人为破坏等威胁，企业可以定期备份重要数据，并将备份数据存储在安全的位置，以便在发生灾难事件时能够快速恢复数据。

⑥ 安全培训和意识培养。安全培训和意识培养是提高员工对数据安全重要性的认识和理解，以及教育员工如何正确处理数据和应对安全威胁的过程，企业可以定期组织安全培训和意识活动，向员工传达安全政策、安全最佳实践和安全意识，从而降低内部安全风险。

6.5.8 工业机理模型

工业机理模型在大规模个性化定制的实施过程中扮演着重要的角色，可以从多个方面提升工业制造的效率和产品的质量。

① 优化生产流程。工业机理模型能够模拟和分析生产过程，帮助制造商了解在不同的生产环节中如何更有效地配置资源，以及如何调整生产线以适应产品个性化的需求，这有助于减少生产中的资源浪费，提高生产效率。

② 提高产品质量。通过使用工业机理模型，制造商可以更好地控制生产过程中的各个参数，从而确保每个定制产品都能达到高标准的质量，模型可以预测材料的行为和机器的性能，减少试错次数，提升产品一致性。

③ 减少成本。工业机理模型可以帮助制造商从设计阶段即开始识别可能出现的生产问题，从而避免高昂的修改费用和材料浪费，这对于大规模个性化定制尤其重要，因为其产品多样性和生产复杂性更高。

④ 加速产品开发。工业机理模型能够在没有物理原型的情况下对产品进行有效的测试和验证，可以显著缩短产品从设计到市场的时间，使快速迭代和新的个性化设计的测试更具可行性。

⑤ 增强客户参与。利用工业机理模型，制造商可以提供更精确的定制选项，使客户能够在设计过程中有更多参与和选择的机会，这不仅提高了客户满意度，还能够增加客户的忠诚度。

⑥ 支持可持续发展。通过更有效的材料使用和生产过程的优化，工业机理模型可以帮助企业形成更加可持续的生产方式。

1. 工业机理模型建模技术

工业机理模型建模技术是指利用数学和物理原理来描述工业过程的技术。这些模型能够准确反映实际生产过程中的物理、化学、生物等现象，是实现过程控制、优化和预测的基础。工业机理模型建模技术通常包括以下几个关键步骤和方法。

（1）系统分析与定义

① 过程分析。深入理解目标工业过程的运作机制，包括涉及的物理、化学或生物反应，以及材料和能量的流动。

② 变量定义。确定模型的输入变量（例如原料特性、操作条件）和输出变量（例如产品质量、能耗），以及过程中的关键状态变量。

（2）理论模型建立

① 基本原理。运用物理定律（例如质量守恒、能量守恒、牛顿定律等）和化学原理（例如化学反应动力学）来构建模型的理论方程式。

② 数学形式化。将理论方程式转化为数学模型，可能包括代数方程、微分方程

或偏微分方程等。

（3）参数估计与验证

① 参数估计。利用实验数据或工业生产数据来估计模型中的未知参数，例如反应速率常数、传热系数等。

② 模型验证。通过与实验数据或工业操作数据的比较，验证模型的准确性和适用性。

（4）数值求解与仿真

① 数值方法。根据模型的数学特性选择合适的数值求解方法，例如有限元分析、有限差分法等，来求解模型方程。

② 计算软件。利用计算流体动力学（Computational Fluid Dynamics，CFD）、过程模拟软件（例如 ASPEN PLUS、COMSOL Multiphysics）等工具进行模型的数值求解和仿真分析。

（5）模型优化与应用

① 优化算法。结合优化算法（例如遗传算法、模拟退火算法），对模型进行参数优化，以实现过程优化和性能提升。

② 工程应用。将建立和优化好的模型应用于实际的过程控制、过程设计、安全评估和经济分析等领域。

（6）模型更新与维护

① 持续学习。随着工艺条件、原料特性的变化，定期更新模型参数，保持模型的准确性和适用性。

② 模型维护。记录模型的使用情况和效果，根据反馈进行模型的调整和维护。

工业机理模型的建模技术是一个复杂且动态的过程，需要跨学科的知识和技能。随着人工智能技术的发展，模型的建立、优化和应用将变得更加高效和精准，为工业生产带来更大的经济价值和社会价值。

2. 工业机理模型数字化封装

工业机理模型的数字化封装技术是指将传统的工业机理模型转化为数字化的形式，并以一种标准化、模块化的方式进行封装，使其易于在不同的计算平台和应用场景中重用和集成的技术。这一技术在促进制造业数字化转型中起着至关重要的作用，尤其在复杂系统的建模、仿真和优化中显示出强大的能力。以下是该技术的几个关键方面。

（1）模型的数字化表达

① 数学建模。首先，需要将工业过程的物理、化学或生物机理用数学语言描述，形成数学模型。这包括定义相关的微分方程、代数方程等。

② 计算模型。将数学模型转化为计算模型，包括确定适合的数值方法（例如有

限差分法、有限元法）和算法，以便在计算机上实现运算。

（2）封装与模块化

① 封装。将数字化模型封装为独立的软件模块或对象，定义清晰的接口和数据交换格式。封装不仅包括模型的核心计算部分，还包括数据预处理、后处理、参数设置等功能。

② 模块化。根据功能、应用领域或其他标准，将封装好的模型进行模块化组织，形成模型库，以支持高效的模型管理和复用。

（3）标准化和互操作性

① 数据和接口标准化。制定统一的数据格式和接口标准，确保不同模型之间能够有效交互和集成。

② 互操作性。通过遵循通用的数据交换和服务调用标准（例如 OPC UA、RESTful API），提高不同来源模型和系统之间的互操作性。

（4）软件实现和集成

① 开发环境。选择合适的软件开发环境和工具（例如 MATLAB/Simulink、Python、Modelica）来实现模型的数字化封装。

② 集成框架。利用现代软件架构（例如微服务架构、容器化技术）和平台（例如云计算平台），实现模型的灵活部署和高效集成。

（5）API 和用户界面

① API 设计。为封装好的模型提供编程接口，使其能够被其他软件系统调用。

② 用户界面。开发友好的用户界面，使非专家用户也能方便地配置和使用模型。

（6）安全性和可维护性

① 安全机制。实施必要的安全机制，保护模型数据和知识产权不被未授权用户访问或修改。

② 版本控制和维护。采用版本控制系统管理模型的不同版本，确保模型可持续进行更新和改进。

3. 工业机理模型复用技术

工业机理模型的复用技术关注于如何高效地重用现有的工业机理模型，以加速新系统的设计和开发过程，降低成本，并提高生产效率。该技术的核心在于提升模型的通用性、扩展性和互操作性。以下是几个关键方面。

（1）模型标准化

① 模型描述。采用标准化的模型描述语言（例如 Modelica）对模型进行描述，确保模型的通用性和可移植性。

② 接口标准化。定义清晰的模型接口，包括输入输出参数、数据格式等，以实

现模型间的无缝连接和数据交换。

（2）模型封装

① 软件封装。将模型封装成软件组件，隐藏内部细节，仅暴露必要的接口，这有助于模型的重用和集成。

② 模块化设计。通过模块化设计，将复杂模型分解成可独立使用的子模型，增强模型的可维护性和复用性。

（3）模型库构建

① 分类和标注。在模型库中对模型进行分类和标注，便于用户根据需求快速找到合适的模型。

② 版本管理。采用版本管理系统，跟踪模型的更新迭代，保持模型库的最新状态。

（4）参数化设计

① 模型参数化。通过参数化设计，使模型能够通过简单的参数调整以适用于不同的应用场景。

② 配置管理工具。提供配置管理工具，允许用户根据实际需求选择和调整模型参数。

（5）模型适配和优化

① 自动适配。开发算法和工具，实现模型的自动适配，减少手动调整的需求。

② 优化算法。结合优化算法，对模型进行调整和优化，以满足特定的性能指标或设计要求。

（6）云平台和服务化

① 云服务。将模型部署为云服务，支持远程访问和计算，提高模型的可用性。

② 模型即服务（Model as a Service，MaaS）。实现模型即服务，允许用户通过网络调用模型进行仿真和分析，无须关心模型的物理部署。

（7）人工智能辅助

① 机器学习。利用机器学习算法自动识别和推荐可复用的模型或模型组件。

② 知识图谱。构建工业领域的知识图谱，映射模型之间的关系和依赖，以辅助模型的选择和复用。

通过这些技术，工业机理模型可以被有效地复用和集成到新的系统和应用中，加快了产品开发周期，降低了生产成本，提高了生产和研发的灵活性和效率。随着工业自动化和信息技术的发展，模型复用技术的应用将越来越广泛，将成为工业 5.0 和智能制造领域的关键技术之一。

实践篇

第七章 卡奥斯 COSMOPlat 大规模个性化定制工业互联网平台

7.1 卡奥斯 COSMOPlat 大规模个性化定制工业互联网平台概况

海尔集团创立于 1984 年，是全球领先的美好生活和数字化转型解决方案服务商，致力于“以无界生态共创无限可能”，即与用户共创美好生活的无限可能，与生态伙伴共创产业发展的无限可能。

海尔作为实体经济的代表，持续聚焦实业，始终以用户为中心，坚持原创科技，布局智慧住居、大健康和产业互联网三大板块，在全球设立了十大研发中心、71 个研究院、35 个工业园、143 个制造中心和 23 万个销售网络，连续 6 年作为全球唯一物联网生态品牌蝉联“凯度 BrandZ 最具价值全球品牌 100 强”，连续 8 年入选“谷歌&凯度 BrandZ 中国全球化品牌”十强，连续 15 年稳居“欧睿国际全球大型家电品牌零售量”第一名，连续 20 年入选世界品牌实验室“世界品牌 500 强”。

海尔集团旗下有 6 家上市公司，子公司海尔智家位列《财富》世界 500 强和《财富》全球最受赞赏公司。海尔集团拥有海尔、卡萨帝、Leader、GE Appliances、Fisher & Paykel、AQUA、Candy 等全球化高端品牌和全球首个智慧家庭场景品牌三翼鸟，构建了全球领先的大健康产业生态盈康一生。此外，海尔集团基于自身近 40 年的制造经验与数字化转型实践，探索出一套独特的大规模个性化定制系统架构，并推出了全球首家用户全流程参与体验的卡奥斯 COSMOPlat 工业互联网平台。该平台根植于以用户为中心的大规模个性化定制模式，构建了跨行业、跨领域、跨区域的立体化赋能新范式，能够为多个行业提供大规模个性化定制转型解决方案，目前已在家电、服装、汽车等多个行业大规模应用，助力了企业数字化转型。

卡奥斯 COSMOPlat 是国内首个以大规模个性化定制为核心、引入用户全流程参与体验的工业互联网平台，该平台估值超 164 亿元，品牌价值达 1027.77 亿元，成为行业首个突破千亿的品牌；连续五年位居国家级“双跨”平台首位；在 ISO、IEEE、IEC、UL 四大国际标准组织，牵头制定了首个工业互联网系统功能架构国际标准，填补了国际空白。目前卡奥斯 COSMOPlat 赋能海尔智家入选国家首批“数字领航”企业，并打造了 11 座世界“灯塔工厂”，孕育了化工、模具、能源等 15 个行业生态，并在全球 20 多个国家推广复制，助力全球企业数字化转型。

卡奥斯 COSMOPlat 平台具备“全流程”“全周期”“全生态”三大特性，用户可以参与产品的系统设计、详细设计、测试、改进、制造、物流和迭代升级等全部流程，从而构建出用户、企业、产品三位一体的有机全生态平台。海尔家电行业大规模个性化定制实践如图 7.1 所示。

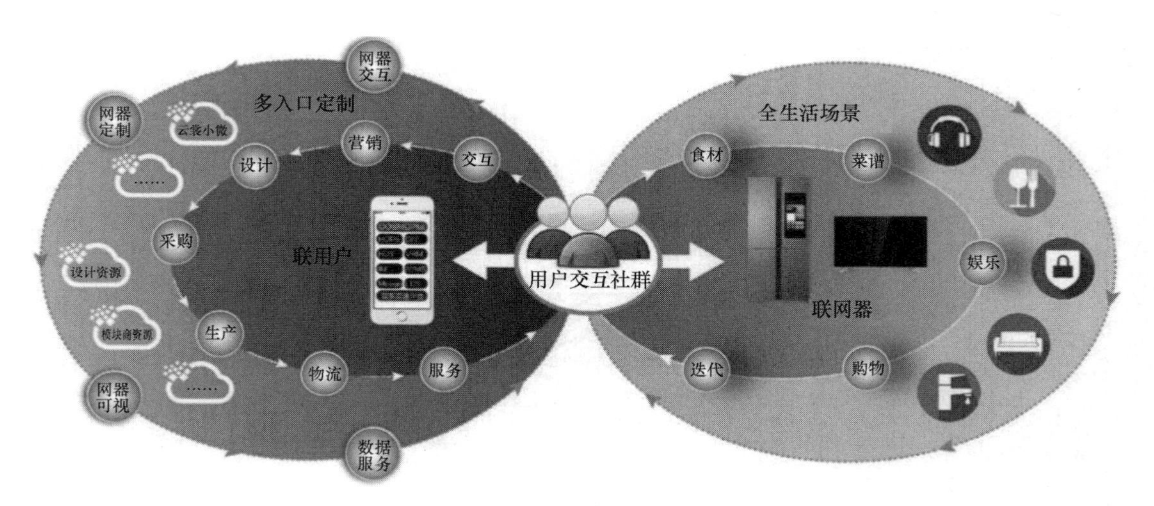

图7.1　海尔家电行业大规模个性化定制实践

卡奥斯 COSMOPlat 大规模个性化定制代表着广义的智能制造，通过社群交互的方式将用户碎片化、多样化、个性化需求整合，转换成家电产品的设计方案，设计师与用户实时交互，并通过虚拟仿真不断修改设计方案，形成符合用户需求的产品。用户参与智能制造全过程（质量信息可视、过程透明）并驱动各有关方进行升级，实现企业、用户、产品的实时连接，通过场景定制体验创造用户价值，不断迭代用户需求，实现智慧生活的生态，同时将普通用户变为企业的终身用户。

7.2　卡奥斯 COSMOPlat 大规模个性化定制工业互联网平台架构

大规模个性化定制工业互联网平台架构如图 7.2 所示，通过最佳商业实践即服务（Business & best-practices as a Service，BaaS）数字工业操作系统、BaaS 工业大脑及大规模个性化定制套件，卡奥斯 COSMOPlat 构建起 ONE-COSMO“三驾马车”平台架构。这一架构实现了工业全要素从物联到智联的突破，以及数据要素从“散”到“融”到“智”的突破，为企业从大规模生产到大规模个性化定制模式转型提供全方位支持。

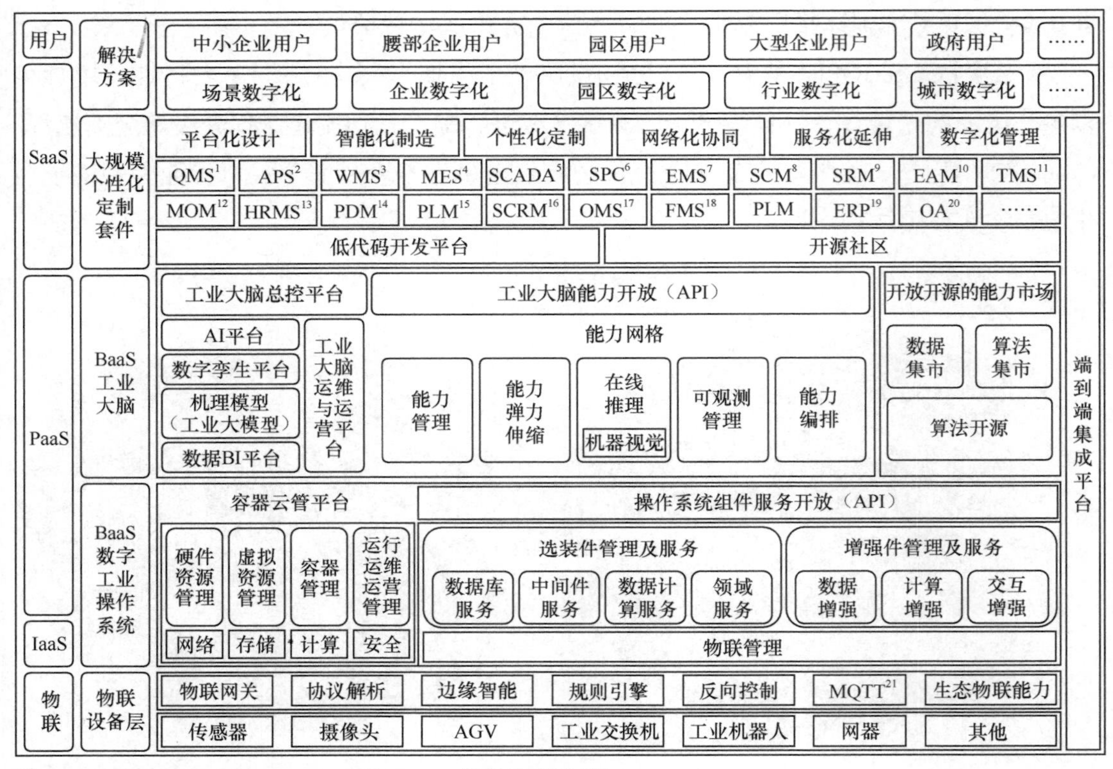

注：1.QMS（Quality Management System，质量管理系统）。
2.APS（Advanced Planning and Scheduling System，高级规划与调度系统）。
3.WMS（Manufacturing Execution System，仓库管理系统）。
4.MES（Manufacturing Execution System，制造执行系统）。
5.SCADA（Supervisory Control And Data Acquisition，数据采集与监视控制）。
6.SPC（Statistical Process Control，统计过程控制）。
7.EMS（Emergency Management System，应急管理系统）。
8.SCM（Supply Chain Management System，供应链管理系统）。
9.SRM（Supplier Relationship Management system，供应商关系管理系统）。
10.EAM（Enterprise Asset Management System，企业资产管理系统）。
11.TMS（Transportation Management System，运输管理系统）。
12.MOM（Manufacturing Operation Management，制造运营管理）。
13.HRMS（Human Resource Management System，人力资源管理系统）。
14.PDM（Product Data Management，产品数据管理）。
15.PLM（Product Lifecycle Management，产品生命周期管理）。
16.SCRM（Social Customer Relationship Management，社会化客户关系管理）。
17.OMS（Operations Management System，运营管理系统）。
18.FMS（Flexible Manufacturing System，柔性制造系统）。
19.ERP（Enterprise Resource Planning，企业资源计划）。
20.OA（Office Automation，办公室自动化）。
21.MQTT（Message Queuing Telemetry Transport，消息队列遥测传输）。

图7.2 大规模个性化定制工业互联网平台架构

大规模个性化定制系统架构如下。

（1）物联设备层

通过物联网关、协议解析、边缘智能、规则引擎等支持各类传感器、摄像头、

AGV、工业机器人、工业交换机等百万级先进设备连接，兼容 450 多种协议，支持多源异构工业组件群、海量数据融合及第三方开发者的泛在接入，能够集成处理产品全生命周期的多源异构数据。此外，物联设备层还设计了反向控制功能，将虚拟世界的信号和操作反馈到真实的生产现场，优化生产设备的参数和逻辑，实现产线最优配置。

（2）BaaS 数字工业操作系统

BaaS 数字工业操作系统包含容器云管平台和操作系统组件服务开放 API，能够支持多种方式全面连接工业设备及企业数据源，打通工业互联网“最后一公里”。建设面向工业的现代化物联栈，通过嵌入式实时操作系统与数据主线技术全面连接超过 53 种的工业设备及企业数据源，能够满足工业设备全量接入、云边协同、数据实时采集等工业企业用户需求，使用户享有性能不断增强、可靠、安全的操作系统。

（3）BaaS 工业大脑

BaaS 工业大脑由工业大脑总控平台、工业大脑能力开放 API 和开放开源的能力市场 3 个部分组成，目前已经沉淀了超过 5000 个工业机理模型与算法，广泛应用于工业设计、研发、机理仿真与数字孪生，具备高度的可迁移性和可复制性。在生产过程中，平台上的应用可以任意调用 BaaS 工业大脑能力网格的能力，同时支持训练和推理，为用户提供“一站式”AI 开发能力，助力工业生产自感知、自学习、自决策、自适应、自诊断。

（4）大规模个性化定制套件

大规模个性化定制套件具备平台化设计、智能化制造、个性化定制、网络化协同、服务化延伸和数字化管理 6 种能力，已经开发了 25 个云端套件、10 个边 + 端套件，构筑了以用户为中心的智能产品、智能生产、智能服务等系统。与单一化系统或软件不同，该套件具备独特性，能够提供类似乐高的工业服务，所有的产品可以像积木一样被拆解并根据企业需求重新组合，形成适合不同场景的解决方案，极大地提升开发、应用效率。

（5）解决方案

面向中小企业、腰部企业、园区、大型企业、政府等用户，根据用户需求，提供覆盖交互定制、开放设计、精准营销、模块采购、智能生产、智慧物流、智慧服务等全业务流程的大规模个性化定制解决方案。目前已经广泛应用于全球 20 多个国家和地区，以及家电、服装、汽车等 15 个行业。

7.3　卡奥斯 COSMOPlat 大规模个性化定制套件

海尔集团创新性地将自身工厂实践经验模式转化为大规模个性化定制套件，将交互定制、开放设计、精准营销、模块采购、智能生产、智慧物流、智慧服务七大类业务进行数字化迭代，软化为可以复制的 SaaS 软件应用，这种方法有效解决了传统制造业升级过程中面临的路径、技术和成本等方面的难题。依托卡奥斯 COSMOPlat 平台，海尔能够为不同企业提供端到端的大规模个性化定制解决方案。

大规模个性化定制套件全景如图 7.3 所示，在业务流程上，通过工业大脑和工业操作系统提供软件产品连接与数据汇聚能力，一方面通过交互定制和智慧服务节点与用户连接，另一方面通过物联设备层与制造企业仪器仪表、工业设备、工控系统、上位机等连接，经过协议转换功能统一以 MQTT 协议将数据上传到云端，供交互定制、开放设计、精准营销、模块采购、智能生产、智慧物流、智慧服务七大类业务流程调用。

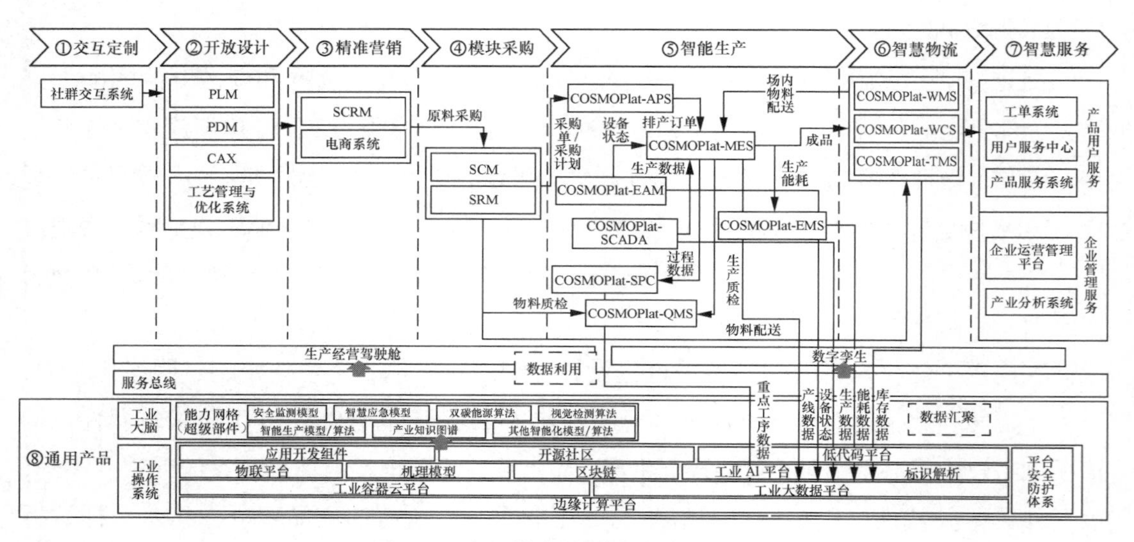

图7.3　大规模个性化定制套件全景

7.3.1　代表性业务支撑系统

目前，大规模个性化定制套件集成了 24 项业务支撑系统，例如 MES、SCADA 系统、WMS、ERP 系统、SCRM 系统、PLM 系统、计算机辅助（Computer-Aided eXperience，CAX）系统、SCM 系统、SRM 系统、APS、EAM 系统、SPC 系统、QMS、EMS、仓库控制系统（Warehouse Control System，WCS）和 TMS 等，实现了全流程、各节点、各系统的横向集成、用户全流程参与，完成了协同设计与协同制造，以下介绍 6 项主要的业务支撑系统。

1. MES

MES 是一套用于管理和监控制造过程的计算机系统，通常与 ERP 系统和自动化设备集成，以实现企业生产线的全面管理。通过收集、分析和处理实时数据，提供对制造过程的全面可视化和可控性，从而帮助企业进行生产计划、作业调度、质量控制、库存管理和性能指标监测等工作，提高生产效率、质量控制和资源利用率。MES 的主要功能如下。

① 生产计划与调度。根据订单和资源情况生成生产计划，并将其分解为任务和作业单，根据实时情况进行作业调度，优化资源利用率，避免生产延误。

② 资源管理。跟踪设备状态，进行计划维护和维修，确保设备正常运行；管理人力资源，包括人员排班、技能管理和培训等。

③ 实时数据采集与分析。通过与自动化设备和传感器集成，实时采集生产数据，例如生产速度、质量指标和能源消耗等，并生成分析报告和图表，帮助企业了解生产状况和趋势，进而及时做出决策。

④ 质量控制。监控生产过程中的质量指标，并与质量管理系统集成，检测和处理产品质量异常；跟踪产品的质量数据和溯源信息，确保产品符合质量标准和法规要求。

⑤ 库存管理。跟踪原材料和成品的库存情况，并提供库存预警和补充建议，帮助企业优化库存水平，减少库存积压和缺货风险。

⑥ 性能指标监测。监控和报告关键性能指标，例如生产效率、设备利用率和能源消耗等，帮助企业评估生产绩效，发现潜在问题，并制定改进措施。

2. SCADA 系统

SCADA 系统是一套用于监视和控制工业过程的系统，可以帮助企业实现远程监视、智能控制和数据分析，提高工业生产的效率和安全性，通常由以下 4 个部分组成。

① 远程终端单元（Remote Termiral Unit，RTU）或可编程逻辑控制器（Programmable Logic Controller，PLC）。它们被安装在工业现场，负责收集传感器数据、执行控制命令。RTU 通常与传感器、执行器等现场设备相连，而 PLC 主要用于自动化控制。

② 通信设备。用于传输数据，包括无线通信、有线通信等方式，确保远程监视和控制功能。

③ 人机界面（Human Machine Interface，HMI）。系统的用户界面通常以图形化界面展示监控数据、报警信息，并提供参数设定功能。

④ 上位机。负责数据采集、处理、存储和分析，也对下位机进行控制。

SCADA 系统的主要功能如下。

① 数据采集和监视。通过连接各种传感器和仪器，实时采集数据并在操作界面上显示，帮助操作人员了解工业过程的状态。

② 远程控制。操作人员远程控制现场设备，例如开关、阀门、泵等。

③ 报警管理。监测工业过程中的异常情况，并发出报警信息，以便及时采取措

施避免事故的发生。

④ 数据存储和分析。将历史数据进行存储和分析，为运营和维护人员提供数据支持，以便其更好地了解工业过程中的运行情况。

3. WMS

WMS 是一套用于管理和控制仓库操作的软件系统，提供了对仓库内货物、货架、库存和物流流程的全面管理和监控，帮助企业实现高效的物料管理和仓储操作，提升物流运作效率，并最大程度地降低存储和配送成本。WMS 的主要功能如下。

① 库存管理。跟踪和更新库存信息，实现准确的库存控制；追踪产品的数量、位置、批次、有效期和其他属性；实时监控库存水平，并能够自动报警或触发补货流程。

② 入库管理。接收和验收原材料、组织入库区域、生成入库单据和标签等；通过使用条码或 RFID 技术，实现快速而准确的入库操作，并正确地分配库位。

③ 出库管理。支持出库任务的规划和执行，根据订单需求和库存情况，智能化地指导操作员在仓库中收集所需商品，并生成出库清单和装载计划。

④ 货位管理。维护和管理仓库中的货位信息，优化货位分配和布局，提高仓库空间的利用率，并确保货物存放合理和易于查找。

⑤ 任务调度与优化。智能规划和调度仓库内的各项任务，例如入库、出库、库内移动等。

⑥ 质量管理。帮助企业实施质量控制和质量追溯，记录和跟踪产品质量信息，包括检验结果、质量证明和过期日期等。

⑦ 报告和分析。提供多种报告和分析功能，用于监控仓库绩效和运营指标。

4. ERP 系统

ERP 系统是一套为企业决策层及员工提供决策运行手段的管理集成软件。ERP 系统的主要功能如下。

① 综合性解决方案。涵盖企业各个部门和业务领域，包括财务、人力资源、供应链管理、销售和市场营销等，通过集成不同部门的功能和数据，实现信息共享和工作协同。

② 数据集中管理。集中管理企业所有数据，包括交易记录、用户信息、供应商数据、库存状态等。

③ 流程自动化和标准化。自动化订单处理、库存管理、财务报告等重复性工作，减少人工错误和时间消耗；使企业流程标准化，提高工作效率和准确性。

④ 供应链管理。有效管理供应链，包括原材料采购、生产计划、物流配送等，及时掌握供应链信息，更好地调整生产和库存，满足市场需求。

⑤ 财务管理。进行会计核算、预算控制、成本管理、资产管理等，帮助企业进

行财务分析和报告，确保财务数据的准确性和合规性。

⑥ 人力资源管理。集成人力资源管理模块，包括员工信息管理、薪资和福利管理、绩效评估等，能够更好地帮助企业进行人力资源管理，提高员工工作效率。

⑦ 报表和分析。生成实时的数据分析和可视化报表，帮助管理层及时调整业务策略。

5. SCRM 系统

SCRM 系统是一套整合了社交媒体和传统用户关系管理系统的软件，能够帮助企业与用户进行更紧密的个性化互动，建立更深入的用户关系。SCRM 系统的主要功能如下。

① 社交媒体监测。实时监测和跟踪社交媒体平台上与企业相关的消息、评论，帮助企业及时发现和回应用户的问题、意见和需求。

② 用户数据整合。整合来自不同渠道和不同来源的用户数据，包括社交媒体资料、历史购买记录、服务请求等，帮助企业更好地了解用户的兴趣、偏好和行为，为用户提供更有个性的产品和服务。

③ 社交媒体分析。对社交媒体数据进行分析和挖掘，获取有价值的洞察和趋势，帮助企业了解市场动态和用户反馈，进而做出相应决策。

④ 社交媒体参与。允许企业在社交媒体平台上与用户进行实时互动和回复，建立积极的用户关系，增加用户满意度和忠诚度。

⑤ 社交媒体营销。帮助企业在社交媒体上进行精准的营销活动，为用户制定个性化的营销策略和推广活动，提高市场响应和销售转化率。

⑥ 用户反馈管理。帮助企业收集、分析和管理用户的反馈信息，改进产品和服务质量。

6. PLM 系统

PLM 系统用于全面管理、优化产品从概念设计到退役的整个生命周期，涵盖产品规划、设计、制造、销售、服务和退役等各个阶段，旨在通过整合跨部门的数据、流程和人员协作，实现产品开发、生产和运营的高效性与创新性，保证产品质量。PLM 系统的主要功能如下。

① PDM。统一管理产品的各类数据，包括 3D 模型、设计图纸、零部件信息、材料清单、工艺指导书等，确保团队成员能够在不同阶段、不同地点对最新的产品数据进行访问和使用。

② 协同设计与协作。让设计团队、工程师、制造商和供应商等实现实时的信息共享和协同工作。

③ 产品生命周期过程管理。管理产品的开发、生产流程，管理工作流程和任务分配，确保相关活动按计划和标准进行，提高各个环节的协调性和效率，降低产品开

发周期和成本。

④ 配置管理。管理产品的各种配置项和变更，包括不同版本、衍生品、用户定制产品等，以便更好地控制产品多样化、复杂性，保证产品的一致性和质量。

⑤ 供应链集成。与供应链管理系统和企业资源计划系统集成，实现对供应商、合作伙伴和外部合作单位的协同管理。

⑥ 产品维护与服务。帮助企业及时响应用户需求，提供更好的售后服务，收集用户反馈并应用于产品改进。

7. CAX 系统

CAX 系统是计算机辅助工程（Computer-Aided Engineering，CAE）、计算机辅助设计（Computer-Aided Design，CAD）和计算机辅助制造（Computer-Aided Manufacturing，CAM）系统的统称，能够帮助企业实现从产品设计到制造的全过程数字化，提高产品开发和制造的效率，降低成本，提升产品质量。

① CAD 系统。用于在计算机上辅助进行产品设计和绘图，可以通过数字化手段创建、修改和优化产品设计。

② CAE 系统。用于在计算机上辅助进行工程分析和仿真，包括结构分析、流体力学分析、热力学分析等，可以帮助工程师在设计阶段评估、优化产品性能。

③ CAM 系统。用于在计算机上辅助进行数控加工和制造过程规划，可以将 CAD 模型转化为数控加工程序，实现自动化生产。

8. SCM 系统

SCM 系统是一套用于优化企业内外供应链各个环节的管理系统，旨在通过整合和协调供应链中的各个环节，包括原材料采购、生产制造、物流运输、仓储管理、销售配送等，实现高效的物流运作，降低成本，提高服务质量和响应速度。SCM 系统的主要功能如下。

① 计划与协调。通过需求规划、产能规划和库存规划等功能，协调供应链各个环节的生产和库存，最大程度地减少库存和降低生产成本。

② 采购与供应商管理。管理与供应商的合作关系，包括采购订单管理、供应商绩效评估、供应商协同等，确保原材料和零部件的及时供应和质量可控。

③ 生产与运营管理。优化生产计划与生产排程、生产执行、质量管理、设备维护等功能，以提高生产效率和产品质量。

④ 仓储与物流管理。管理仓储操作、配送计划、运输管理等，优化物流网络，降低库存和运输成本，提高交货准时率。

⑤ 销售与分销管理。管理订单处理、配送安排、用户关系等功能，确保产品按时交付给用户，提高用户满意度。

9. SRM 系统

SRM 系统是一套优化和管理企业与供应商之间关系的信息化系统，帮助企业建立稳固、互惠、长期的供应链合作关系，以确保供应链的稳定性、可靠性和灵活性。SRM 系统的主要功能如下。

① 供应商信息管理。允许企业维护和管理供应商的基本信息，包括供应商资质、产品范围、联系方式、历史交易记录等。

② 供应商评估。对供应商进行全面的绩效评估，包括交付准时率、产品质量、服务水平等指标。

③ 合同管理。管理供应商合同，包括合同起草、签订、履行情况跟踪、变更管理等，确保合同履行的合规性和及时性。

④ 采购协作。与供应商进行需求沟通、订单确认、交付安排等，确保供应链的顺畅运作。

⑤ 风险管理。评估和管理供应商的各种风险，包括财务风险、地理位置风险、市场风险等因素，有效降低供应链中的潜在风险。

⑥ 绩效管理。监控和评估供应商整体绩效，及时调整合作关系，并不断改进供应链运作。

10. APS

APS 是一套在制造业领域应用广泛的软件系统，通过先进的算法和优化技术，帮助企业有效地进行生产规划和排程，以提高生产效率、降低成本。APS 的主要功能如下。

① 生产规划优化。综合考虑订单需求、库存水平、生产能力等因素，利用先进的规划算法生成最优的生产计划，通过合理安排生产任务的时间和顺序，最大程度地利用生产资源，提高生产效率和交货准时率。

② 需求管理。跟踪和分析用户需求。

11. EAM 系统

EAM 系统是一套用于跟踪、管理和优化企业内部资产的软件系统，能够帮助企业有效地管理各种类型的资产，包括设备、机器、车辆、设施、IT 资产等。EAM 系统的主要功能如下。

① 资产追踪和管理。记录和跟踪企业所有的资产信息，包括资产的位置、状态、维护记录、保修信息等。

② 预防性维护。根据资产的使用情况和历史数据，制订和执行预防性维护计划，减少资产故障和停机时间。

③ 维修和保养管理。跟踪资产的维修和保养活动，包括报修、任务分派、工单管理等，帮助企业有效地安排和调度维修人员，及时处理故障。

④ 资产寿命周期管理。跟踪资产从采购到退役的整个生命周期。

⑤ 供应链集成。与企业的供应链系统集成，实现资产和物料的无缝衔接，更好地控制和管理资产的采购、入库、使用和报废流程。

⑥ 数据分析和报告。收集和分析大量的资产数据，并生成相关报告和指标，帮助企业进行绩效评估、预测和决策。

12. SPC 系统

SPC 系统是一种用于监控和改进生产过程质量的管理软件，通过对生产过程中的关键参数进行监控和分析，帮助企业实时了解生产过程的稳定性和一致性，及时发现问题并采取措施加以调整，降低次品率。SPC 系统的主要功能如下。

① 数据收集与分析。实时收集生产过程中的关键数据，并通过统计分析方法对数据进行处理，以判断生产过程的稳定性和产品的品质水平。

② 控制图和指标监控。利用控制图等工具，直观地展示生产过程中关键参数的变化趋势，帮助工人判断产品是否符合预期的质量要求。

③ 异常报警和处理。设定各项指标的上下限，一旦出现异常情况，及时报警并提示相关人员进行处理。

④ 质量改进与优化。通过数据分析帮助企业发现生产过程中的潜在问题，并提出改进建议。

⑤ 过程稳定性评估。通过长期的数据积累和分析，评估生产过程的稳定性和一致性，为持续改进提供依据。

13. QMS

QMS 是一套旨在规范和管理企业内部质量相关活动的软件系统，涉及质量政策、流程、程序，以及资源的管理，目标是确保产品或服务符合用户和法律法规的要求。QMS 的主要功能如下。

① 质量政策和目标。明确企业的质量政策和目标，保证其与企业的战略方向和用户需求相一致。

② 流程和程序。通过规范化的流程和程序确保产品或服务的质量和一致性。

③ 质量手册和文件控制。利用质量手册和文件控制程序记录与管理相关的质量文件。

④ 监测和测量。监测和测量质量绩效，确保产品或服务的质量达到预期标准，并为持续改进提供数据支持。

⑤ 持续改进。通过内部审核、管理评审、用户反馈等方式，不断提升质量管理水平。

14. EMS

EMS 是一套用于应对各类紧急情况和灾难事件的综合性管理系统，旨在帮助企业有效地预防、准备、响应和恢复各类紧急事件。EMS 的主要功能如下。

① 风险评估和预警。对潜在的灾害和紧急事件进行风险评估，并提供预警功能，及时发布预警信息。

② 资源调度和协调。对救援和支援资源进行有效调度和协调，确保在紧急情况下资源的合理分配和利用。

③ 应急响应管理。支持应急响应计划的制定和执行，包括指挥调度、现场指挥和资源管理等。

④ 信息共享和通信。提供信息共享平台和通信工具，促进各相关部门和机构之间的信息共享和协同行动。

⑤ 灾后恢复和重建。损失评估、重建规划和资源配置等。

15. WCS

WCS 是一套用于管理和控制自动化仓库设备和流程的软件系统，可以与自动化设备（例如输送机、堆垛机、拣选机器人等）进行集成，以实现对仓库操作的实时监控和优化。WCS 的主要功能如下。

① 控制和协调自动化设备。根据订单需求控制输送机的运行，指挥堆垛机完成货物的存储和取货任务，以及协调拣选机器人的工作。

② 任务分配和调度。根据订单需求和库存情况，对仓库设备的任务进行合理分配和调度，最大程度地提高仓库的吞吐效率。

③ 数据管理和监控。通过实时监控设备状态、库存情况和订单信息，可以帮助仓库管理人员及时做出决策，并提供相关分析报告。

16. TMS

TMS 是一套用于规划、执行和优化货物运输过程的软件系统，能够帮助企业有效地管理货物的运输。TMS 的主要功能如下。

① 订单管理。处理订单信息，包括订单的接收、整合和分配。

② 运输规划。根据订单需求和运输资源，制定最佳的运输方案和路线规划。

③ 货物跟踪。实时监控货物在运输过程中的位置和状态，提供货物跟踪功能。

④ 运输成本管理。对运输成本进行分析和管理，帮助企业降低运输成本并优化运输效率。

⑤ 执行运输。执行运输计划，与承运商进行沟通，协调货物的装载、运输和交付过程。

7.3.2　大规模个性化定制业务运营流程

（1）交互定制

利用社群交互系统收集用户需求，整合全球研发网络资源形成需求方案，将用户不确定的“小需求”变成确定的大数据，帮助用户实现创意到产品的转化。

（2）开放设计

利用产品全生命周期管理系统进行协同设计，实现数据共享，利用CAX系统执行设计，在工艺管理与优化系统进行资源交互，支撑设计师与用户实时交互。同时，利用虚拟仿真技术不断修改产品设计，形成符合用户需求的产品。用户信息和订单需求通过前端定制体验平台等直达工厂。

（3）精准营销

通过社会化客户关系管理系统进行会员管理，结合电商系统进行用户交互，实现产品的预约预售，解决产品生产出来卖不出去的问题。同时，通过大数据研究形成用户画像和标签管理，实现千人千面的精准营销。最后，将用户画像升级为用户场景定制，创造用户体验价值，提高用户满意度和忠诚度。

（4）模块采购

通过供应链管理系统协同供应链，在供应商关系管理系统进行采购管理，实现供应链高效运作。以用户为中心，整合全球一流模块商资源，积极参与到用户交互及前端设计中，通过用户评价实现自优化，让用户自主选择最优与最合理的解决方案。

（5）智能生产

基于工厂联全要素、联网器、联全流程，通过高级规划与调度系统处理订单，利用MES、ERP系统、SCADA系统、EMS、SPC系统、QMS等进行生产排程、生产执行、物料管控与柔性制造，实现生产进展及过程透明可视，真正做到以用户订单驱动智能生产。

（6）智慧物流

融合营销网、物流网、服务网、信息网等，通过WMS、WCS、TMS等进行调度、配送、监控，构建智能多级云仓方案、干线集配方案、区域可视化配送方案和领先一千米送装方案等，实现用户订单完成后直达用户，有效提高产品不入库率，降低物流成本。

（7）智慧服务

将事后服务转型为事先服务，通过工单系统、用户服务中心、产品服务系统等为用户提供差异化的产品服务。同时，通过企业运营管理平台、产品分析系统等为企业管理提供决策支持。

第八章 家电行业大规模个性化定制实践

8.1 行业背景

家电行业属于日用消费品传统行业，存在竞争激烈、市场化程度较高等特点。在经历价格、广告与品牌等不同形式的竞争后，空调、冰箱、洗衣机等主要家用电器产品的产业集中度达到70%以上，家电企业的家电产品在性能、技术等方面已经比较成熟。企业之间的竞争逐渐从产品竞争转向服务竞争，家电行业的竞争格局也在发生变化。随着互联网、大数据、云计算等技术的飞速发展，体验经济时代用户的差异化、多样化需求被充分释放，家电行业的“定制”概念也应运而生，“专属性”逐渐成为产品标配，与传统的同质化、大众化家电产品相比，定制的个性化产品更符合用户的独特需求。因此，家电企业尝试由大规模生产向大规模个性化定制生产转型，希望以大规模生产的时间和成本提供满足用户个性化需求的产品。目前，从产品营销、产品设计、需求交互、产品制造、供应链管理等不同角度对大规模个性化定制新模式进行了深入的探讨，并取得了一定的理论成果，但很少聚焦家电行业进行深入研究；在家电行业中，仅有少数头部企业搭建了需求交互平台，完成了生产线的数字化改造，实现了企业级的多系统集成，并进行了多品种、小批量的家电产品的定制化生产实践，但是对大多数中小型家电企业来说，尚不具备生产定制产品的能力和条件。

8.2 痛点与挑战

家电行业大规模个性化定制需要解决长期困扰制造业的“两难”问题：既要使产品满足用户多样化、个性化的需求，又要使生产成本和交付时间与大规模生产模式相近。为实现这一目标，家电行业面临着数字化水平较低、信息化基础设施薄弱、生产线柔性能力不足等挑战。

（1）数字化水平较低

大多数家电企业的数字化水平还不够高，数字化转型的进程滞后，还停留在传统的生产管理模式和技术应用水平，缺乏数字技术的应用和创新，多品种、小批量产品的生产效率低，难以满足消费者的多样化需求。

（2）信息化基础设施薄弱

大多数家电企业的信息化基础设施薄弱，缺乏先进的信息技术设备和软件系统，无法实现企业信息化全面覆盖和集成化管理。大量的重要数据仍存储于各自独立的报表和纸质文件中，各个部门往往采用独立的系统进行业务管理，这些系统之间的数据尚未实现有效整合，不同系统间存在数据调用权限的限制，导出的数据具有多源异构属性。“数据孤岛”的存在导致企业运营流程不连贯，降低了运营效率，削弱了企业的数据分析和决策能力。由此，企业需要投入额外的人力和物力来处理和整合数据，增加了运营成本。

（3）生产线柔性能力不足

大多数家电企业的生产线柔性能力不足，导致生产效率和效益不高，具体表现如下。

① 无法随时调整生产计划，难以适应市场需求的变化。

② 不具备小批量生产的能力，只能进行大规模流水线集中生产。

③ 不具备快速转换的能力，当需要从生产一种家电产品转换到生产另一种家电产品时，需要进行大规模的调整和改造，耗费时间和成本。

④ 不具备自主维护的能力，无法自动检测和排除故障，增加了人力成本。

⑤ 不具备人机协同的能力，很难实现生产效率的最大化。

8.3 家电行业大规模个性化定制系统

海尔集团提出了家电行业向大规模个性化定制转型的理念并付诸实践，开发了国际领先的大规模个性化定制卡奥斯 COSMOPlat 工业互联网平台，以用户需求为中心，通过“创意到交付”（Mind To Deliver，MTD）众创机制，以“大规模众创 + 预约预售”的模式，催生出新的产品定义方式和新的产品交付方式。通过全流程深度交互，让用户从消费者和旁观者，成为产品设计和研发的参与者甚至主导者，创造出真正满足用户需求的家电产品，实现“产消合一”。

海尔集团基于卡奥斯 COSMOPlat 建立的家电行业大规模个性化定制系统如图 8.1 所示，该系统提供从线上用户定制到线下柔性化生产的解决方案，覆盖交互定制、开放设计、精准营销、模块采购、智能生产、智慧物流、智慧服务等产品全生命周期业务流程，系统循环迭代升级，各方资源融合形成共创共赢生态圈。

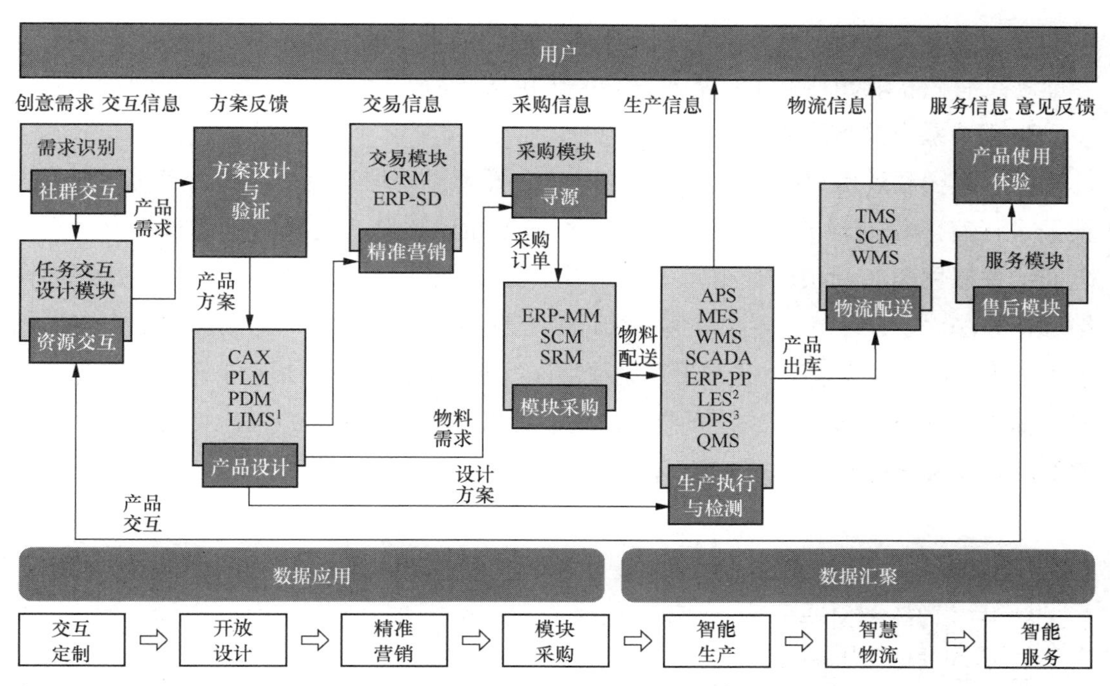

注：1.LIMS（Laboratory Information Management Systems，实验室信息管理系统）。
2.LES（Logistics Execution System，物流执行系统）。
3.DPS（Data Processing System，数据处理系统）。

图8.1　海尔集团基于卡奥斯COSMOPlat建立的家电行业大规模个性化定制系统

8.4　家电行业大规模个性化定制的实施

海尔集团从交互定制、开放设计、精准营销、模块采购、智能生产、智慧物流、智慧服务七大节点进行业务的解耦与重组，实现全流程的定制。增加用户零距离参与大规模个性化定制体验，对定制生产并行流程进行优化重排，形成以用户最佳体验为中心的跨行业、跨领域、全流程、全周期、全生态的企业—用户、企业—资源、资源—用户的“三元价值矩阵”新工业体系，通过平台汇聚各类工业资源，实现设备、软件、工厂、产品、人等海量工业全要素资源的泛在互联互通，生产者与消费者的互动，以及制造与服务的资源弹性供给和高效配置，完成从大规模生产到大规模个性化定制的模式转型。

8.4.1　交互定制

在工业互联网时代，消费者潜在的产品消费意图及对时尚和潮流的需求趋势正在不断变化，家电行业的生产模式由传统的“以产品为中心”转换为“以用户为中心”，企业通过有效获取和理解用户需求，来准确定义产品。

1. 用户需求分析流程

海尔集团通过用户社群平台获取用户评论、意见等用户需求数据，在对用户需求数据进行有序化处理的基础上，构建用户需求知识图谱，建立用户需求与产品设计之间的关联网络，利用图数据库提高对用户需求信息的查询与挖掘能力，基于社会网络分析方法，通过计算点度中心度、亲近中心度和中介中心度，获取用户的热门需求、潜在需求、创新性需求等信息；采用质量功能配置分析方法，将模糊的带有感情色彩的用户需求转化成具体的产品技术特征，快速且低成本地获取用户需求信息。基于大数据的用户需求分析流程如图 8.2 所示。

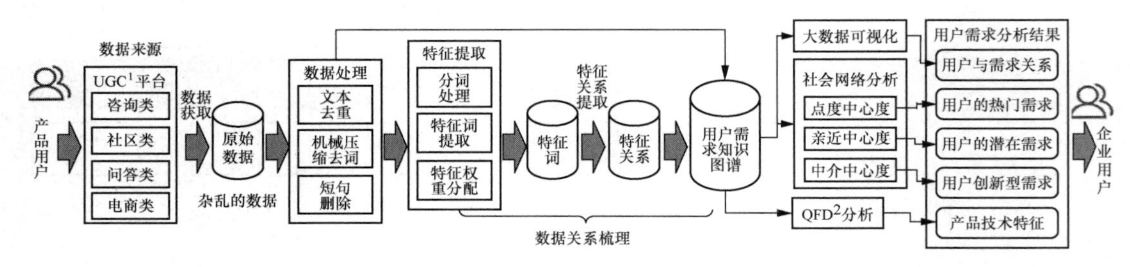

注：1.UGC（User Generated Content，用户生成内容）。
2.QFD（Quality Function Deployment，质量功能展开）。

图8.2　基于大数据的用户需求分析流程

（1）用户需求数据的来源

海尔集团获取用户需求数据的主要渠道包括卡奥斯 COSMOPlat 平台等用户社群平台，三翼鸟 App、智家 App 等终端软件，以及线上商城、线下门店的问题咨询、意见反馈等。由于数据来源广、结构杂乱、无用数据占比高、数据间的相互关系难以确定，采集到的用户需求数据无法直接被利用。

（2）用户需求数据的有序化处理

用户需求数据有序化处理的第一步是数据预处理，主要包括以下内容。

① 文本去重。通过对比去除文本中完全相同的数据，采用编辑距离算法或余弦相似度法，计算文本之间的相似度，设置合理的阈值，保留相近语料中有用的信息。

② 机械压缩去词。由于文本评论数据质量高低不一，其中无用的文本数据很多，经过文本去重后的数据仍然有很多评论需要进一步处理，例如“好好好好好好好好好好好”，这种存在连续重复的语句，大多是用户为得到额外奖励而评论的，并非对产品真正需求的表达，可能会影响对评论情感倾向的判断，因此，需要通过机械压缩去掉连续重复的表达，例如把“不错不错不错”压缩成“不错”。

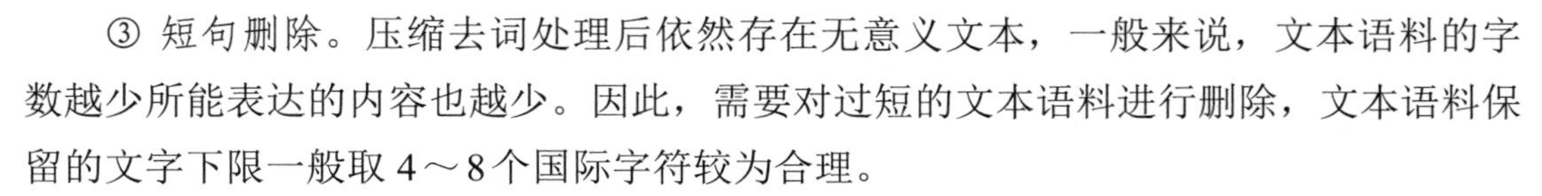

③ 短句删除。压缩去词处理后依然存在无意义文本，一般来说，文本语料的字数越少所能表达的内容也越少。因此，需要对过短的文本语料进行删除，文本语料保留的文字下限一般取4～8个国际字符较为合理。

（3）用户需求特征提取

在对用户数据进行有序处理后，再对用户需求特征进行提取，从文本中得到能表达用户意见和评价的关键特征词。

① 利用Jieba分词工具对文本语料进行分词和词性标注，完成分词处理。

② 选用词频统计方法进行特征词提取，假设文本中提及频率最高的词汇与文本的中心思想相关，在得到所有特征词的词频值后设定阈值区间，对特征进行筛选。

③ 选用词频—反文本频率方法进行特征权重分配，在词频统计基础上进行权重计算，分别计算特征词在文本中出现的频率，以及包含特征词的文档在总文本中出现的频率。

（4）用户需求特征关系提取

两个词语共同出现在同一个文本（一个自然段、一句话等）中的频率越高，表示这两个词之间的关联越紧密。基于这一核心思想，利用词共现模型进行用户特征关系提取，深度挖掘热点主题和发展趋势。通过节点的共现度计算，对特征词之间的共现频次进行标准化处理，并将高共现度的特征词连接起来，绘制词共现图。

（5）基于知识图谱的用户需求分析

知识图谱是一种可视化的知识、信息和数据的表示方法，拥有对海量、动态的数据进行有效组织和良好表达的能力。面对互联网时代爆发式增长的用户需求数据，知识图谱可以对数据中的知识进行管理、表达和应用，更全面地了解产品和用户之间的关联关系，支持制定产品的创新设计策略。知识图谱存储的是实体与实体之间的关系，是一个具有有向图结构的知识库。

图数据库将图形抽象为点、边、标签、属性等基本元素，并存储在特定的拓扑数据结构中。图数据库的每个实体对象都表示一个节点，节点具有多个属性。节点之间的关系表示为边。Neo4j是使用最多的图数据库系统，可扩展性强，且具有高的可靠性。在Neo4j图数据库中，家电品牌与各种不同类型的家电产品相关联，各种家电产品拥有不同的主题，每个主题关联各讨论帖且包含不同的用户需求，每项用户需求由不同用户提出，每条讨论帖拥有各自的属性链接，每个用户拥有各自的属性编号及昵称，从而形成图数据库的知识图谱数据模型。图数据库的知识图谱数据模型如图8.3所示。

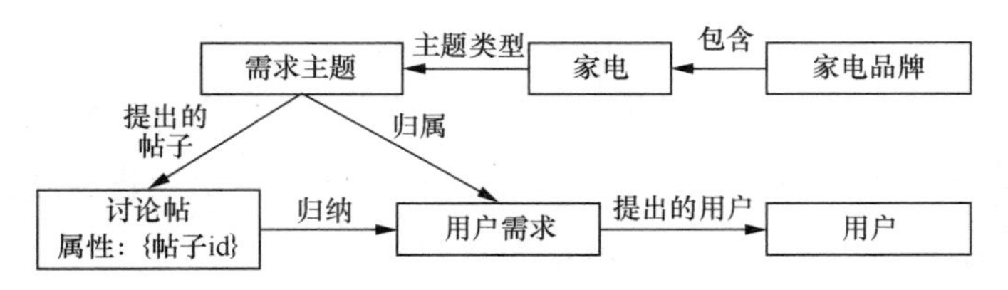

图8.3　图数据库的知识图谱数据模型

① 基于知识图谱的用户需求重要度排序。通过 Neo4j 图数据库的局部查询功能，可查询用户和需求的关系。提出多种需求的同一用户被称为领先用户，在用户和企业互动创新中发挥引领作用，其强烈需求在不远的将来会成为市场的普遍需求，应给予关注。根据用户的属性信息，构建相关的用户画像，帮助企业了解不同类型的用户，以满足用户的个性化需求。海尔基于 HOPE 创新生态平台采集到的数据建立了知识图谱，通过分析发现，在冰箱用户的需求中，排在前 6 位的是“冰箱节能、用电量少、能耗低”“冰箱造型小巧美观”“冰箱维修方便且价格便宜”“冰箱通过手机便捷操控”“冰箱与小家电互联”和“冰箱通过语音控制”。在分析出用户需求后，企业首先关注用户的基本需求，尽量为用户提供方便，例如“冰箱节能、用电量少、能耗低”的需求，然后通过完善用户的期望需求，提供用户喜爱的服务或产品功能，例如“冰箱维修方便且价格便宜”及“冰箱造型小巧美观”的需求，最后实现用户的更高阶需求，例如“冰箱通过手机便捷操控”及“冰箱与小家电互联”等，建立最忠实的用户群，提高用户忠诚度。“冰箱通过语音控制”需求对用户的满意度影响不大，暂不考虑，以节约成本。

② 基于知识图谱的社会网络分析。知识图谱的本质是网络关系，因此，可以通过社会网络分析法分析用户需求。社会网络分析是用以测定行为者在组织中被接受的程度，发现组织内行为者之间的现存关系，并揭示组织本身的结构特征的工具，其度量指标包括点度中心度、亲近中心度和中介中心度等。通过对 3 个指标的计算，可挖掘用户高关注、高潜在价值及高创新性的需求。

• 点度中心度

在用户需求知识图谱中，每个需求节点与相邻节点连接的边数为该需求节点的点度中心度，如果某个需求节点的点度中心度较高，说明其与别的需求节点直接连接的边数较多，处于中心位置，表明该需求能吸引较多用户的关注，可能是用户的热门需求。

• 亲近中心度

某需求节点与知识图谱中所有其他节点之间的最短距离之和为该节点的亲近中心度，在需求网络中，与其他需求之间的关系越紧密的需求节点，其亲近中心度就越高，表示该节点的“可到达性”（即该节点联通其他节点的能力）越强，成为用户潜在需求的概率越大。

• 中介中心度

节点的中介中心度用于度量两个节点之间占据最短路径的能力，表示节点之间的关联关系，即媒介程度。在用户需求知识图谱中，中介中心度表示两个相邻需求的汇聚程度，从产品开发的角度看，用户需求节点的中介中心度越高，该需求就越能关联两个热门的需求，根据它提出的设计创新可能性就越大，这种需求可能热度不高，但能反映提出该需求的用户具有一定的创新发现能力，该需求在一定程度上可划归创新型需求。

2. 用户需求分析实例

海尔基于海量的家电用户数据及上述分析流程，利用地理位置、入市意向、购买及使用倾向、品牌喜好度、使用偏好、兴趣爱好、人口统计特征等属性对用户数据进行细分，生成 360 度用户画像，形成了 61 亿个用户标签，并建立了用户购买行为模型、活跃度模型、诚信模型等分析模型，对用户需求进行精准预测，以实现跨平台、跨产品、跨社群用户共享，跨平台引流、共享，将潜在用户转化为终身用户。用户数据细分框架示意如图 8.4 所示，海尔用户行为分析示意如图 8.5 所示。

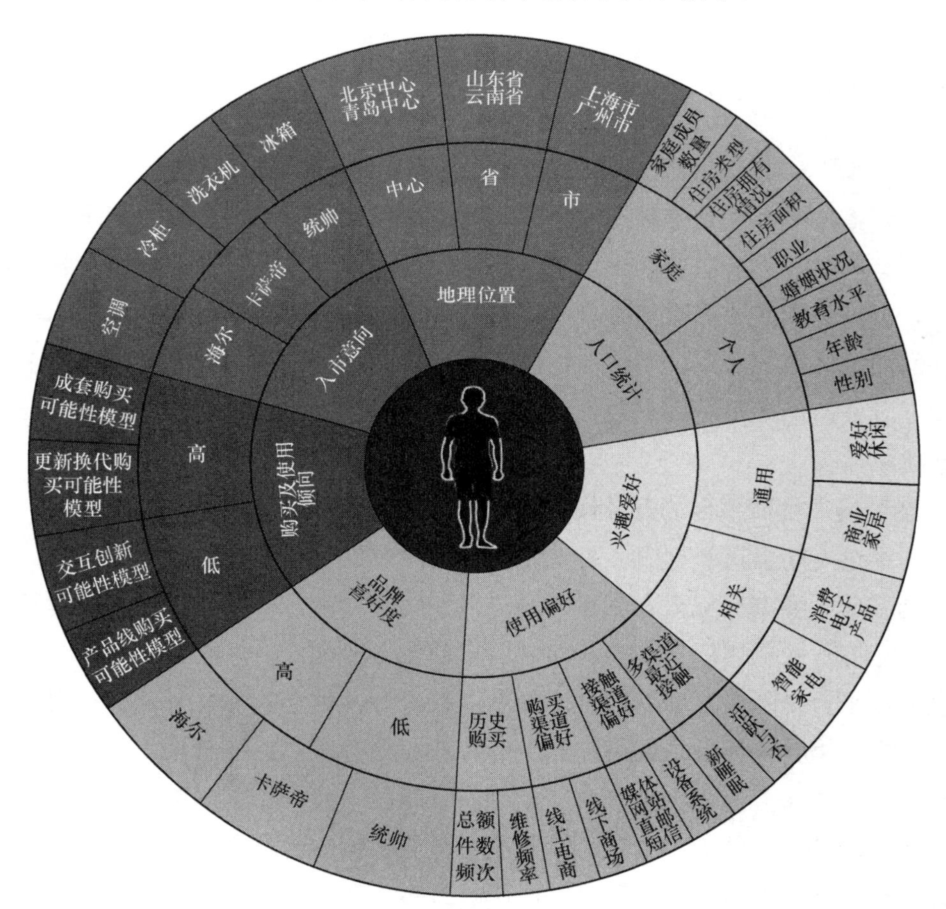

图8.4　用户数据细分框架示意

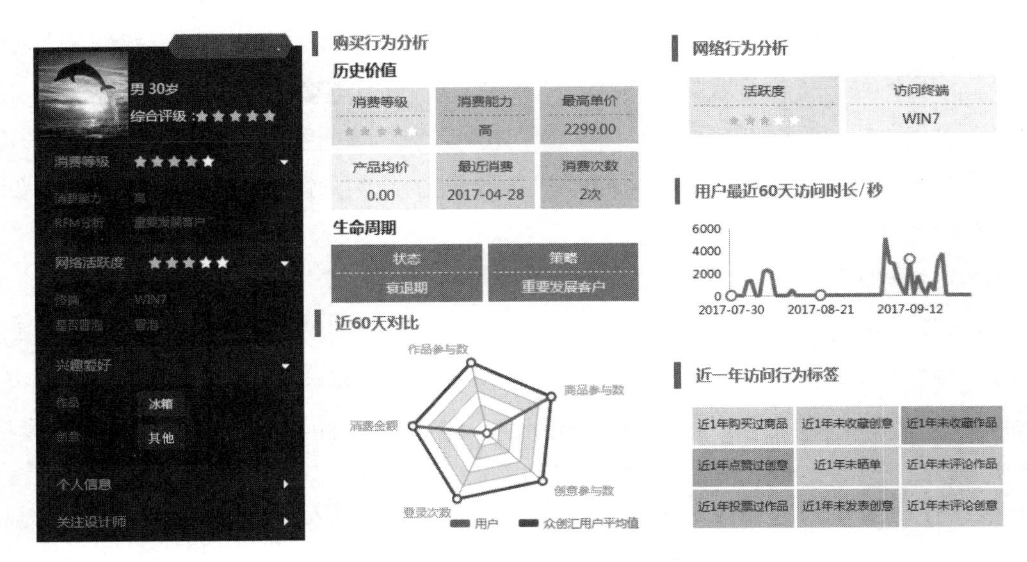

图8.5　海尔用户行为分析示意

8.4.2　开放设计

大规模生产的产品研发是瀑布式的，以企业为中心，具体推出什么产品由企业内部决定，而大规模个性化定制模式下的研发是迭代式的，一切以用户需求为中心，先有用户再有产品。大规模个性化定制需要对产品进行模块化设计，利用各种模块化的零部件，根据不同的用户需求组合成不同的产品。产品是根据订单在标准的模块中进行生产的，组装过程采用定制化，而所需零部件的加工过程仍然以大规模标准化的方式生产，既使产品满足了用户的个性化需求，又确保了生产成本和交付时间与大规模生产接近。

1. 基于用户社群平台的开放设计

海尔经过不断尝试和探索，打造出能够使用户参与设计的线上创新平台，致力于用越来越开放的姿态拥抱大众创意，通过鼓励用户创新，不断整合用户资源和企业资源，推动家电行业从“用户购买”向“用户创造”转变。

众创汇平台是基于互联网的全球创意互动平台，旨在招募世界范围内对设计和生活充满热爱、饱含创新想法的用户和设计行业相关者等，共同打造出以用户需求为核心的产品和相关服务。众创汇平台秉承创新、绿色、合作、共赢的理念，以实现与全球合作伙伴的共享、共赢为目标，希望整合世界范围内包含创意设计和解决方案等资源，打造符合智慧生活模式的智能家居产品方案。

众创汇平台能够让用户参与产品开发与设计的愿景变为现实，用户可以在这个平台上表达自己的要求和想法，包括产品的尺寸、颜色和标志等。众创汇平台给用户提供了 3 种参与定制的方式，分别是模块定制、众创定制、专属定制，在参与定制的过程中，用户可以与设计师、工程师进行面对面交流，与产品进行全程式的交互，从传统生产制造业环境下的普通消费者转变为基于互联网平台的“一站式”参与者。这样的产品开发与设计模式彻底打破了用户对传统制造业的认知，也提高了用户的参与感和价值感。

HOPE 平台通过整合全球资源、智慧及优秀创意，与全球研发机构和个人合作，为平台用户提供前沿科技资讯及创新解决方案。最终实现各相关方的利益最大化，并使平台所有资源提供方及技术需求方互利共享。让用户、创客、风投、技术拥有者或供应商、制造商的需求可以第一时间在平台上发布，并通过大数据进行精准分析与匹配，最终实现多方需求的“一站式”解决。HOPE 平台为企业等技术需求方提供解决方案，为用户提供问题解决与参与产品研发的机会，并为设计师提供接触全球领先技术信息。各方基于不同的市场目标结成利益共同体，优化组合成创新团队，风险共担、利益共享。创新技术、产品面世后，平台还会持续与用户交流反馈，使创新团队得到最新的创新大数据支持，以实现产品的迅速升级。

（1）基于社群交互的母婴产品设计

Mini 宝宝洗衣机的诞生聚集了母婴社群“宝妈们”的智慧。用户通过众创汇平台提出了宝宝干衣机的需求，该需求在母婴社群进行了深度讨论，交互曝光量超过 300 万，用户参与交互次数达到 10 万以上。在对平台数据进行分析后，海尔迅速将用户需求转换为具体的产品技术特征，并通过与用户的持续互动将产品方案迭代 10 余次，开发出八大场景化产品功能，Mini 宝宝洗衣机成功上市。此外，通过与母婴社群用户的深入互联、交互，围绕用户体验持续迭代，设计出了孕婴空调、母乳冷冻柜等全套的母婴家电产品，满足了母婴社群的全场景体验需求。母婴社群家电定制解决方案如图 8.6 所示。

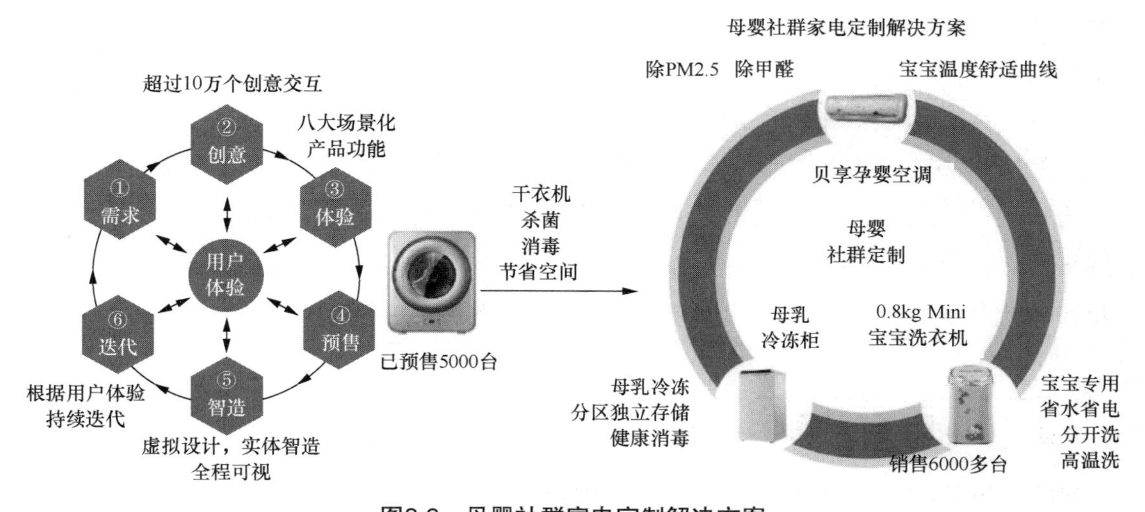

图8.6　母婴社群家电定制解决方案

（2）基于社群交互的冰箱设计

海尔通过分析社群平台用户数据发现，东北地区冰箱市场格外关注一个需求——冷冻空间的升级，结合调研情况得知东北地区对冷冻食品的储存需求由来已久。得益于东北冬季的气温，室外就是合格的天然冰室，能够满足美食保存的需求，但到了夏季，普通冰箱的容量难以贮存东北地区用户囤积的食材。东北地区多年的市场销售数据也佐证了这一点——大容量冷冻空间的冰箱销量相比于同类产品大约提升了 3 倍。海尔大容量冷冻空间的冰箱定制如图 8.7 所示。

（a）对开门冰箱

（b）对开三门冰箱

图8.7　海尔大容量冷冻空间的冰箱定制

海尔在传统对开门冰箱的空间设计上进行调整，推出了能够满足大容量冷冻空间需求的新产品，满足了东北家庭对大容量冷冻空间的需求：515 升大容量冷冻空间对开门冰箱重新分配了冷藏、冷冻比例，增大了冷冻室容积，能存储更多的食材；对开三门冰箱增加了宽幅变温空间以应对消费者对冷冻室的临时性需求，使对开门的冷冻室占比更灵活。

（3）基于社群交互的空调设计

2017—2021 年海尔通过众创汇平台共收集用户意见超过 2807 万条，海尔空调用户需求分析转化见表 8.1，通过对用户需求进行归纳，得到了超过 8000 条的优质创意，经过转化，首创了 13 项行业新功能，上市了 15 个新型号产品，这些新型号产品的销量比传统产品高 50% 以上，产品创新过程如图 8.8 所示。

表8.1　海尔空调用户需求分析转化

年度	用户意见	归集需求	转化功能	功能内容
2017	10 万条以上	5 类	2 项	除 PM2.5——呵护呼吸健康；56℃抗菌自清洁——无菌干净风
2018	505 万条以上	8 类	2 项	新开发新风功能；首创在挂机上实现新风功能

续表

年度	用户意见	归集需求	转化功能	功能内容
2019	815 万条以上	12 类	3 项	射流离子瀑布洗；高速离心式瀑布洗；波纹转轮式液膜洗
2020	625 万条以上	15 类	3 项	电除病毒；水除病毒；过滤除病毒
2021	852 万条以上	12 类	3 项	风随人动；冷暖上下分区送风；空间恒温

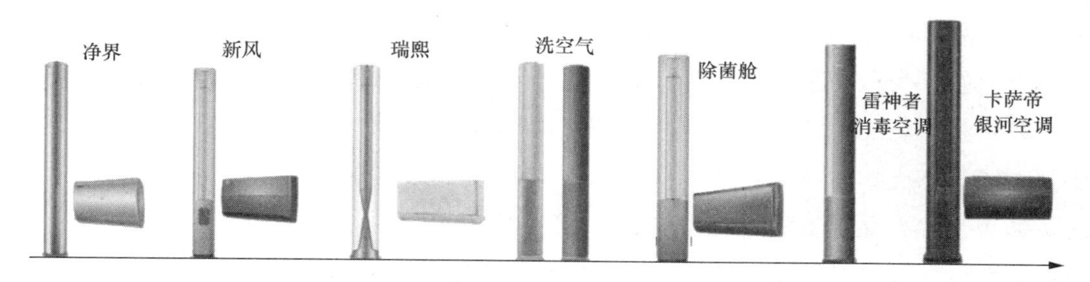

图8.8　海尔空调基于众创汇平台的众创设计

2. 家电产品的模块化设计

海尔匀冷冰箱在进行系统的模块化设计前，产品由 354 个零部件构成，模块划分不清晰，模块间连接种类多且复杂，管理复杂度高。经系统的模块化设计后，简化产品内部多样性，物料号减少 30%，接口数降低 40%，生产工时下降 40%，用户可以从交互设计平台上选择不同模块组成产品，满足个性化需求。海尔匀冷冰箱的模块化设计示意如图 8.9 所示。

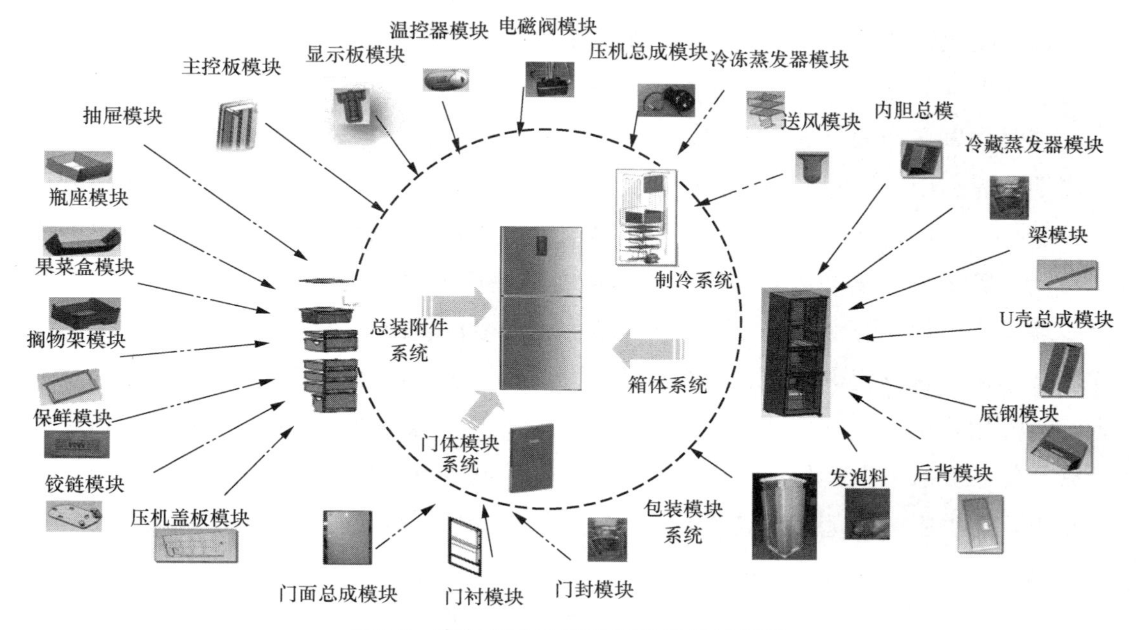

图8.9　海尔匀冷冰箱的模块化设计示意

8.4.3 精准营销

以海尔智家 App 为例，海尔智家 App 是海尔集团推出的一款集智慧生活服务于一体的移动应用程序，它超越了传统电商交易的范畴，成为一个全方位的价值交互平台。该 App 不仅能够提供场景体验和交互，还允许用户预约设计服务和定制个性化的生态解决方案。通过海尔智家 App，用户可以享受从智慧家的设计与建设到后期服务的全流程、全生命周期的定制服务。海尔智家 App 的精准营销功能体现在其能够根据用户的行为和偏好，智能推荐相应的产品与服务，实现高度个性化的用户服务。

海尔智家 App 对家电行业的个性化定制起到了显著的推动作用。它依托海尔集团强大的生态支撑体系，包括“5+7+*N*”全场景智慧成套解决方案，以及与多个行业的资源方合作，为用户提供了覆盖衣、食、住、娱等生活需求的生态服务。该 App 通过整合专业设计师团队、智慧家庭门店和售后服务体系，为用户带来了一体化的家装家电定制方案。此外，海尔智家 App 还利用大数据和 AI 技术，分析用户数据，从而提供更加精准的个性化推荐，进一步推动家电行业向大规模个性化定制转型。

8.4.4 模块采购

采购作为全部生产经营活动的起点，是家电企业成功实施大规模个性化定制的关键环节之一。采购成本的高低会直接影响家电企业定制产品的价格，采购的速度、效率、订单的执行情况会直接影响家电企业是否能够快速灵活地满足用户的需求。

1. 准时化采购

准时化采购作为一种先进的采购模式，对减少库存、加快库存周转、缩短产品交付周期、提高用户满意度和忠诚度起到重要作用。海尔的准时化采购是在订单驱动方式下进行的，以“零缺陷、零库存、零提前期”为目标，减少了传统采购中产生的成本费用。整个采购活动以“用户需求驱动—制造订单驱动—采购订单—供应商驱动”为驱动模式，供应链上的企业能够快速掌握消费者的需求动态，并进行有效的信息传递和共享，快速响应市场需求，在降低库存成本、提高物流运作效率和周转率的基础上，满足用户的个性化需求，最终实现精细化采购。卡奥斯 COSMOPlat 强大的工业互联网体系为家电企业与供应商的有效合作和信息共享提供了平台，为大规模个性化定制模式下供应链的优化提供了保障。海尔的准时化采购流程如图 8.10 所示。

（1）创建准时化采购班组

一般成立两个班组：一个是专门处理供应商事务的班组，该班组的任务是培训和指导供应商的准时化采购操作，衔接供应商与本企业的操作流程，认定和评估供应商的信誉和能力，与供应商谈判签订准时化供货合同，向供应商发放免检签证等；另一个班组是专门协调本企业各个部门的准时化采购操作，制定作业流程，指导和培训操作人员，进行操作检验、监督和评估。这些班组人员对准时化采购的方法应有充分的了解和认识，必要时需要进行培训。

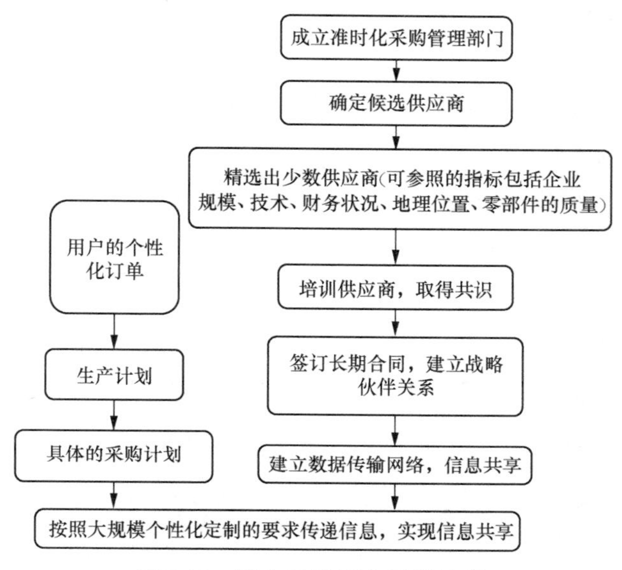

图8.10　海尔的准时化采购流程

（2）制订计划

计划是保证采购策略有效实施，对准时采购过程进行管理的前提。家电企业与供应商应在建立信息共享平台的基础上，共同商定采购目标和采购策略，并对目前的采购策略进行评估和改进，包括对供应商评价、长期合同的签订等内容。

（3）寻找供应商合作伙伴

选择最佳供应商并对其进行有效管理是采购准时的基石。寻找供应商合作伙伴既包括对供应商的评估，还包括对供应商关系管理，是一种建立长期互惠互利、利益共享、风险共担关系的过程。构建合作伙伴综合评价指标体系，采用层次分析方法，针对不同的评价标准分配权重，进而筛选出合作伙伴。

（4）由点到面进行试点工作

试点工作的有效推进是大规模生产的前提，也是小批量定制的关键环节。首先从某种产品或生产线的试点开始，进行零部件或原材料的准时采购试点，然后在运行过程中及时发现纰漏，改进完善，形成一种较为成熟有效的采购模式，为由点到面的推进提供前提条件。在此过程中，各部门之间的协调配合是试点工作顺利开展的保证。

（5）实行配合准时生产的交货方式

采购部门和生产部门的相互协调配合是在采购与生产环节实现 5R 原则（合适的

时间、合适的地点、合适的数量、合适的质量、合适的价格）的保障。这一交货方式改变了传统的预测交货模式，以用户需求为驱动，当生产线需要某种物料时，采购部门能够配合生产部门快速响应，准时交货，保证生产的连续性。

（6）采用先进的数据传输方式实现信息共享

建立共享数据交换平台是家电企业在大规模个性化定制下实现准时采购成功的关键。准时采购模式中，家电企业必须向供应商提供物资供应计划，使供应商实时掌握家电企业所需物资的数量、质量及交货进度。家电企业可以建立一个内部的网络采购系统，并将其连接到本行业业务范围内的供应商电子市场，通过这个平台实现家电企业和供应商之间信息的快速传递。同时也可使用电子数据交换、条形码技术、RFID技术等实现与供应商的信息共享。

2. 模块化采购

在传统的采购模式中，企业想要找到合适的供应商，需要自己先设计好产品所需要的零部件图纸，再通过竞标等方式寻找合适的资源方，最终生成订单，达成合作。家电行业的采购模式虽然已经迈向了模块化，并由模块商自行寻找合适的二三级资源方，但这本质还是以企业为中心的采购模式，产品生产完成也是通过传统的渠道送到用户手中。基于工业互联网的模块商协同系统，海尔实现了模块商资源与用户"零距离"交互的需求，将供应商由拿图纸供货的零件商转变成可以直接参与设计、提供解决方案的模块商。这个变革的外部支撑是产品的模块化变革，内部支撑是搭建起全流程的开放互联平台——海达源平台。该平台在以用户为中心的基础上，整合全球一流模块商资源，并使其参与到用户交互以及前端设计中，通过用户评价实现自优化。在该模式下，一流资源越多，越能满足用户的最佳体验，用户资源也越多。海达源－海尔全球采购平台如图 8.11 所示。

图8.11　海达源–海尔全球采购平台

海达源－海尔全球采购平台（以下简称海达源平台）致力于一流资源无障碍进入，各利益相关方实现利益最大化，以及动态优化自演进。截至 2023 年年底，海达源平台通过开发注册，汇聚了全球 41068 家供应商，经公开抢单，在线发布了 76874 个用户需求，凭方案抢单，在线交互了 236810 个模块化方案。海达源平台运营机制如图 8.12 所示。

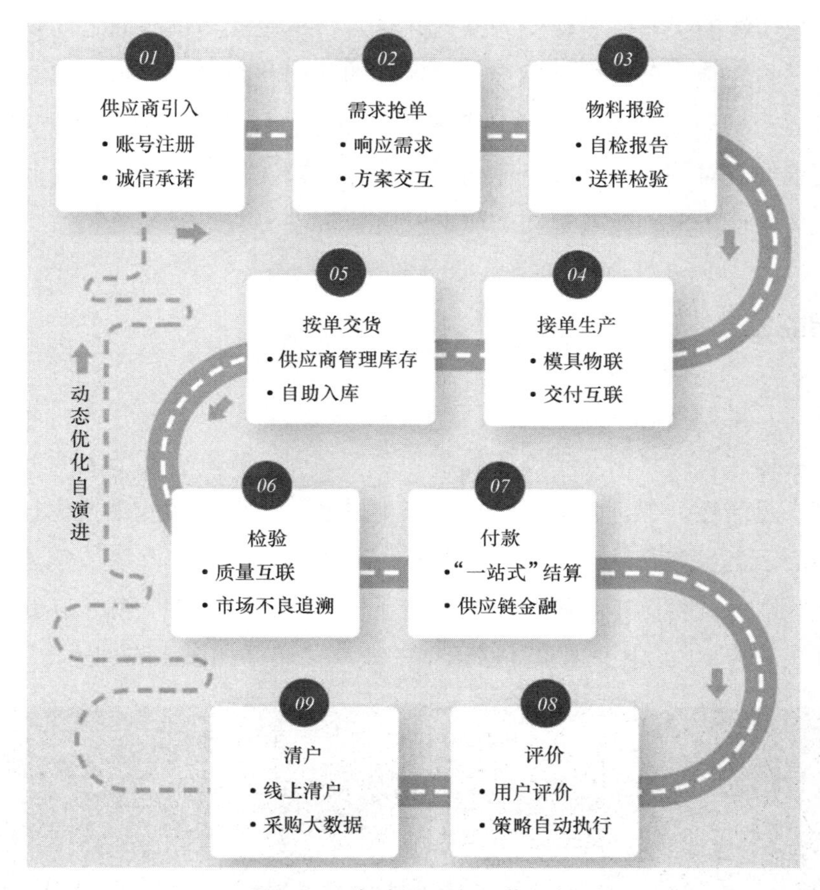

图8.12　海达源平台运营机制

运营形式上，模块采购平台采用分布式发布架构，用户需求面向全球模块商资源公开发布，平台自动精准匹配推送。同时，平台设立"资源方案超市"，模块商方案自主发布，定向推送，由用户直接选择最优最合理的解决方案。此外，模块采购平台还建立公平交易机制，用户在线评价，结果公开透明，策略自动执行，资源动态优化。

模块采购模式在供应商角色、采购组织及双方关系 3 个方面都发生了颠覆性的改变。供应商从传统的零部件商转变为模块商，由模块商管理组织二三级的零部件商，共同设计创新方案。而企业从与传统零部件商合作，转变为与模块商合作，企业自己做得越来越少，供应商承接的生产工作越来越多，以此提高在产品生产环节的监控力度，提高产品品质。从采购组织来说，从原来供应商和用户需求的“隔热墙”变为开放平台，准确对接供应商资源、设计资源及用户需求。例如，在海尔传统的模块采购机制中，模块商的进入需要经过设计、寻源、竞标到订单完成等一系列的串联流程，而在海尔升级后的采购平台上，供应商采取自注册、自承诺、自抢单的方式，通过资质承诺、模块能力承诺、投标承诺及方案闭环承诺等一系列并联流程来加盟。从双方关系来说，从传统的买卖关系转变为共创共赢，传统企业与供应商之间以价格为中心的博弈模式，将完全颠覆为围绕用户最佳体验的共创共赢模式。模块化为供应商带来了巨大的发展空间，调动了供应商的积极性，基于与用户、企业等各方的互联互通，以及相关需求的及时获取，其设计能力得到快速高效发挥，进而实现企业与供应商的共创共赢，推动整个采购模式迈向高质量发展新阶段。

8.4.5 智能生产

1. 互联工厂的数字化建设

工厂数字化建设的目的是实现各设备和系统之间、各制造环节之间的数据互联互通，提高生产灵活性，保证产品质量，降低生产成本，促进产能最大化。作为大规模个性化定制的示范生产基地，海尔的互联工厂重点建设了内外互联、信息互联、虚实互联 3 类互联能力，德国工程院院士库恩给予了高度评价——“海尔互联工厂模式是全球工业领域的样本”。中德冰箱互联工厂的模块化布局如图 8.13 所示。

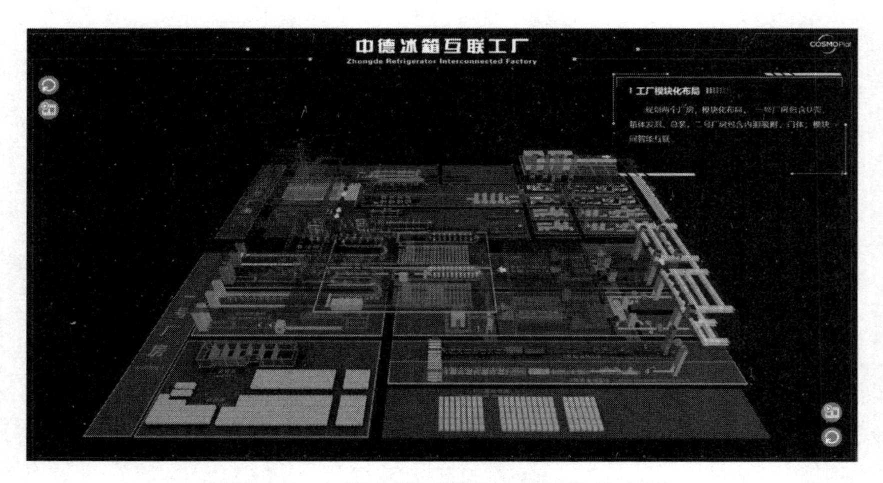

图8.13　中德冰箱互联工厂的模块化布局

互联工厂建立了互联互通的核心数字化平台，构建了智能装备互联互通、应用系统无缝集成、数据可视及分析 3 个维度的数字化架构，将用户定制需求渗透到生产全流程，通过信息系统互联，让整个工厂变成一个类似人脑的系统，能够自动响应用户个性化订单。大规模个性化定制互联工厂的数字化架构如图 8.14 所示。

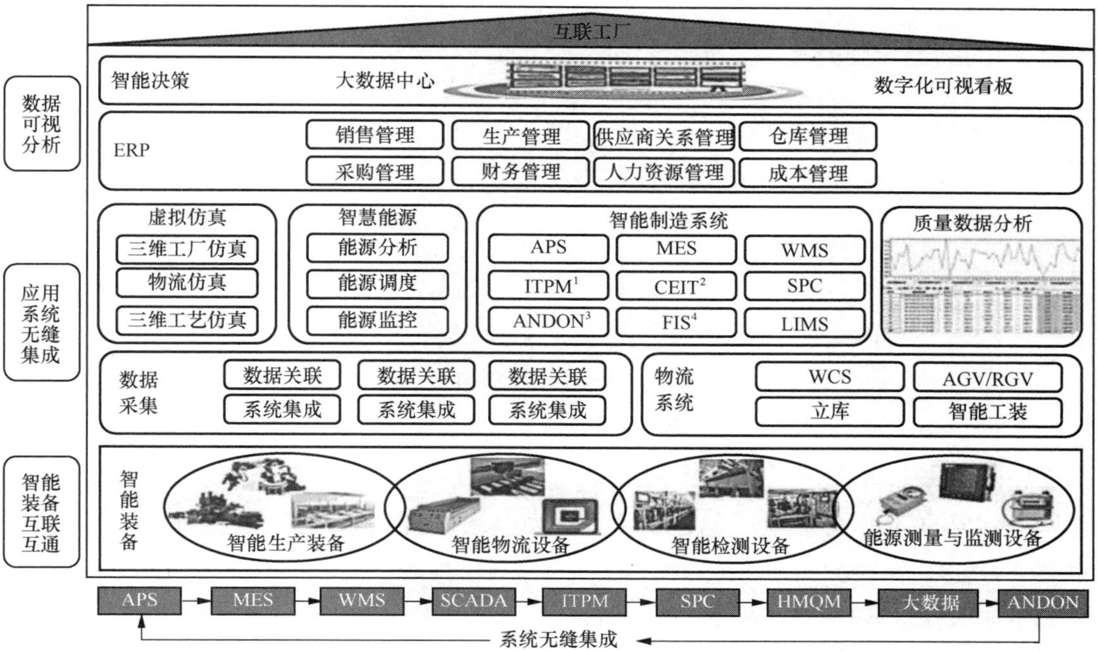

互联工厂
数据可视分析
智能决策　大数据中心　数字化可视看板
ERP　销售管理　生产管理　供应商关系管理　仓库管理　采购管理　财务管理　人力资源管理　成本管理
应用系统无缝集成
虚拟仿真　三维工厂仿真　物流仿真　三维工艺仿真
智慧能源　能源分析　能源调度　能源监控
智能制造系统　APS　MES　WMS　ITPM[1]　CEIT[2]　SPC　ANDON[3]　FIS[4]　LIMS
质量数据分析
数据采集　数据关联　系统集成　数据关联　系统集成　数据关联　系统集成
物流系统　WCS　AGV/RGV　立库　智能工装
智能装备互联互通
智能装备　智能生产装备　智能物流设备　智能检测设备　能源测量与监测设备
APS → MES → WMS → SCADA → ITPM → SPC → HMQM → 大数据 → ANDON
系统无缝集成

注：1. ITPM（Information Technology Project Management，信息系统项目管理）。
2. CEIT（Combat Engineering Installation Team，作战工程与安装团队）。
3. Andon（安灯）。
4. FIS（Front-end Integrated Solution，前端集成解决方案）。
5. RGV（Rail Guided Vehicle，有轨制导车辆）。
6. HQMS[Harrington Quality Management System (software)，哈林顿质量管理系统(软件)]。

图8.14　大规模个性化定制互联工厂的数字化架构

互联工厂基于“1+9+1+6+N”的全流程智慧运营解决方案如图 8.15 所示，通过消除“数据孤岛”，实现虚实结合、智能互联，进而全面实现数字化智慧运营与智慧决策。其中第一个“1”代表一个模式，“9”为九大数字化系统，第二个“1”为一个中心，“6”代表六大维度，“N+”代表 N+ 应用。

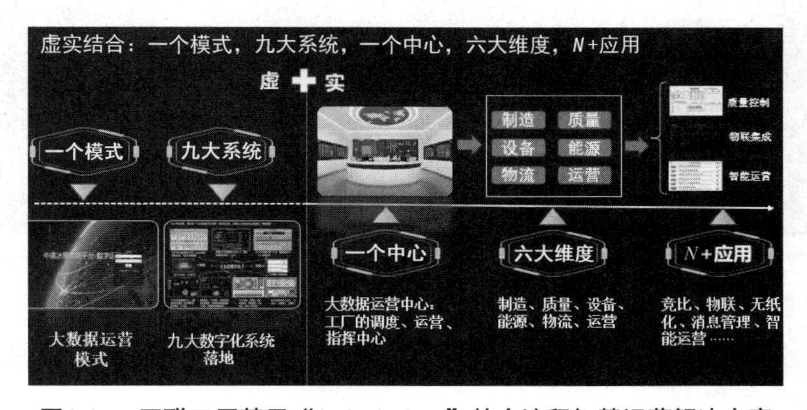

图8.15　互联工厂基于“1+9+1+6+N”的全流程智慧运营解决方案

（1）一个模式

大数据运营模式如图 8.16 所示，完成数据采集、数据分析、数据可视、异常推送报警、OA 智能运营闭环，实现业务系统互联。

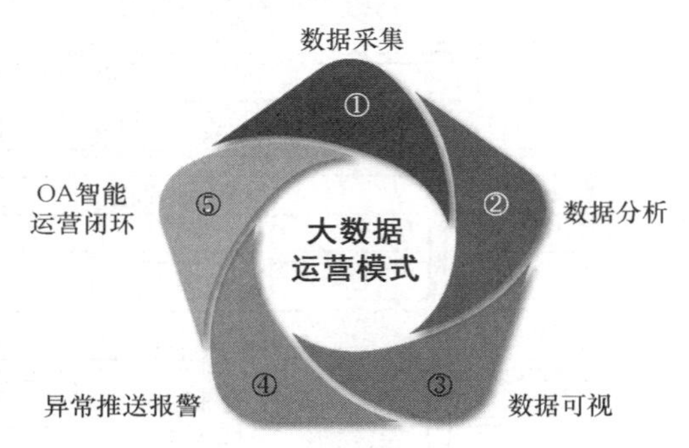

图8.16　大数据运营模式

（2）九大系统

海尔互联工厂协同集成制造九大系统如图 8.17 所示，包括卡奥斯 COSMOPlat-MES、WMS、SCADA、ITPM、ITMS[1]、SPC、智慧能源、大数据中心和智慧 OA 系统。九大系统的互联互通，实现人、机、料、法、环、测的全面管控和智慧运营。

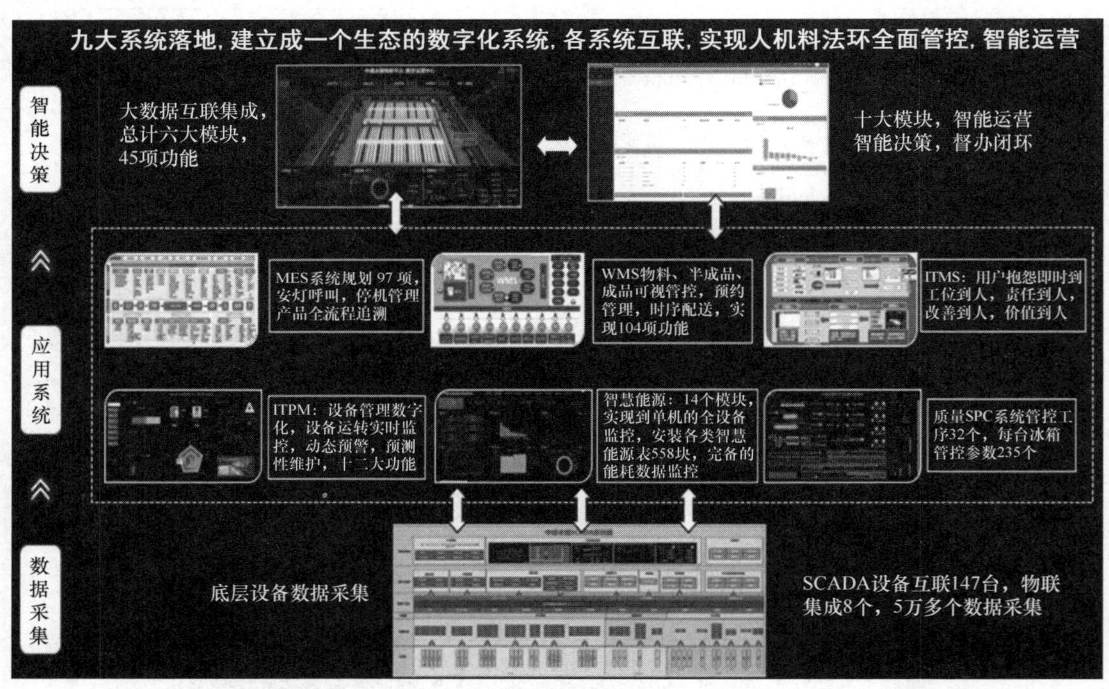

图8.17　海尔互联工厂协同集成制造九大系统

（3）一个中心

大数据运营中心如图 8.18 所示，搭建一个可靠、集成、安全、可扩展、可推广、

1　ITMS：Integrated Terminal Management System，终端综合管理系统。

可复制的大数据决策分析平台，连接各业务系统，使各业务系统之间数据实现互联互通、信息集成，通过信息化软件辅助推动决策，改善管理思路，以提升管理效率。

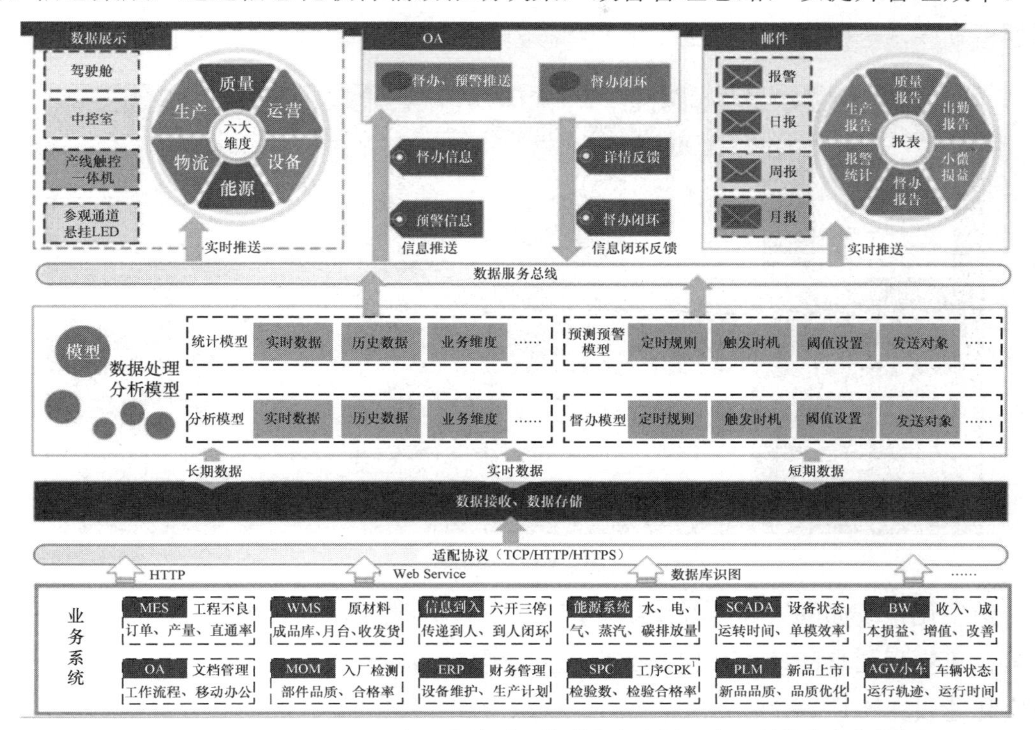

注：1. CPK（Complex Process Capability index的缩写，是现代企业用于表示制程能力的指标）。

图8.18　大数据运营中心

（4）六大维度

六大维度如图 8.19 所示，海尔互联工厂通过大数据运营中心集成智慧物流、智慧质量、智慧能源、智慧制造、智慧设备和智慧运营六大维度，实现业务数据汇总展示、数据层级钻取、业务重点指标历史查询、上下游业务关联预警、预警闭环，以及 3D 模拟，视觉体验，实现全面精细化、精准化、自动化、信息化、网络化、智能化的管理与控制。

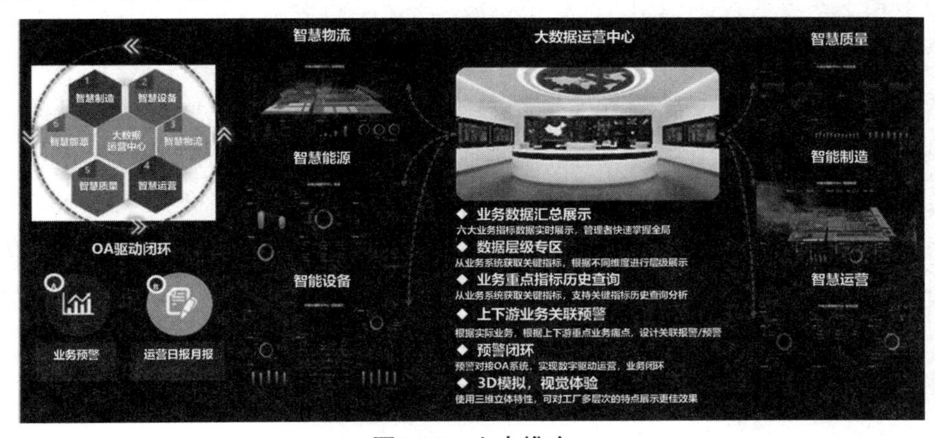

图8.19　六大维度

（5）N+应用

N+应用如图 8.20 所示，通过 iHaier、App、微信、邮件、短信等方式，实现随时随地互联，全面掌握互联工厂生产状态、产品质量等信息。

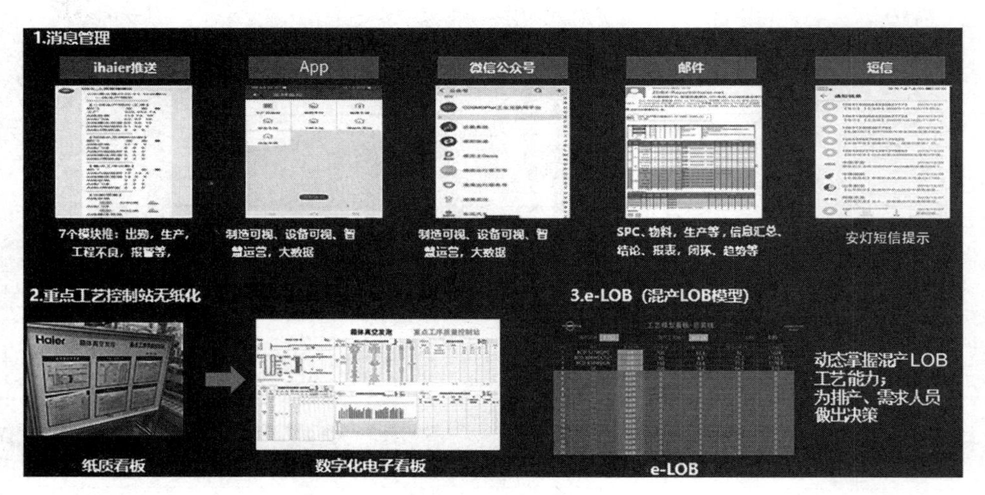

图8.20 N+应用

数字化系统如同人体神经组织，连接了整个互联工厂的各个节点，数据对应神经信号，可实现信息的动态传递。数据作为数字化的核心要素之一，支撑了互联工厂的数字化建设。工厂数字化的实现离不开数据的收集、分析和利用。设备实时状态数据包括设备状态、设备运行分析、设备综合效率、设备参数预测和维保信息等，通过历史数据分析算法，可实现设备故障的快速排查及提前预测，从而洞察故障特征并预测设备运行情况，避免因找不出故障而盲目维修，可有效减少设备异常停机带来的损失。生产执行的订单数据（订单执行、订单差异、订单拖期、个性化订单占比、订单节拍及订单效率等）、质量数据（质量状况、工程不良、市场不良、质量追溯、不良原因及不良分类等）也属于数字化系统采集的数据范围，通过相关算法构建质量影响因素分析模型和工艺参数控制模型，控制质量波动范围，可有效提高生产质量和生产效率，形成工业机理模型。物料数据（物料齐套、物料周转率、物料质量和物料交付分析等）、库存数据和维修返修记录，能够有效地对生产过程中关键部件的使用寿命进行预测，指导供应链物料端对可能发生的故障提前做好准备。

数字化让整个互联工厂变成一个智能系统，实现了人与人、机器与人、机器与机器和机器与物等的互联互通，可自动响应用户订单需求。通过构建互联工厂数字化架构，打通设备层、执行层、控制层、管理层及企业层之间的信息传递，实现工厂、生产线、设备、工位，以及订单、质量、效率等信息的透明可视；通过交互、设计、制造及物流等产品全生命周期的数字化，实现产品全生命周期的信息透明可视，以更快的传递速度、更高的效率及更好的柔性满足用户需求。

2. 大规模个性化定制柔性生产线

柔性制造是一种具有高度自适应性、快速响应能力和多功能性的现代制造技术，它以工艺设计为先导，以数控技术为核心，根据市场需求和生产任务实时调整生产设备、生产工序和生产流程，以满足不同的生产要求，自动化地完成企业多品种、多批量的加工、制造、装配、检测等生产过程。柔性制造没有固定的加工顺序和节拍，可以在不停机调整的情况下，自动变换制造程序，自动转换至另一种产品的生产，自动完成多品种、小批量制造，可以随机应变地调整制造顺序及生产节拍，完成高效率的自动加工，实现自动检测和故障诊断。柔性生产线的目的是缩短制造系统的调整时间，减少辅助时间，节约劳动力，有效提高生产效率和设备利用率。海尔胶州空调工厂的大规模个性化定制柔性生产线如图 8.21 所示，柔性生产线全流程互联可视，通过用户订单驱动生产制造，可根据生产计划自动调整生产工艺、切换模具，实现 16 种型号空调的共线混产。

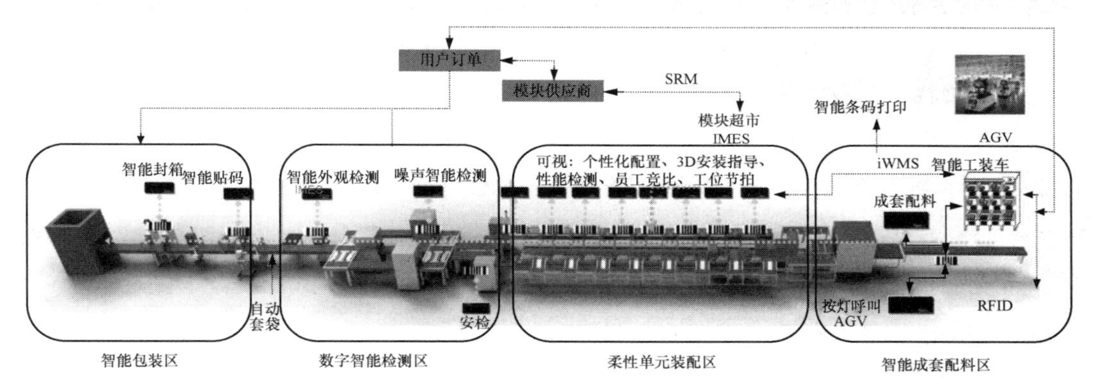

图8.21　海尔胶州空调工厂的大规模个性化定制柔性生产线

3. 大规模个性化定制网络协同制造系统

网络协同制造是由“智能机器 + 网络 + 工业云平台”构成的“端管云”架构，融合了智能硬件、大数据、机器学习等技术，能够实现机器与机器、机器与人、人与人之间的全面连接交互。网络协同制造技术打破了时空界限，集成供应链、用户关系、制造执行、企业资源等系统，为整个供应链上的企业和合作伙伴搭建了信息共享平台，将生产过程协同扩大到全供应链，实现了全生产过程优势资源、优势企业的网络化配置，实现了真正的社会化大协同生产，使单一机器、部分关键环节的智能控制延伸至生产全过程，实现了机器自组织、自决策、自适应的生产。

以 COSMO-IM 为核心的网络协同制造系统如图 8.22 所示，海尔厨电新工厂以海尔自主研发的 COSMO-IM 为核心，由库存驱动生产到用户订单驱动生产，实现用户订单直达工厂、设备及生产管理人员，实现用户深度参与制造过程。基于 RFID 等技术，该工厂实现了用户订单的实时可视，以及产品状态的随时随地可知，精准匹配制造资源，快速驱动生产制造，实现了大规模个性化定制的高效率。

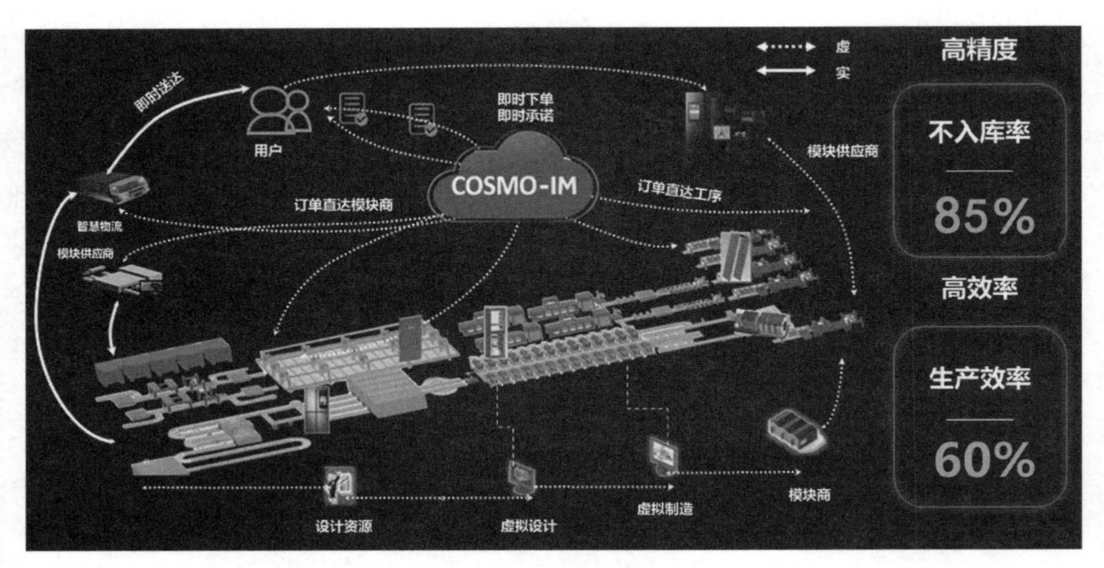

图8.22　以COSMO–IM为核心的网络协同制造系统

4. 大规模个性化定制生产线数字孪生系统

家电生产车间是一个多技术的复杂组织体，海尔根据家电生产线的生产车间及工艺流程进行数字孪生体建模，利用 OPC-UA 技术构建现场设备通信网络，采集生产实体数据，建立了大规模个性化定制生产线数字孪生模型，实现了对生产过程的实时映射。海尔的数字孪生系统架构分为现场层、通信层、模型层和功能层。海尔大规模个性化定制生产线数字孪生系统架构如图 8.23 所示。

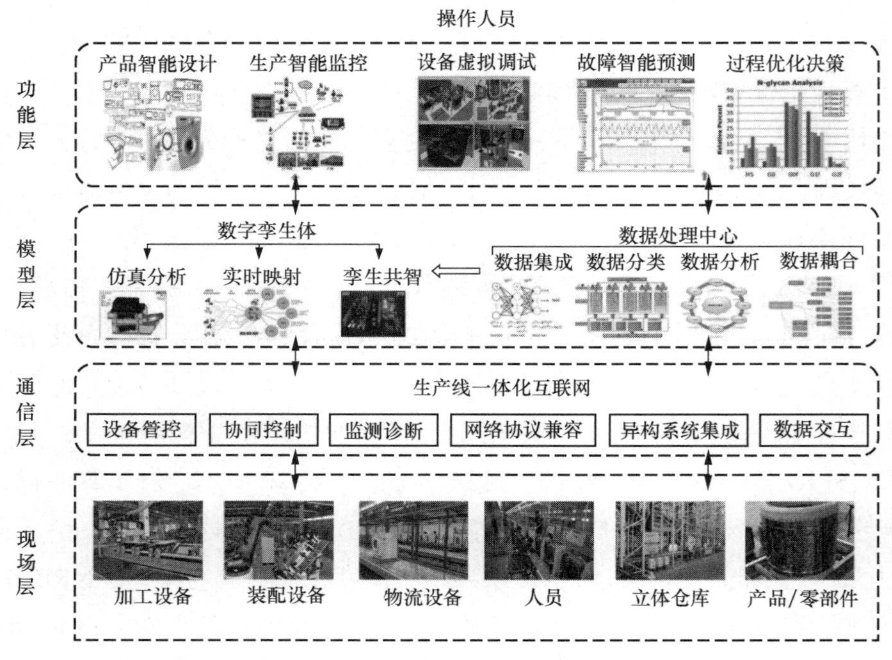

图8.23　海尔大规模个性化定制生产线数字孪生系统架构

（1）现场层

生产线物理实体位于数字孪生系统架构的现场层，它为数字孪生系统架构各层提供数据来源、实体支撑和系统资源。现场层是生产线的主体，主要包括人员、加工设备、机器人、AGV、产品 / 零部件及立体仓库等实体，以及能够进行数据采集与通信的工控机、PLC、传感器、RFID 读写器等功能部件。通过物理实体与功能部件的有机结合，海尔实现了家电生产线零件加工、产品装配、物料流转和立体仓储等生产过程。无论是数据实时采集与处理，还是数字孪生体的仿真模拟、模型验证和迭代优化，均以家电生产线全要素物理实体为基础。

（2）通信层

通信层获取高质量、高速度传输数据是数字孪生技术实现的基础，使数字孪生系统得以准确、迅速地表征物理实体。目前家电生产车间的数据采集主要是通过在生产、加工、物流等设备上安装传感器，然后由数据分析软件集成汇总完成的。通信层的设备来自不同的厂家，采用不同的技术，各厂家设备的接口协议、数据解析类型和格式均不一致，因此，多源异构数据的快速、准确采集与集成是实现数字孪生系统中虚实数据交互融合的关键。

（3）模型层

模型层是数字孪生系统架构的核心，由数字模型和孪生模型构成，是实现产品设计、生产线管理、设备监测、故障预防和优化决策等各种功能最关键的部分。其中，数字模型是家电生产线实体的真实写照，是对车间实体对象的映射。孪生模型由规则模型、行为模型、特征模型和预测模型相互耦合集成，在虚拟的数字空间内进行物理实体的数字化重建，实时映射家电生产线的生产活动，包括作业状态、生产决策、物流状态、仓储状况等，从而对物理实体系统进行预测、优化与管控。

（4）功能层

功能层基于人机虚实交互，以数字模型和孪生模型为支撑，为家电生产线的产品设计、订单排产、生产制造、质量检查、物流调度、故障诊断等提供相关服务，包括生产过程监控、错误报警反馈、生产状态看板、历史数据回溯、生产质量评估、故障原因查找、车间布局优化、生产方案优化等功能。同时，功能层建立了基于虚拟现实、增强现实及混合现实技术的生产线虚拟模型，可视化程度较高。通过以上 3 种技术将虚拟与现实的信息融为一体，操作人员可以在数字孪生系统中更为高效、直观地了解生产过程信息和设备联系。因此，功能层为实现自动化设备的信息化控制提供了服务平台，是孪生数据管理应用的客观体现。

8.4.6 智慧物流

1. 互联工厂内的智慧物流作业流程

海尔冰箱互联工厂的物流系统分为生产线物流和成品仓储两大部分，生产车间主要采用空中输送系统、RGV、AGV、智能工装车等设备，将物料自动输送到工位，并在产品下线后自动将其输送到成品缓存仓暂存或直接装车。成品缓存仓采用了四向穿梭车的密集存储系统，具备强大的存储能力，搭配机械手完成产品自动码盘，实现自动出入库等物流作业。互联工厂物流的主要作业流程如下。

（1）订单信息导入系统

订单产生后进入，一方面，ERP 系统与 MES 进行交互，把订单信息传递给 MES，MES 将物料需求传递给 WMS，同时将生产计划传到生产线的工位上。另一方面，ERP 系统生成采购订单，供应商根据采购订单送料，WMS 确认收货后再根据 MES 的需求发料。

（2）模块生产及物料上线

两器（空调和冰箱）模块由一楼车间生产，生产下线后 MES 对物料进行缓存，同时把下线数据传递给 WMS 进行管控，之后根据送料需求和生产节拍生成发货订单并下达上料指令，模块生产所需物料通过提升机送至空中输送线（积放链）后运送至二楼装配车间。其他部件则由供应商按需按时供货，部分模块（例如电控等）在供应商车间完成组装，另一部分则作为供应商管理库存在互联工厂车间内完成模块生产后送至装配产线，同样根据 WMS 的指令进行拣货和物料搬运。同时，MES 触发 ERP 系统进行库存管理。

（3）模块装配

二楼装配车间共有两种不同类型的生产线，一种是传统流水线，另一种则是单元台生产线，每个单元台独立完成一台产品的装配。其中，流水线生产完成后在生产线末端对产品进行检测、打包下线；单元台生产线装配完成后进行扫描、检测等，之后操作人员按下操作台前的绿色按钮，AGV 接受指令进行搬运，之后打包下线。同时，另外的 AGV 将该单元台负责装配的下一个产品模块搬运过来，完成一个作业循环。

（4）成品下线

产品单元装配完之后会进行噪声检测，合格后由自动封箱机封箱，随后进行拍照识别、贴码。装配好的成品由提升机输送至一楼成品缓存仓库或直接装车。

（5）成品暂存与出库

当成品通过提升机下到一楼作业区后，由 4 台码垛机器人完成托盘码垛，完成后信息通过 RFID 上传 WMS，WMS 驱动 RGV 取货，之后按照系统指令完成自动入库或装车。

互联工厂从前端两器生产到后端总装，再到成品下线，基本实现了“零库存”。成品缓存仓主要功能为周转，绝大部分产品组盘后由RGV直接搬运至出库口，通过日日顺运送至客户仓库，只有极少部分成品由于车辆安排等因素暂存库内。

2. 日日顺——海尔旗下的物联网供应链场景生态品牌

日日顺成立于2000年，专注于为各行业提供供应链解决方案。日日顺发展历程如图8.24所示，历经企业物流再造、供应链企业转型、平台企业颠覆三大阶段的转型，日日顺沉淀出“科技化”物流平台能力、“数字化”SCM解决方案能力、“场景化”云服务体验平台能力三大核心能力。当前日日顺供应链建立的集货仓、始发仓等各类仓库超过900个，连接了超过15000条干线运输路线，覆盖了超过2800个区县，拥有超过18万辆运输车和近5000个送装网点，2～3日送达率高达98%，零担运输日到货率高达96%。

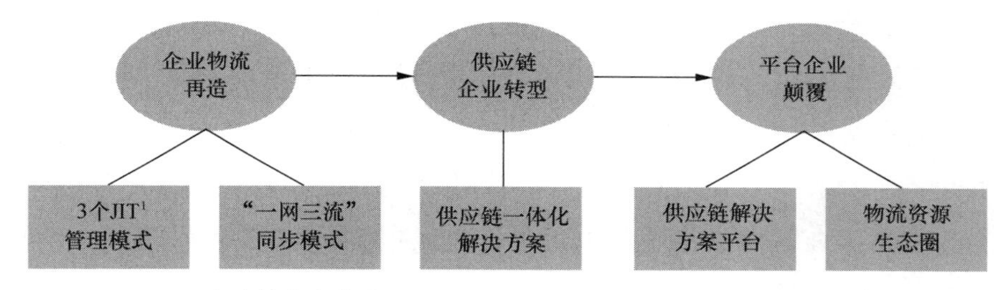

注：1. JIT（Just In Time，准时制生产方式）。

图8.24　日日顺发展历程

当前，日日顺供应链是市场上少有的具备覆盖生产制造、线上线下流通渠道，到末端用户场景服务的端到端供应链管理能力的平台，主营业务如下。

① 消费供应链。在流通环节，为用户输出包含方案设计、仓储布局与管理、运输服务、末端用户配送、安装服务，以及逆向物流在内的一体化供应链管理解决方案。

② 制造供应链。在生产制造环节，深度参与用户产销协同体系及采购订单管理，主要向原材料供应商提供涵盖原材料揽收、运力服务、供应商管理库存及循环包装在内的供应链管理解决方案，以及向制造企业用户提供线边仓管理及JIT配送在内的供应链管理服务，助力企业用户增强柔性制造、敏捷制造能力。

③ 国际供应链。为用户设计并输出包含上门提货、集货仓储、代理订舱、报关商检、清关、运输服务在内的“端到端”国际供应链解决方案。

④ 运力服务。搭建了网络货运平台，对分散的货物运输需求、零散的社会运力资源进行整合，为企业货主提供覆盖全国的干线运力服务。

⑤ 生态创新业务。大力拓展以“最后一公里”场景服务、车后生态业务为主的

生态创新服务。“最后一公里”场景服务聚焦于居家、健身、出行在内的多个场景的终端用户服务需求，协同资源方提供个性化场景解决方案，车后生态业务则是围绕商用车全生命周期的管理，提供油品、保险、轮胎等与车后场景相关的增值产品。

8.4.7 智慧服务

1. 以用户为中心的产品服务体系

在大规模个性化定制模式中，产品服务是不可或缺的一环，它能够支持用户与企业沟通、协作与交流，为用户提供高效、优质的服务体验。海尔的产品服务体系如下。

① 整体解决方案服务。针对用户的某个特定问题或需求，提供一系列综合性的解决方案和相关服务，并进行需求分析、规划设计、实施执行、监控评估，确保整个解决方案的有效性和成功实施。

② 产品销售服务。这是指企业为用户提供与产品销售相关的各项服务，旨在满足用户购买产品的需求，提升用户购物体验，增强用户满意度。

③ 产品使用服务。这是指企业为用户提供与产品使用相关的支持和个性化增值服务，确保用户能够充分利用产品的功能，提高产品的可靠性和性能，解决产品使用过程中的问题。

④ 产品维修服务。这是指企业为用户提供与产品故障相关的支持和个性化服务，解决产品使用过程中出现的问题，确保产品能够正常运行。通过模块化的产品配件、敏捷高效的物流，开展低成本、高质量的维修服务。

⑤ 产品回收服务。这是指企业对销售的产品进行回收、再利用或处理的服务，旨在实现资源的最大化利用，减少废弃物的排放，降低环境污染和对原材料的依赖程度，主要包括回收体系建设、回收技术研究与开发、回收运输与处理、数据追溯与报告。

海尔始终秉持“真诚到永远”的服务理念，满足用户日益变化的服务需求。海尔的产品服务实践如图 8.25 所示。海尔的产品服务主要包括以下内容。

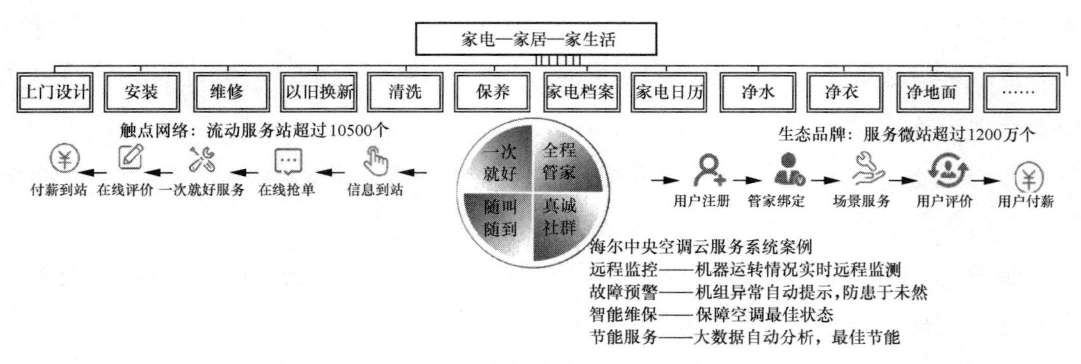

图8.25 海尔的产品服务实践

① 用户满意度管理。建立用户档案，为每个用户提供个性化服务，定期对用户满意度进行调查，并根据调查结果对客户进行有针对性的服务。

② 服务网络建设。建立完善的售后服务网络，包括售前咨询、售中安装、售后服务、投诉处理等环节。

③ 快速反应机制。迅速响应用户的需求和投诉，尽快处理用户的问题，并与用户保持联系，确保用户得到及时满意的服务。

④ 上门安装服务。用户可以根据自己的个性化需求选择专业的安装服务。

⑤ 无忧购物。退换货服务流程简单快捷，用户可以无忧购买海尔产品。

海尔建立了总数超过 10500 个的流动服务站和超过 1200 万个的服务微站，确保能为各地的用户提供快速、及时的线下服务。海尔还可以对中央空调等高端家电提供云服务，远程实时监测机器运转情况，智能保障机器最佳运行状态，通过大数据自动分析，确定最佳节能运行方案，并根据机器运行参数进行故障预警。

2. 中央空调智慧云服务平台

海尔推出了行业首个基于物联网、云计算和大数据技术的中央空调智慧云服务平台。通过集成远程监控、故障预警、智能维保和节能服务四大功能，海尔为用户提供一个全面、便捷、高效的中央空调管理和服务解决方案，为中央空调系统带来了前所未有的智能化体验，有助于实现节能减排和环境保护。

（1）远程监控

无论用户身在何处，都可以通过智能手机或计算机随时随地监控中央空调的运行状态，查看温度、湿度、风速、能耗等关键参数，省去机房往返奔波，确保用户使用舒适和安全。

（2）故障预警

中央空调智慧云服务平台具备先进的故障检测系统，通过分析系统运行数据，提前发现潜在的问题。一旦检测到异常，该系统会立即发出预警，让用户及时采取措施，避免故障发生，减少维修时间和成本。

（3）智能维保

通过中央空调智慧云服务平台，用户可以轻松安排空调的定期维护和保养。中央空调智慧云服务平台会根据空调的使用情况和维护周期，自动提醒用户进行保养，确保空调系统的高效运行，延长使用寿命。

（4）节能服务

中央空调智慧云服务平台还提供节能优化建议，通过智能分析和学习，帮助用户优化空调的使用习惯，推荐最佳节能运行方案，保障空调最佳管理，减少能源消耗。同时，中央空调智慧云服务平台还能根据室内外环境变化，自动调整空调运行模式，实现节能与舒适的平衡。

第九章 服装行业大规模个性化定制实践

9.1 行业背景

30 年前，服装对人们的作用主要是蔽体和御寒，而当下，随着生活水平的提高和消费观念的改变，人们选择服装时更多考虑的是形象和个性的展示。随着生产力的发展，服装生产模式经历了手工缝制与标准化批量生产两个阶段。手工缝制是完全的个性化定制，由裁缝手工量体、手工打版，用户试穿后反复修改，其缺陷在于定制周期长、生产成本高、产能低。工业革命以后，服装工厂逐步取代了裁缝店，标准化批量生产取代了手工缝制，服装制造业进入了批量化、低成本的规模经济时代，但这种模式无法实现个性化，于是又出现了服装套号加工的生产模式，根据成衣标准版型进行加减套号，在一定基础上满足了特殊体型用户的个性化需求，但这种模式仍是标准化批量生产，不能为每个用户单独打版，服装舒适性、合体性较差。

随着生活水平的不断提高，传统的标准化批量生产模式生产的同质化服装已经无法满足人们对品位的要求。人们的消费观念从价格主导逐渐转向价值主导，人们开始寻求能够满足群体审美、个性爱好和消费体验的个性化定制产品。网络购物的发展推动了服装定制市场需求的增加，根据前瞻经济学研究院的预测，我国 2024 年服装定制市场规模将超过 3000 亿元。然而，小批量个性化定制产品和服务因成本高昂而限制了市场规模的扩大，生产量也无法满足不断增长的定制市场需求。为了解决服装定制供需矛盾，提高服装企业应对市场需求的能力，大规模个性化定制作为一种能够快速、灵活响应市场需求的服装生产模式日益受到企业的青睐，能够以接近大规模成衣的质量和速度满足人们个性化定制产品的生产需求。

9.2 痛点与挑战

在大规模个性化定制模式下，消费者参与服装设计过程，提升了消费者穿着体验和满意度。同时，服装生产企业通过以销定产的经营方式实现成品零库存，避免了成品积压可能带来的风险。此外，大规模个性化定制的直销模式减少了中间商的中间成本，降低了消费者的定制体验成本。这种发展趋势鼓舞着服装生产企业探索定制生产，许多企业开始从自有业务尝试为消费者提供个性化的定制产品。然而，国内服装个性化定制业务的水平仍然较低且增长缓慢，主要表现在推出的定制化产品种类较少、交付周期过长、定制费用昂贵，与大规模个性化定制设定的低成本、高效率、高满意度的愿景相差甚远。

当前的多数中小型服装生产企业都面临着以下痛点，导致个性化定制产品的长交付周期和高生产成本，阻碍了企业向大规模个性化定制模式转型。在销售接单环节，生产线情况不透明，业务部门在接单时无法实时把控生产进度，只能通过线下交流判断是否接单，订单完成进度需要业务人员持续询问才可得知，办事效率低；在生产排产环节，无法准确把控生产进度及产品情况，管理人员凭经验进行车间排产，生产进度通过纸质汇报，难以及时跟进并调整生产计划；在采购执行环节，缺乏有效的供应商管理体系，采购部门与质检、仓库、财务间大多通过纸质单据或口头通知进行数据传递；在生产制造环节，工艺路线调整同步速度慢，生产指令通过纸质标准作业程序（Standard Operating Procedure，SOP）下达，订单计划与实际难以匹配，生产完工回报通过纸质记录，上传数据速度慢，在制品无法统计，生产线无法满足多品种、弹性批量产品混合生产时所需的柔性生产和数据协同能力，少量的定制化产品无法在现有的大规模流水线上直接生产，因此无法充分发挥流水线的高效率和低成本优势；在质量管理环节，大多数服装企业不设置专职部门，到货质检、成品质检、抽检等质检任务不明确，质检数据难以同步，质检报告无统一格式；在成本核算环节，原材料粗放管理，生产单耗不明确，生产计件工资核算难度大，设备能耗难把控；在成品发货环节，仓库和生产线脱节，产品易拖期，发货频次及发货路线不确定；在设备管理环节，设备没有统一的管理体系，设备保养、配件更换周期不能统一维护，故障维修记录杂乱。

为解决以上痛点，助力服装企业向大规模个性化定制转型，海尔推出了面向服装行业的工业互联网子平台——海织云。

9.3　服装行业大规模个性化定制系统

基于卡奥斯 COSMOPlat 工业互联网平台的支撑，海织云平台围绕用户对女装、童装、西服、箱包、皮衣、羽绒服等服装产品在洗、护、穿、搭、购、存等方面的需求，建立起包含交互、设计、营销、采购、制造、物流和售后在内的全业务流程多边可视的协同体系，实现品牌商、材料商、生产商等各方需求流转、智能协同与高效反应。海织云平台的典型应用场景如图 9.1 所示。

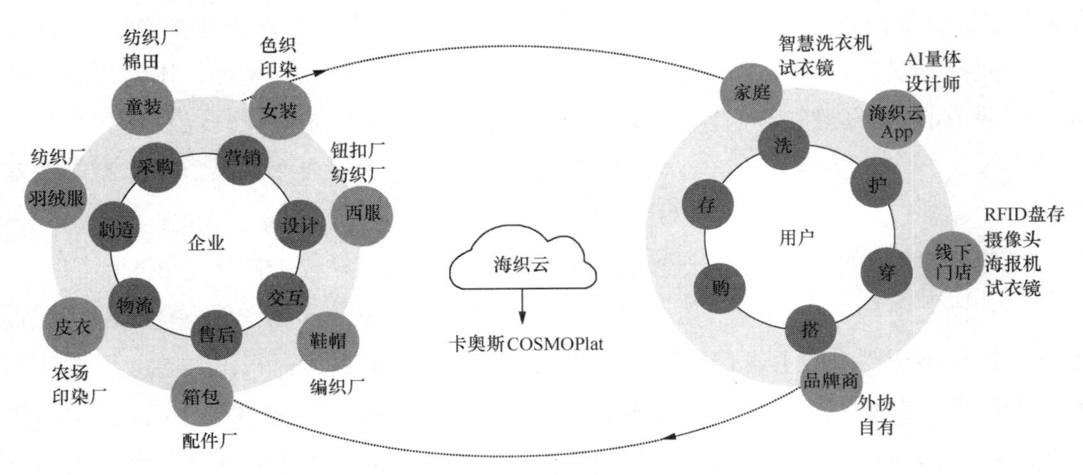

图9.1　海织云平台的典型应用场景

海织云平台的服装行业大规模个性化定制系统架构如图 9.2 所示。

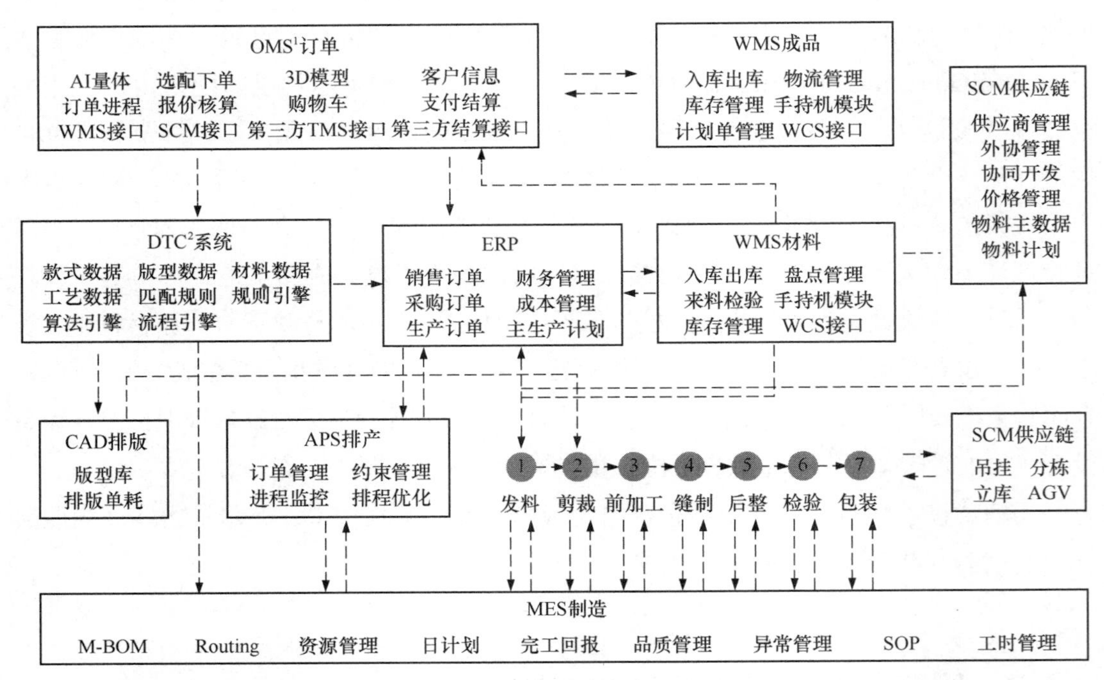

注：1. OMS（Order Management System，订单管理系统）。

2. DTC（Direct-to-Consumer，直接面对消费者）。

图9.2　海织云平台的服装行业大规模个性化定制系统架构

用户通过个性化定制平台挑选自己喜欢的服装款式，对服装面料、颜色、内衬等进行个性化选择，对驳头、腰线等细节进行个性化组合，并自行拍摄并上传由胸口水平方向拍摄的不着外套的正、侧、背 3 张全身照或半身照，完成下单；OMS 直接对接用户操作，接收用户定制信息，计算用户胸围、腰围等各项身体尺寸信息；DTC 系统计算服装款式数据、材料数据和工艺数据，并通过特定算法在版型库中匹配生成服装的基本版型，并发放给制版师进行适当微调，完成打版；ERP 系统根据销售订单生成采购订单和生产订单，供应商根据采购订单进行物料准备和配送，APS 根据订单信息进行生产排程，MES 对生产过程进行优化管理，指导生产线依次进行发料、剪裁、前加工、缝制、后整、检验、包装等工序，完成服装的柔性生产，SCM 系统与 WMS 负责物料、成品的库存与物流管理，完成产品的交付。该系统成功助力山东某服装服饰集团实现按需生产，该企业库存降低 35%，生产效率提高 28%，定制产品毛利率从 12.5% 提升至 40% 以上，产品交期由 45 天缩短至 7 天，满足了用户的个性化需求。

9.4 服装行业大规模个性化定制的实施

海织云平台推出了服装智能管理系统，为服装生产企业提供从服装的面辅料管理、订单、采购、订单结算、质检、加工管理到储运等覆盖全业务流程的智能云服务，实现对服装大规模个性化定制的整体把控。服装智能管理系统的订单处理流程如图 9.3 所示。

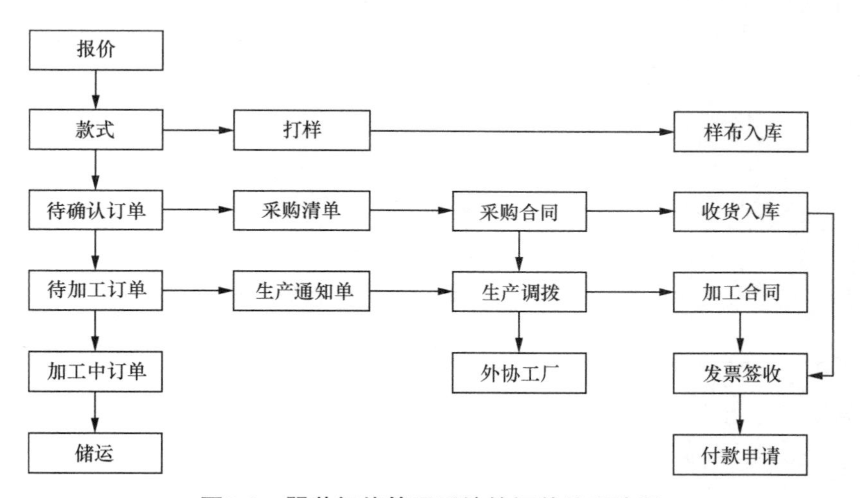

图9.3 服装智能管理系统的订单处理流程

服装智能管理系统通过数据驱动的方式，整合和优化企业价值链中的信息流、物流及资金流，提升企业管理水平和运营效率，解决以下三大难题：管理难，业务流程不清晰，职责不清，企业效率低，手动管理面辅料款式，漏洞百出；生产难，生产信息不畅通，各部门“各自为战”，生产状态不透明，难以动态掌控；订单难，订单处理不流畅，信息缺失导致订单管理难，传统采购浪费时间，数据易出错。

服装智能管理系统的操作界面如图 9.4 所示，该系统由面辅料开发管理、款式管理、订单管理、生产计划管理、采购管理、财务管理等基本功能模块组成，可实现从研发、生产到采购、仓储的全流程数据驱动管理。服装智能管理系统的详细功能见表 9.1。

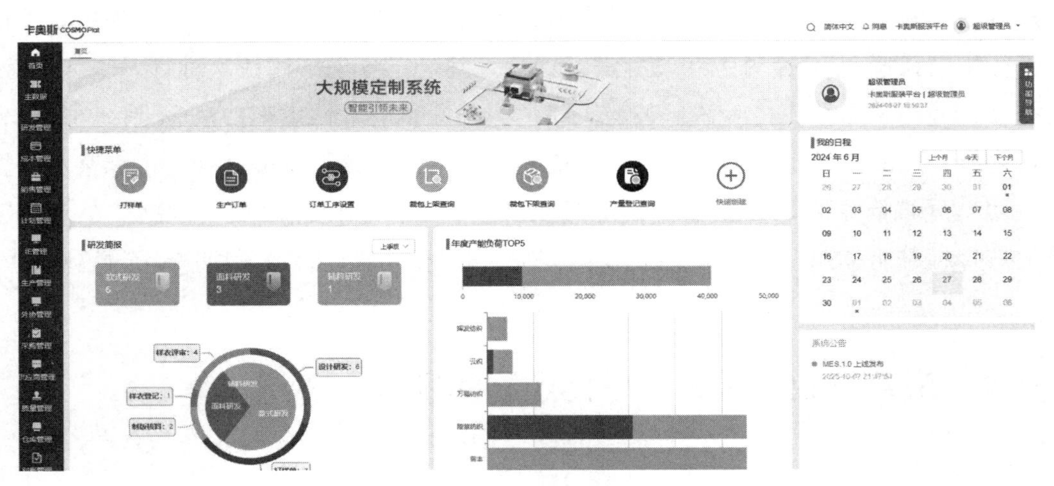

图9.4　服装智能管理系统的操作界面

表9.1　服装智能管理系统的详细功能

功能名称	功能详情
面辅料开发管理	规范操作流程，使杂乱的面料管理变得高效、有序，减少物料浪费，提高物料利用率
报价管理	在线快速完成创建、修改、查询各类报价，减少报价麻烦、资料反复录入等问题
款式管理	快速创建款式，已确认款式可生成打样也可直接生产订单，对订单进行流程审批
订单管理	实现订单从接单、打样、算料、生产到发货的全流程监控，动态管控订单及相关环节
采购管理	物料采购有序化，对物料的质量、货期、价格等进行有效管理，减少浪费，降低成本
储运管理	流畅的外贸作业流程，根据订单生成储运单和箱单，并下发包装单耗通知单
财务管理	实现成本良好管控，简化对账管理、规范付款流程，成本管控透明化
报表分析	集成多个数据源进行分析，形成可视化数据分析报告，方便制定决策

服装智能管理系统具有以下优势。

（1）全流程跟进订单进度

该系统能够实时跟进订单的每一个环节，使订单跟进清晰便捷，并根据订单进度及时给管理人员提醒预警，保证订单顺利生产、准时交付。

（2）智能分析高效管理

该系统集成来自多个功能模块的数据，能够生成不同维度的数据分析报表，进行智能化数据分析，方便快捷地为决策提供依据，实现有效管理。

（3）全面降本增效

企业各部门之间能够及时共享信息，提升沟通效率，实现有效的协同合作。该系统能够自动生成付款单，减少财务手续，规范无面辅料用量，做到合理采购，减少人工差错，降低运营成本。

9.4.1　交互定制

1. 用户身体数据采集

在服装的大规模个性化定制中，量体是一个关键环节，其准确性在很大程度上决定了定制服装是否合体，基于互联网的服装定制是一个虚拟化平台，传统的非接触式测量难以确保量体数据的准确性，而上门量体等接触式量体方式太过于依赖门店。因此，海织云平台推出了 AI 量体小程序，使用户可以实现自主量体，快速准确地提供数据，节省人力成本和时间成本。用户在小程序中输入自己的身高、体重等信息，并完成肩型、胸型、腹型、背型及穿衣喜好等方面的选择，自行拍摄并上传正面、侧面、背面 3 个角度的全身照片或半身照片，云平台后台即可根据特定算法精确计算出用户的个性化身体尺寸。AI 量体小程序界面如图 9.5 所示。

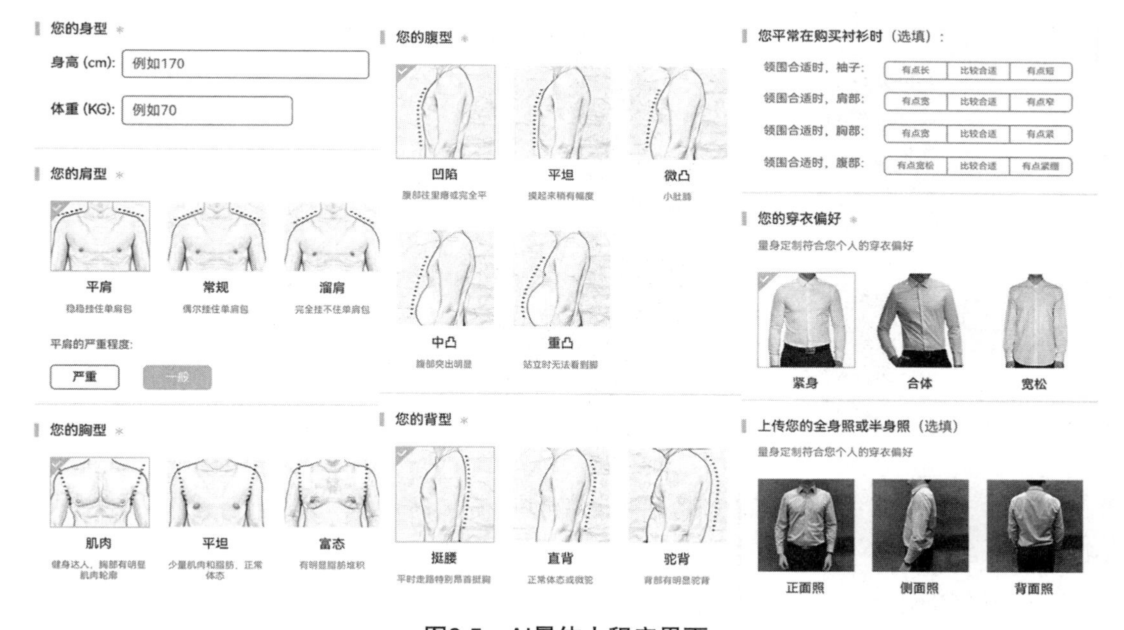

图9.5　AI量体小程序界面

此外，海织云平台还为企业提供了智能试衣系统，使用户可以在线下门店完成身体数据采集。该系统集成人体感知、特征识别及精准建模模块，基于大量亚洲三维人体样本的深度人体感知模型，可以自动分析识别人体形体特征，完成用户三维全身画像，采用国际领先的高精度人体模型重建技术，结合深度学习及多视图三维重建算法，解决了人体语义特征（即身高、胸围、腰围等一系列体征参数）的自动检测和定位，将烦琐的传统量体经验转变为机器智能，为用户提供精准的身体测量数据。

2. 用户画像分析

海织云平台能够收集用户基本信息，包括性别、年龄、职业、到店时间、频次、关注点等，并记录用户在线上、线下购买的商品信息，例如服装款式、颜色、尺码等。海织云平台对收集到的用户数据进行清洗和整理，去除重复、缺失和错误的信息，采用统计学方法、机器学习算法和深度学习模型进行数据分析，挖掘隐藏在数据中的规律和模式，并根据分析结果对用户进行分类，最后根据用户分类结果，构建用户画像模型，以便根据不同群体的特征制定相应的市场策略和运营方案，满足不同用户的个性化需求。海织云平台用户画像分析如图 9.6 所示。

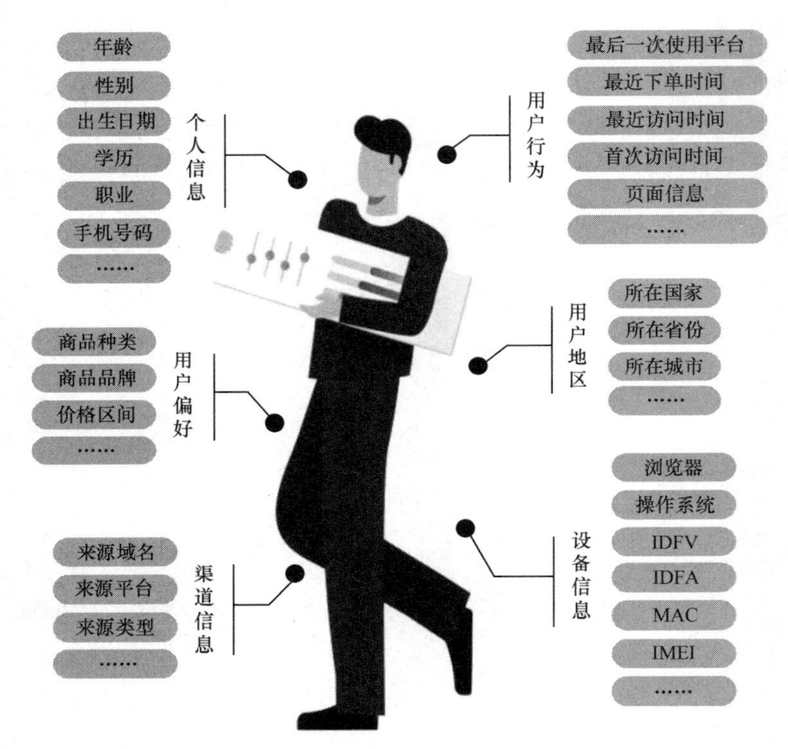

图9.6　海织云平台用户画像分析

9.4.2　开放设计

1. 服装创新设计平台

为提高设计速度，降低生产成本，海织云平台打造了满足用户体验与需求的创新设计平台。在 3D 服装数字化设计、在线交互、人体数字化建模、虚拟试衣等新技术的支撑下，海织云平台可以利用人体曲面重构法构建人体参数化模型，并对人体参数化模型进行参数化变形，得到个性化人体和系列化人体，从而为服装设计提供很好的模型支撑；通过分析织物的物理性能，优化改进现有的建模方法，实现对织物的三维模拟，在无须制作实物样品的情况下，将设计稿仿真转化为成衣 3D 模型进行生动展示，使服装设计师可以打破时空局限与用户高效交流，在线对服装设计进行修改，极大地提升沟通效率，降低开发成本。服装创新设计平台整体架构如图 9.7 所示。

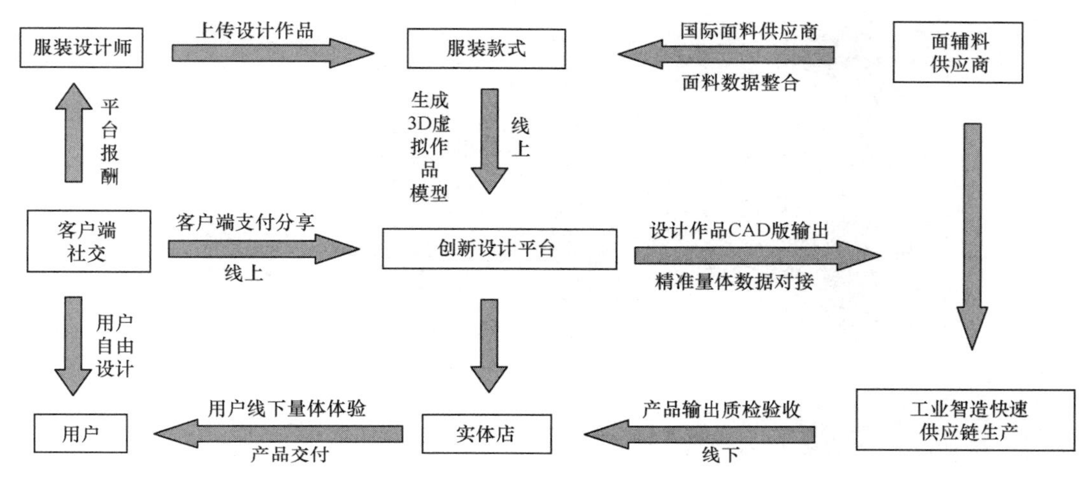

图9.7 服装创新设计平台整体架构

服装创新设计平台以中国服装设计师协会、韩国服装设计师协会和全国大中院校相结合的人才资源为依托，与米兰、巴黎、伦敦、东京和首尔等国际服装时尚发达城市合作，吸引了大批国内服装设计专业的优秀学生、独立设计师、服装设计新锐力量和全球优秀设计师加入平台，采用 Style3D 面料程序、Clo3D 等虚拟缝制软件，为服装设计师提供专属的设计空间。

服装创新设计平台由初始化操作、常规操作、管理员操作、面料供应商操作、面料采购商操作等模块组成。其中，面料供应商操作模块具备进入面料采购页面、申请寄样、供应商看板、提交面料需求、面料样品扫描、官方数字资源购买、用 Style3D 面料程序新增面料、平台内新增面料、查阅面料及快速编辑、面料推送、面料展厅编辑等功能，管理员操作模块涵盖了企业信息设置、用户管理、供应商管理、员工管理、基础数据管理、通用设置、日志及数据统计等功能。服装设计师手绘的设计稿完成后交给制版师，制版师完成 CAD 后，无须实际采购面料和缝制，而是利用 Clo3D 等虚拟缝制软件，直接将 CAD 文件虚拟缝制为服装 3D 作品模型，并生成作品名称、上传时间、人气 / 评论、服装设计师等信息，依托服装创新设计平台数据形成设计师作品库，向国内外设计师与服装品牌公司提供样衣在线设计公共资源和 3D 虚拟样衣制作服务。

2. 智能样衣中心

为方便存储、查找样衣，海织云平台推出了智能样衣中心，用来存储精选开发样衣，服务于产品的设计开发，为业务员、服装设计师和用户提供款式参考，存储的样衣多为近 3 年的潮流款式，会随着时间定期更新。智能样衣中心如图 9.8 所示，其采用双层立体智能吊挂系统，共有 64 个库位，后台基于自主开发的样衣管理系统，对样衣进行数字化管理，例如样衣的数字化信息录入、上架、下架、查询、筛选与调出等。

图9.8　智能样衣中心

3. 服装智能技术数据管理系统

海织云平台的服装智能技术数据管理系统内置了多个强大的数据库，包括版型数据库、工艺管理数据库、款式数据库、原料数据库和规则数据库等，这些数据库相互连接，共同协作，为服装大规模个性化定制提供全面的数据支持和智能化的生产流程管理。款式数据库囊括企业产品大多数的流行设计元素，能够满足各种设计组合和个性化设计需求；版型数据库收录了各种不同类型的版型数据，涵盖童装、女装、西服等多个类型的服装样式和尺寸信息，可以快速匹配与目标产品相似的版型数据；工艺管理数据库记录了各类加工工艺的详细信息，包括裁剪、缝纫、熨烫、包装等环节的步骤和要求，通过与版型数据的关联，可以智能地生成适用于特定版型的加工工艺流程，实现自动化的生产过程管理；原料数据库记录了各种不同类型的原材料信息，包括面料、纽扣、拉链等，该管理系统可以自动查找并选择符合产品需求的原材料，生成排料图，确保产品的质量和可靠性。

4. 服装辅助设计平台

海织云推出了基于 AIGC 的服装辅助设计平台，可以通过用户描述和参考图样为服装设计师快速提供设计方案，实现从概念描述到概念设计成果的快速产出。服装辅助设计平台界面如图 9.9 所示。

该设计平台具备六大核心功能。

① 款式设计。服装设计师可以根据用户需求输出服装风格、配色、材质、配饰等文字信息，一次生成多张效果图。

图9.9　服装辅助设计平台界面

② 款式重构。服装设计师上传参考图片，系统可以根据图片中的服装风格，一次生成多张类似风格的效果图。

③ 款式穿搭。服装设计师可以通过局部绘制蒙版的方式实现配饰的添加和修改。

④ 面料替换。平台支持服装设计师对服装的面料进行替换。

⑤ 款式改色。平台支持服装设计师在不更改服装款式的前提下，仅对服装颜色进行修改和扩展。

⑥ 虚拟试衣。平台可以将制定的服装样衣穿到真人模特上进行效果展示，并支持修改模特的面容和姿态。当前该平台已经支持外套、半身裙、连衣裙、T 恤、马面裙和卫衣共 6 种服装品类的设计，通过该平台，服装设计师的设计效率提升 40% 以上。

9.4.3　精准营销

1. 数字零售平台

海织云平台是业内领先的基于数字化零售平台的零售行业解决方案提供商之一，为各种零售或泛零售业务企业提供数字化零售综合解决方案，通过融合创新技术和行业经验，成就零售品牌商第二增长曲线。作为数字化零售业务的 PaaS 底座，数字零售平台通过连接传统业务系统，整合离散业务数据，以基于数据智能的实时“人一货一场”处理能力，实现营销和零售供应链的联动，赋能零售企业既快又稳地创新，帮助品牌开拓新的卖货渠道，帮助品牌快速落地创新业务场景。数字零售平台的架构如图 9.10 所示。

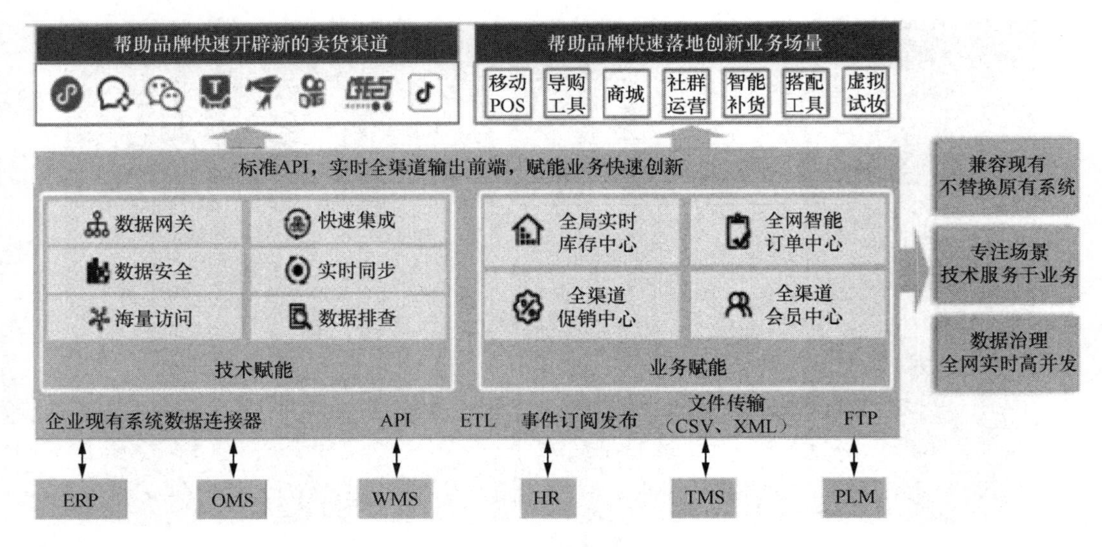

图9.10　数字零售平台架构

2. 智慧门店会员管理系统

海织云平台推出了智慧门店会员管理系统，通过客流分析、精准画像、精细营销和增量管理，帮助企业实现会员的高效管理，增强用户黏性，提升销售转化，系统主要功能如下。

① 客流分析。通过客流分析仪，该系统可获取客流每一份数据。后台客流分析统计数据如图 9.11 所示。

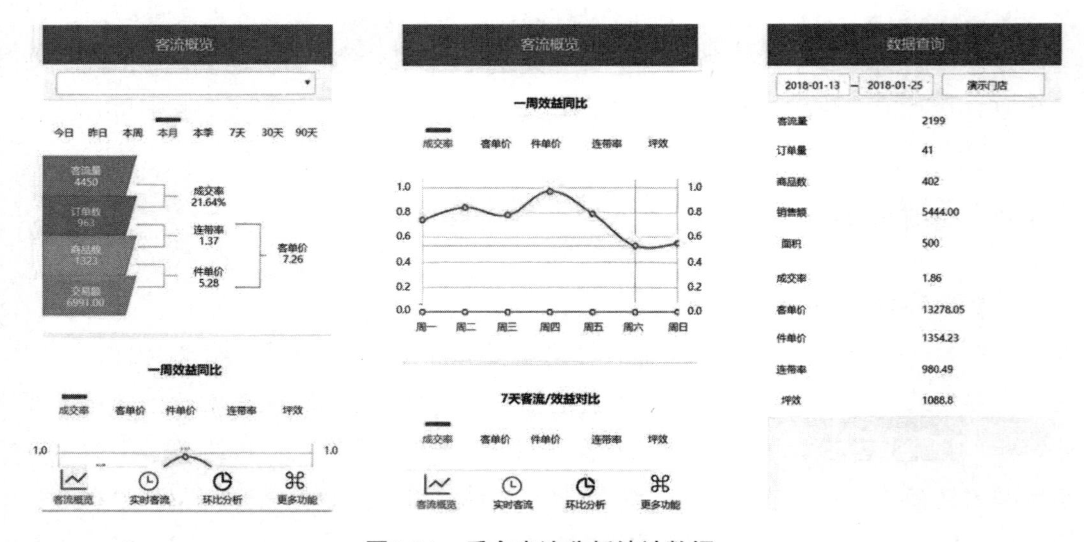

图9.11　后台客流分析统计数据

② 精准画像。该系统可以智能识别年龄、性别、到店时间、到店次数、是否会员等进店顾客属性。顾客属性精确识别如图 9.12 所示。

③ 精细营销。精准记录每一位会员的购物信息偏好、消费水平等个性化数据，根

据会员购买次数、会员消费习惯等属性针对不同会员群体进行有差别的营销推广活动。

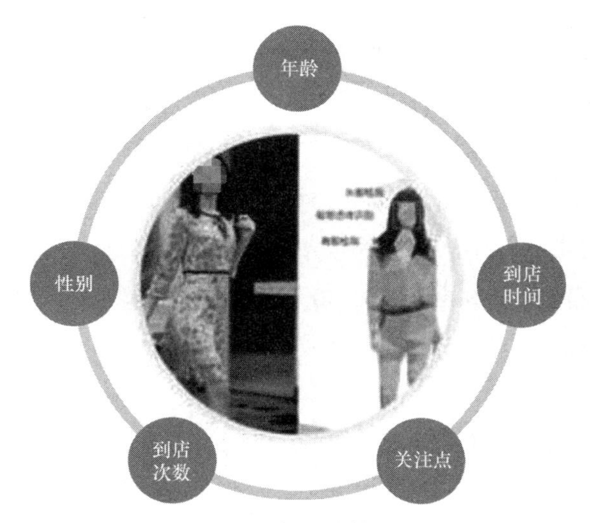

图9.12 顾客属性精准识别

④ 增量管理。该系统实现线上线下会员联通，增加服务、品牌每个细节的增量管理，促进门店销售量提高。

智慧门店会员管理系统的顾客类型识别如图 9.13 所示。顾客进入门店以后，该系统会通过传感器感知其入店信息，调取云端数据，通过图像识别，将用户划分为黑名单顾客、新顾客和老顾客。对于黑名单顾客，系统后台发出预警，提示店员及时做出防范措施；对于新顾客，分析识别顾客基础属性，建立档案资料，上传云端，并提供二维码、收银台、App、网页等多种简单便捷的会员注册渠道，定制互动效果，吸引新顾客成为会员，实现拉新留存；对于老顾客，根据顾客档案资料精准推送符合用户个性化需求的产品，促进二次消费。

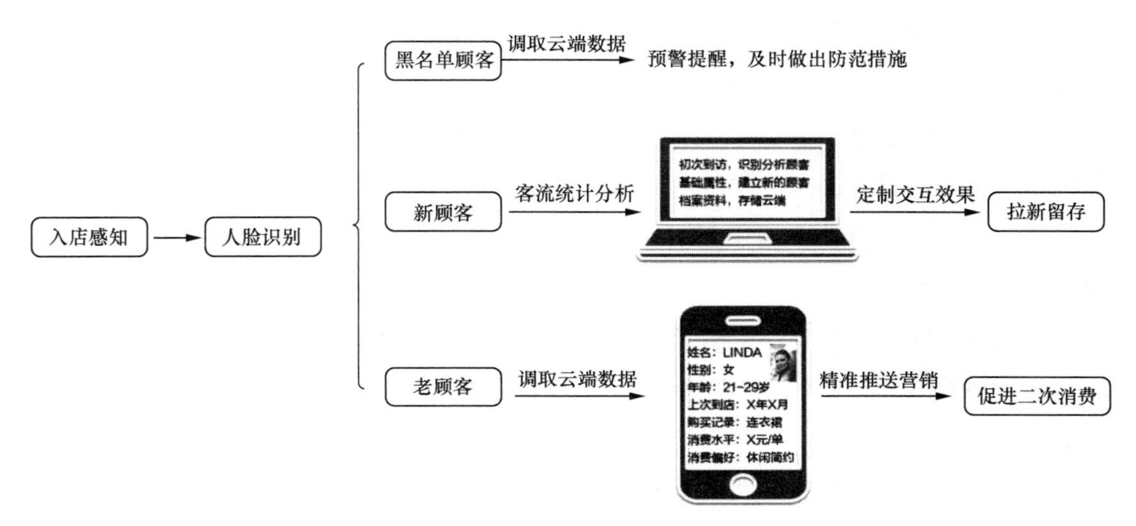

图9.13 智慧门店会员管理系统的顾客类型识别

9.4.4 模块采购

在服装行业的业务工作中，与面辅料相关的操作占据相当大的比重，从为订单选定面辅料，到面辅料订单交易，以及业务员跟进厂家生产发货，直到工厂采用面辅料进行生产。随着新业态的发展，工装板块提出了面辅料现货备货、现货交易的需求，设计板块提出了面辅料信息在线查看，面辅料样品查阅的需求。为了有效缩短面辅料供应商和需求方之间贯通的中间环节，解决物料供需不平衡、供应链透明度不高的问题，海织云平台依托现有国家纺织面料馆、3000多家面辅料供应商和面辅料现货超市，为服装行业的供需双方搭建起一个便捷、高效、低成本、信息互通、公开透明的服务平台。

海织云平台的面辅料平台由面辅料主数据平台、面辅料支撑平台和面辅料交易平台3个部分组成。面辅料平台功能框架如图9.14所示。

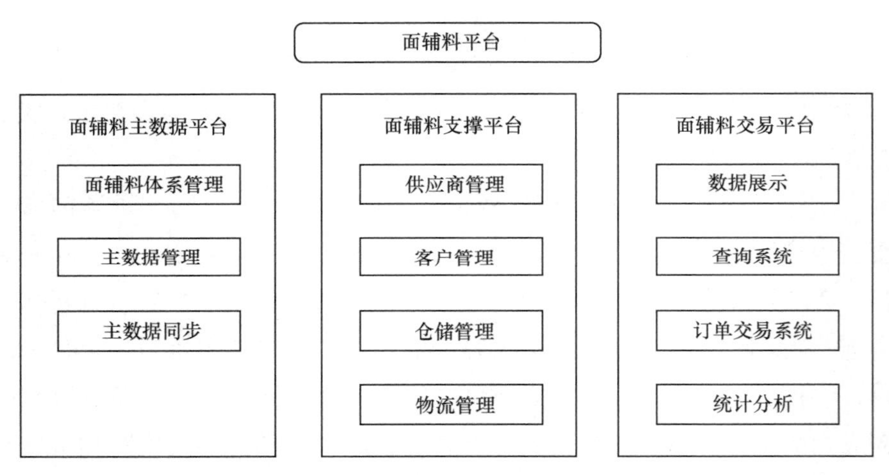

图9.14 面辅料平台功能框架

面辅料主数据平台管理面辅料数据，为整个解决方案提供面辅料主数据支撑，通过底层互联网用户账目提供者（Internet User Account Provider，IUAP）平台，与其他业务系统（例如ERP、MES等系统）同步面辅料主数据，保证所有系统的数据一致性；面辅料支撑平台管理面辅料供应商、内外部客户、不同形态的面辅料实体仓库、物流信息等内容，为主营业务提供面辅料数据使用支撑；面辅料交易平台提供面辅料信息展示、面辅料期货、现货交易的功能，它既是公司内部交易枢纽，也是公司向外提供面辅料服务的窗口。面辅料交易平台的数据展示功能页面如图9.15所示。

面辅料负责人、服装设计师等用户通过面辅料交易平台查阅样品信息后，对感兴趣的样品申请借阅，通过样品仓管理系统从智能样品仓中自动调取出借阅面料样品，并通过物流发送给用户；用户通过物流（或样品仓前台）归还样品后，通过样品二维码自动完成样品归还。

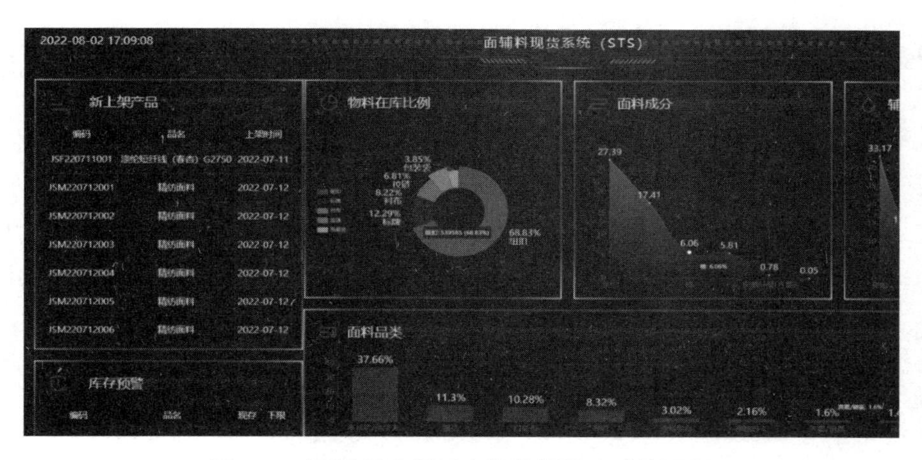

图9.15 面辅料交易平台的数据展示功能页面

面辅料平台相关业务主要包括面辅料期货（大货）采购、面辅料现货超市和面辅料样品查阅 3 种。面辅料平台相关业务形态如图 9.16 所示。3 种业务前端操作集中在面辅料交易平台完成，然后通过仓储管理平台的不同系统进行仓储管理支撑，最后对接专属的智能仓储硬件系统。同时 ERP、MES、业务流程管理系统（Business Process Management，BPM）等系统为交易平台和仓储系统提供支撑，以实现各个系统之间联动互通。

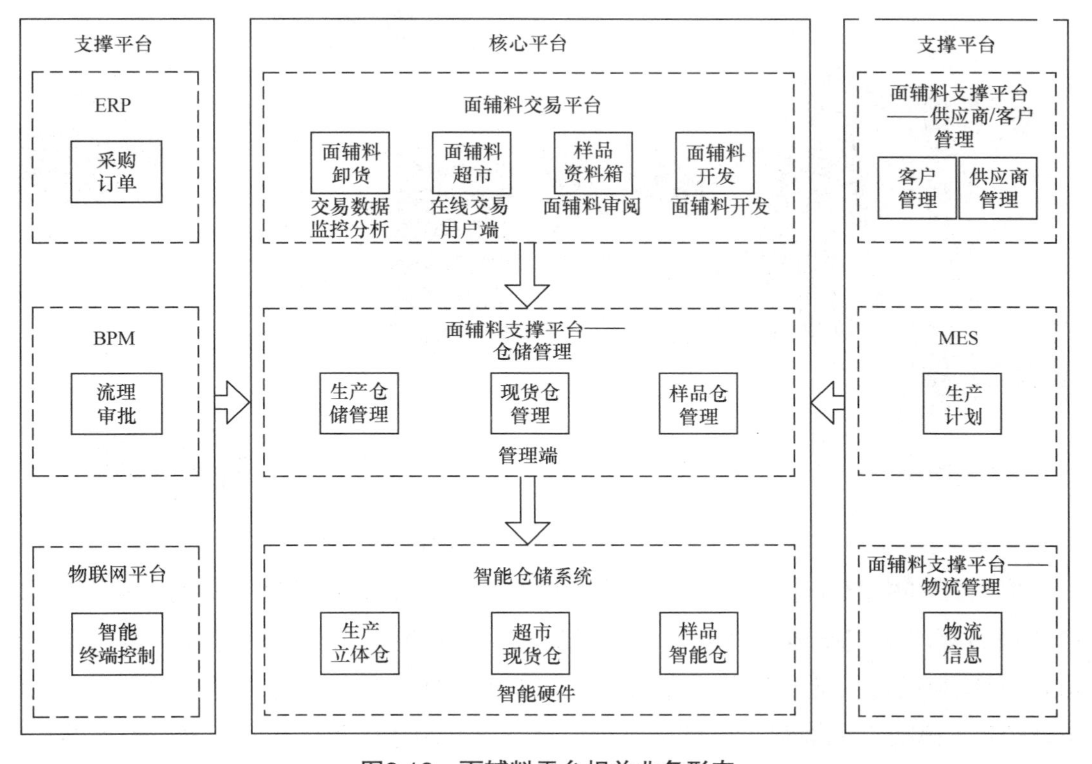

图9.16 面辅料平台相关业务形态

9.4.5 智能生产

1. 软硬件一体化集成解决方案

海织云平台通过自主研发创新聚集行业优质资源，为服装企业提供软硬件一体化的工厂集成解决方案。该方案旨在提供高效自动化的生产流程和物流运作，提升生产线的智能化水平，降低企业升级改造的部署时间和成本，保证服装企业转型升级的成效，满足多品种、小批量服装的生产需求。通过引入模板机、自动裁床等先进设备，实现了开带、贴片、勾领子、布料裁剪等工序的自动化生产。通过引入智能配片系统、智能缝制吊挂系统、AGV 配送系统，实现个性化定制产品的单件流配送、智能驱动个性化工站加工、自动产线平衡调节、自动配送返工等功能。通过引入智能化系统，实现版型数据与生产工艺数据的积累、个性化订单与生产工艺的智能匹配，并支持对处于生产过程中的订单工艺信息进行变更。

用户下单以后，智能排产系统基于多种智能排产算法，根据订单数量、交付周期和车间的生产能力，通过设备负载匹配、工装库存匹配、岗位技能匹配、员工日历匹配等信息对生产工单进行自动拆分与合并，按照预设人力计划，自动调整工单的派单人数，平衡产能，完成订单的生产排程。软硬件一体化工厂集成解决方案如图 9.17 所示。

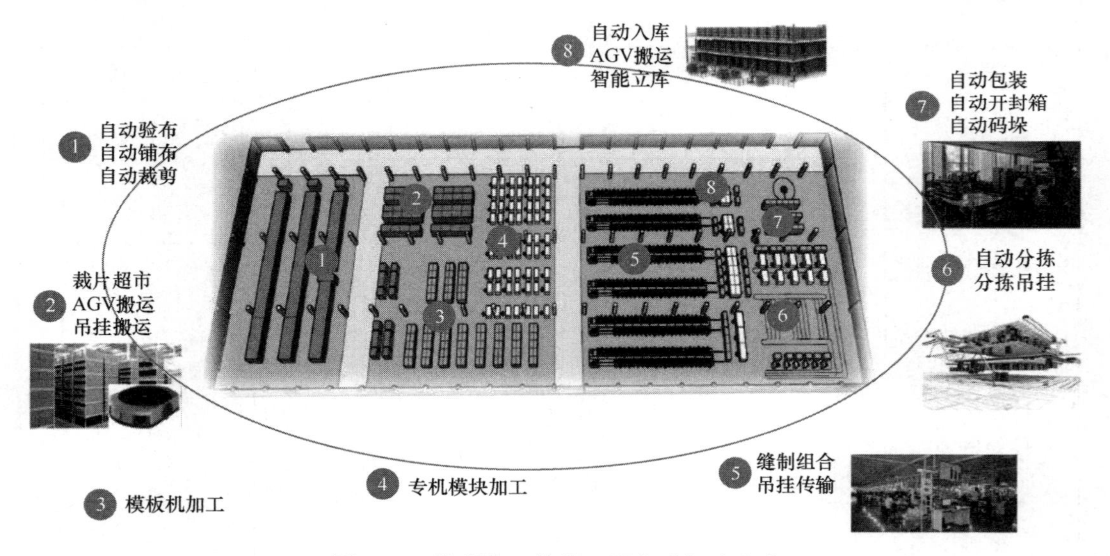

图9.17 软硬件一体化工厂集成解决方案

根据订单生产计划，自动验布模块和自动铺布模块完成对面料的检验和铺展，自动裁剪模块根据服装版型数据对面料进行精确裁剪，裁剪后的部件（裁剪件）经 AGV 搬运和吊挂搬运到达裁片超市，进行集中管理，确保及时的材料供应和顺畅的生产流程；模板机模块和专机模块提供了定制化的制造能力，能够根据需要对裁剪件进行加工处理；缝制组合模块能够缝制裁剪件，吊挂传输系统确保了成品的稳定传输；自动分拣和分拣吊挂模块能够将成品按照订单进行智能分拣，提高订单处理的速度和准确性；自动包装和自动开封箱系统自动完成产品的包装与装箱操作，自动码垛系统将产品按照规定的方式堆叠，减少人力工作，提高效率；AGV 搬运配合自动入库系统完成产品的及时入库存放，智能立体仓库提供自动化和高效的仓储管理，实现快速的库存检索和管理。

2. 产业链全流程数字化协同

服装产业链全流程数字化协同体系如图 9.18 所示。海织云平台围绕研发、业务、计划、生产、采购、仓储、质量检验、财务等建立起全流程多边可视的数字化协同体系，实现了品牌商、材料商、生产商等各方的需求流转、智能协同与高效反应。通过为生产企业搭建数字化管理系统，实现了生产企业与面辅料厂商、供应商、外协工厂、外协打样间、品牌商、设计师端和客户端的全流程互联互通，这意味着所有的参与方都可以连接到海织云平台进行数据分享和处理，实现真正的数据驱动。将所有资源通过数据的方式进行互联，为企业创造更多的价值。

3. 精益生产管理体系

海织云平台的生产制造体系充分结合精益生产理念，按订单驱动，拉动式生产，尽量减少在制品库存，大力推进标准化和系列化，具体内容如下。

（1）小单快反

实现小单快反模式，以极小的首单单量测试市场，当消费侧有数据显示某款商品为“准爆款”时，再将该商品返回工厂侧，增加生产订单，极大地降低库存，将服装从设计、生产到上线销售整个流程的最短时间控制在 7 天以内。

（2）柔性生产

建立柔性生产线，通过一条生产线即可完成所有品类、所有款式的生产。

（3）质量管控

建立质量检验标准流程，严格把关产品生产的流程。选择高质量的面料、饰品和配件，并严格按照要求进行验收和检测；对生产过程进行全面的控制和管理，包括生产计划的制定、生产设备的保养等，对每一个生产环节进行质量把关；生产完成后对产品进行全面的检验和测试，包括外观检查、尺寸测量、强度测试、洗涤试验等；建立完整的追溯体系，以便在发生问题时能够快速追溯到问题的根源。

（4）6S 管理

实施 6S 标准与规划，建立 6S 管理机制与评价体系，并在工厂内设置电子看板，实现目视化管理。

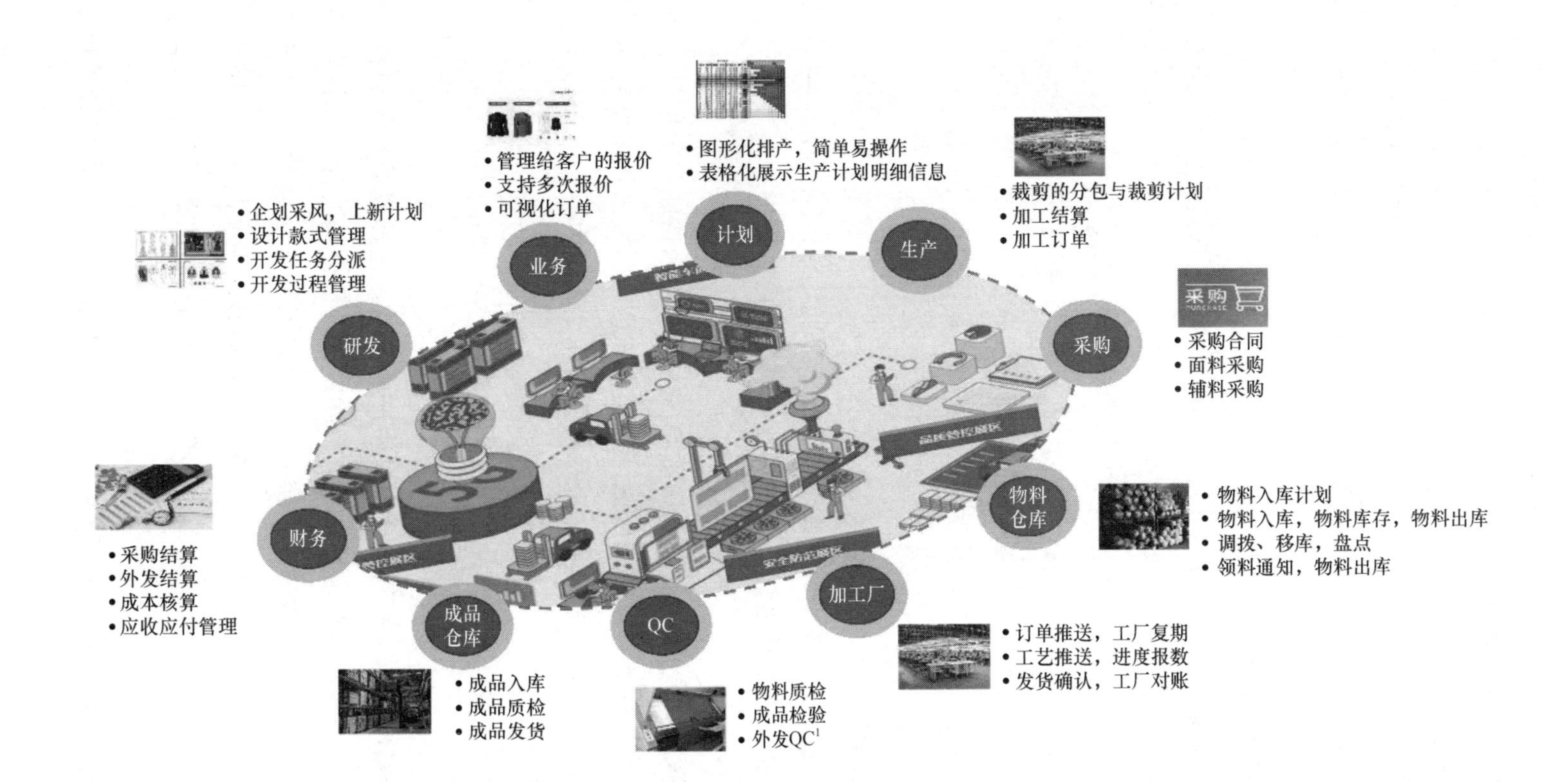

注：1. QC（Quality Control，品质控制）。

图9.18　服装产业链全流程数字化协同体系

（5）工业工程（Industrial Engineering，IE）培训

开展精益基础知识体系培训与精益改善方法培训，培养企业精益管理团队，并结合自动化、信息化技术改进产品质量和生产效率。

（6）管理流程

优化组织机构，使岗位设置合理化，岗位职责标准化，建立有效的激励机制，对各岗位薪酬建立相应的关键绩效指标（Key Performance Indicator，KPI）。

4. 服装智能制造执行系统

服装智能制造执行系统为工厂打造了一个扎实、可靠、全面、可行的制造协同管理平台，由数据模块、吊挂模块、报表模块、图表模块、质检模块、生产模块等部分组成，具有制造工艺管理、计划排程管理、生产调度管理、在线工艺指定、员工实时计薪、质检病例库、吊挂驱动、自动裁床对接、精确物料单耗和统计分析等功能，质检模块的质量统计看板界面如图 9.19（a）所示，生产模块的产量分析看板界面如图 9.19（b）所示。

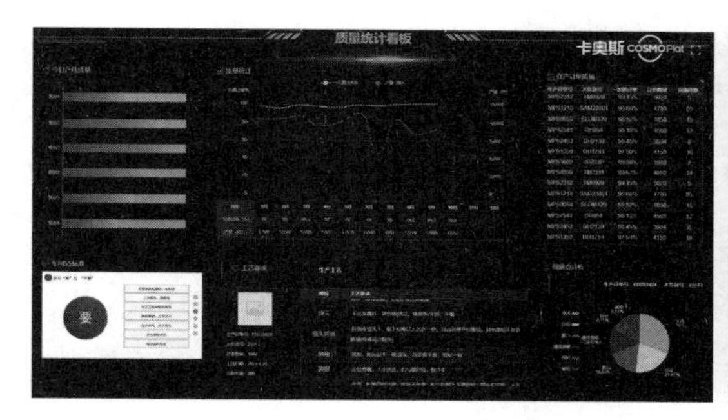

（a）质检模块的质量统计看板界面

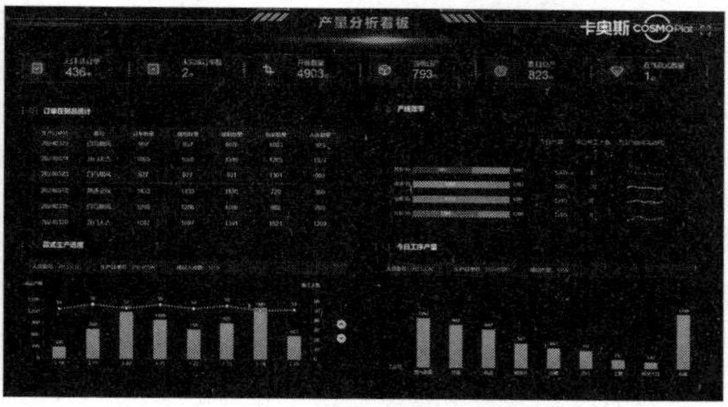

（b）生产模块的产量分析看板界面

图9.19　服装智能制造执行系统

5. 纺织生产云平台

为服务服装产业链上游的纺织企业，海织云平台通过分布式数据库技术推出了 1 个基于 Web 的纺织生产云平台和 2 个基于微信企业公众号开发的移动生产管理平台，实现产量、设备、工艺、人员、质量和能耗等的有序管理。纺织云平台体系架构如图 9.20 所示。该架构可以随时随地下达、接收生产指令，能够通过统一服务平台，迅速实现生产调度、接单和派单，纺织云平台具有以下优势。

（1）流程全面性

平台涵盖纺织行业生产的全流程，将事前工艺设定、事中运转监测和事后指标对比分析贯穿于整体生产过程始终，实行标准化生产管理和流程化生产管控，优化生产效率，固化技术数据，降低对人力的依赖性，建立闭环的计划、控制、追溯、反馈与调整机制。

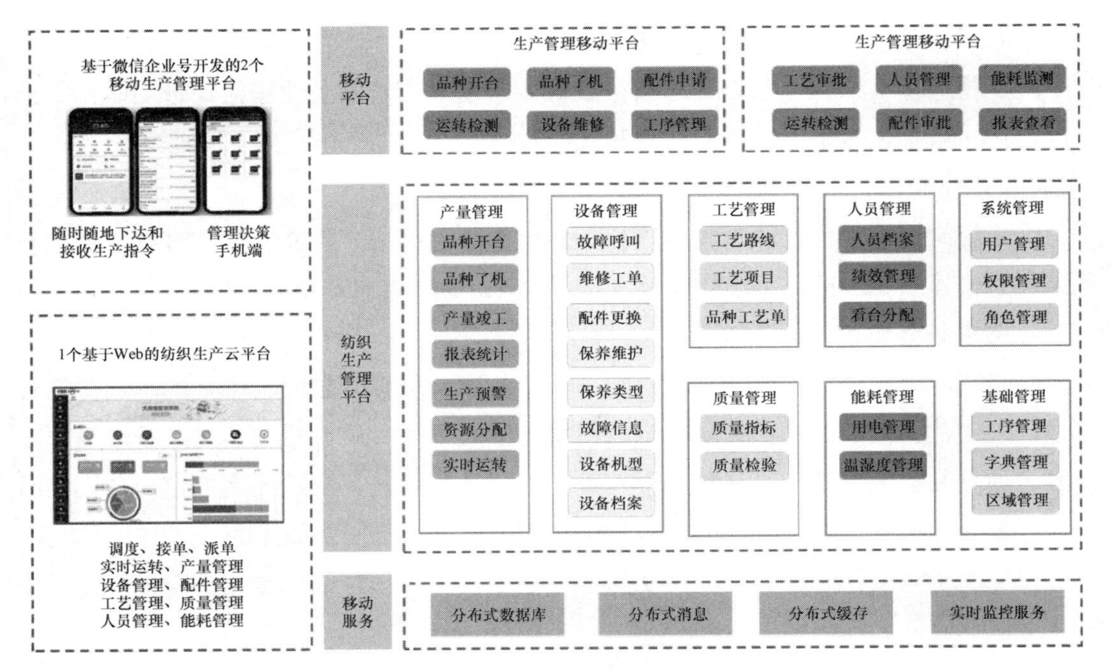

图9.20　纺织云平台体系架构

（2）大数据运营

实现了全流程大数据的收集，涵盖“人、机、料、法、环”每个生产环节，能够提高成本核算的精确性。通过数据分析发现问题，解决问题，从而降低生产管理成本，提高产品的质量，优化设备的效率，改善对客户的服务，提高市场的响应敏捷度和竞争力。

（3）组网多样性

平台支持无线和有线两种现场组网方式，方便灵活。新工厂和方便布线的工厂采用有线组网方式，旧工厂改造采用无线组网方式，节约成本。

（4）功能集成性

平台功能强大、简单易用，能够与ERP、MES、OA等其他管理系统对接，消除“信息孤岛”，使管理层得到全面、及时、准确的数据分析。

6. 纺纱智慧物联系统

为服务服装产业链上游的纺纱企业，海织云平台研制了纺纱智慧物联系统，系统由采集网关设备、无线接收设备以及无线路由设备组成，可以实现生产数据的实时调度和接单派单。纺纱智慧物联系统架构如图9.21所示。该系统采用了国内外先进的信息技术，可以实现纺纱工序物联网的全覆盖，能够完整呈现每台设备实时采集的数据，数据每10秒更新一次，有效支持生产现场各工序单机台的实时数据跟踪。

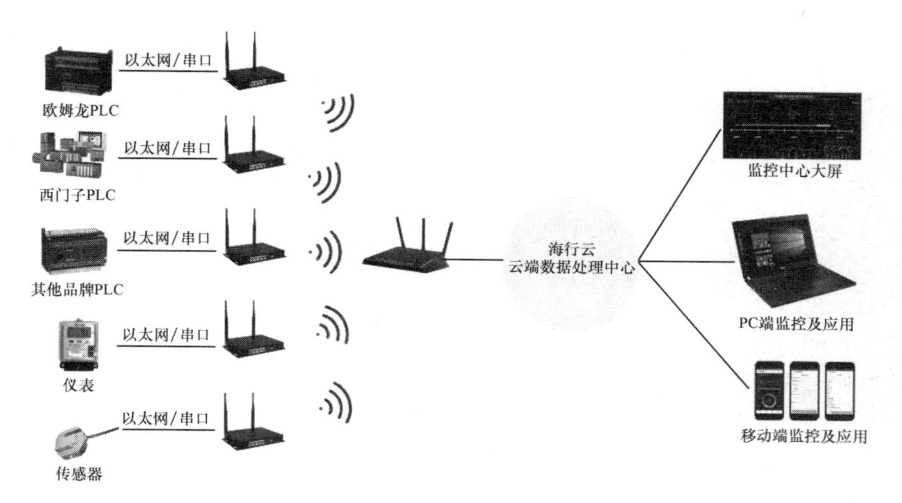

图9.21 纺纱智慧物联系统架构

9.4.6 智慧物流

1. 服装智能仓储管理系统

服装智能仓储管理系统登录界面如图 9.22 所示。

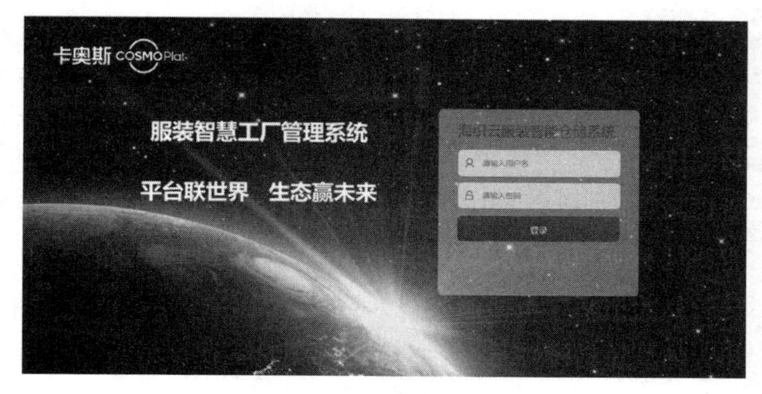

图9.22 服装智能仓储管理系统登录界面

随着纺织服装行业向个性化、小单快反方向发展，仓储管理的服装品类数量不断增加、出入库频率剧增，仓储管理作业也已经变得十分复杂和多样化，传统的人工仓储作业模式和数据采集方式难以满足仓储管理的快速、准确要求。为实现半成品、委外半成品、成品的仓储管理，海织云平台打造了智能仓储管理系统，代替了传统的人工管理模式，提高了工作效率，减少了库内出错率，实现了对各个环节的精准分析可追溯和对仓储产品的精细化管理。

服装智能仓储管理系统是集批次管理、物料对应、库存盘点、质检管理、库存管理等多种功能于一体的综合管理系统，可以有效控制并跟踪仓库业务的全过程，支持按单采购出入库和条码作业，库存盘点不影响物料、产品出入库，支持多仓库精细化管理。服装智能仓储管理系统操作界面如图 9.23 所示。

图9.23　服装智能仓储管理系统操作界面

服装智能仓储管理系统的架构如图 9.24 所示。其主要模块的功能如下。

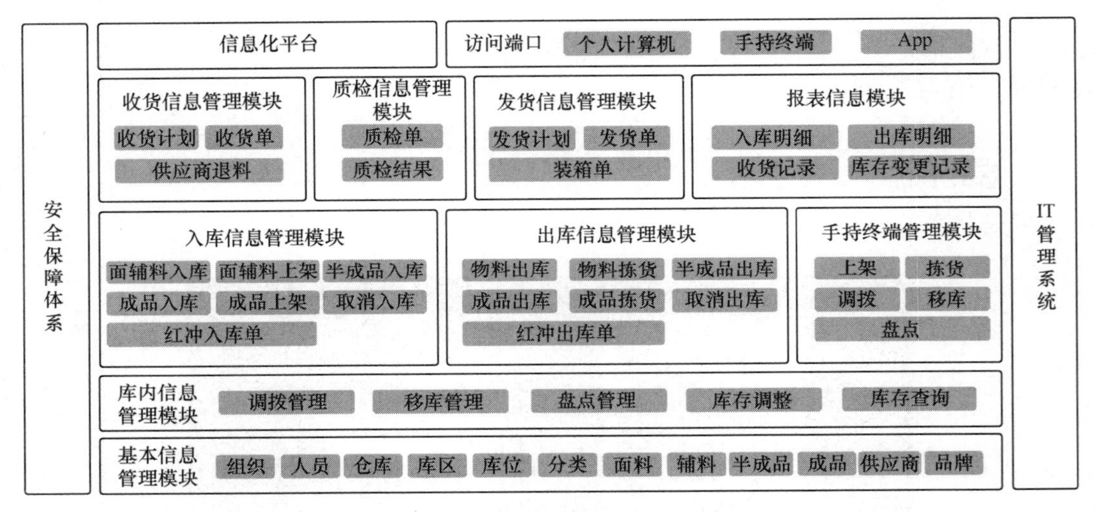

图9.24　服装智能仓储管理系统的架构

（1）基本信息管理模块

把工厂的书面信息录入到信息化系统中，包括组织结构管理、人员管理、仓库管理、库区管理、库位管理、分类管理、面料管理、辅料管理、半成品管理、成品管理、供应商管理和品牌管理。其中，分类、面料、辅料、半成品、成品、供应商和品牌的数据可以通过 MES 同步。

（2）库内信息管理模块

系统建立调拨管理、移库管理、盘点管理、库存调整、库存查询等功能。调拨是仓库和仓库之间进行的调货操作；移库是仓库内部库位之间进行的调货操作；针对库内的库存信息，可在一定时间、一定范围内进行盘点。

（3）出库信息管理模块

系统建立物料出库、物料拣货、半成品出库、成品出库、成品拣货和取消出库等功能。

出库单会在扫码设备上自动生成一个拣货任务，拣货人员可在设备上查看，并扫码进行拣货。

（4）手持终端管理模块

针对系统内的出入库及库内管理单据，均可在手持终端上生成对应的任务。仓库人员通过登录终端系统，查看并执行任务。

（5）发货信息管理模块

系统建立发货单、装箱单等功能。根据实际生产结果和销售订单，可制定发货单，发货单根据出库单直接生成，并可根据发货需要，制作装箱单。

服装智能仓储系统的业务流程如图9.25所示。根据采购计划完成面辅料、半成品的质检和入库，根据生产计划完成面辅料、半成品的出库，当生产计划变更时完成退料入库和补料出库，生产完成后完成成衣入库，产品发货时完成成衣出库并生成发货单和装箱单。此外，还可以对仓库中的物品进行移库、调拨和盘点操作。

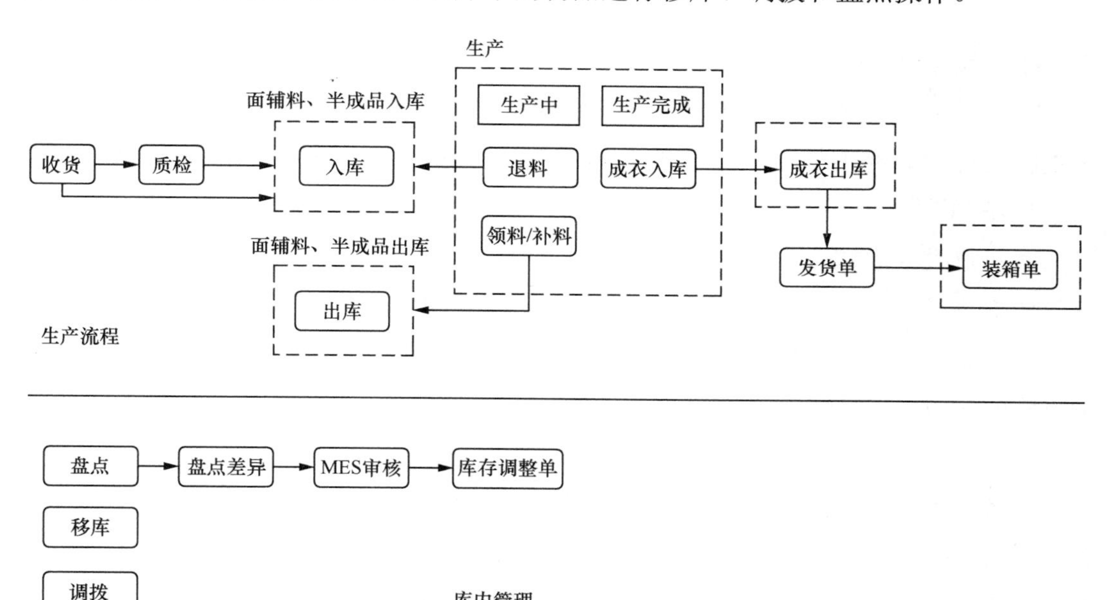

图9.25　服装智能仓储系统的业务流程

服装智能仓储系统与MES交互流程如图9.26所示。服装智能仓储系统承接由MES同步的收货单、入库申请单、领用申请单、发货计划和ERP系统同步的基础数据等信息，以下是具体的交互流程。

（1）收货单

MES审核通过采购订单后，接口同步在智能仓储系统上创建收货计划，智能仓储系统可查询收货计划，并根据计划创建收货单。完成收货后，智能仓储系统通过接口将收货结果同步到MES的收货计划中。

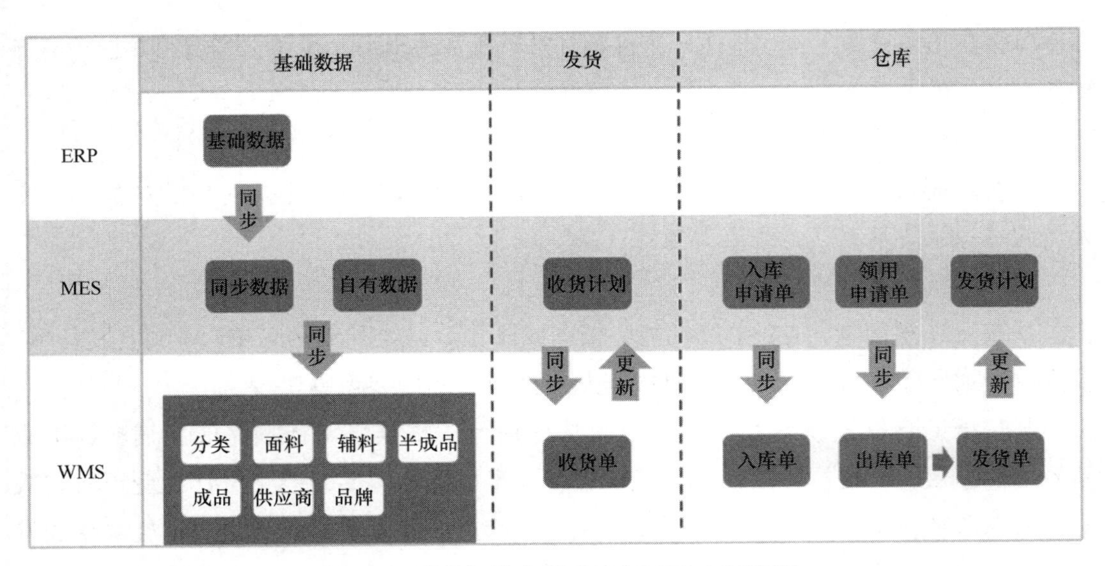

图9.26 服装智能仓储系统与MES交互流程

（2）入库申请单

MES 审核通过入库申请单后，接口同步在仓储管理系统上创建面辅料、半成品、成衣的入库单。完成入库后，智能仓储系统将库存变更记录通过接口同步到 MES，或由 MES 手动更新。

（3）领用申请单

MES 审核通过领用申请单后，接口同步在仓储管理系统上创建面辅料、半成品的出库单。完成出库后，智能仓储管理系统将库存变更记录通过接口同步到 MES，或由 MES 手动更新。

（4）发货计划

MES 审核通过发货计划后，接口同步到仓储管理系统查看发货计划，智能仓储管理系统可根据发货计划创建成衣出库单，完成出库后，出库单可继续发货、装箱流程。完成成衣出库后，智能仓储管理系统将库存变更记录通过接口同步到 MES，或由 MES 系统手动更新。

（5） ERP 系统同步的基础数据

在 ERP 系统中维护分类、面料、辅料、半成品、成品、供应商和品牌的基础数据，可在仓储管理系统上手动同步。

服装智能仓储管理系统的优势包括以下 4 个方面。

（1）库存管理精细化

按照收货、入库、拣货、质检、出库、盘点等流程将库内作业进行细分，各种作业高效运行，同步系统计算每步的操作时效，支持高级定制服装服务，能够实现精确到每一卷面料的幅宽管理。

（2）仓库管理可视化

库存数据按时查询并生成报表，实时掌握库存的情况，合理保持和控制企业的库存；仓库作业采用手持终端进行数据采集，保障采集的数据能及时被发回到数据中心。

（3）仓库库位科学规划

系统全面支持多仓库、多库位、多组织架构的管理要求，智能优化仓库的库位，支持不同仓库间的联动作业，全面支持库位管理智能分配任务。

（4）灵活配置

系统提供强大的上架策略、拣选策略和盘点策略，联合手持机终端，全流程采用二维码管理，实时追踪。

海织云平台通过深度调研，梳理了青岛胶州某女装公司现有的主要业务和流程，为其配置了智能仓储管理系统，实现了多级仓库集中管理、信息化管理和仓储作业防错控制，使公司的仓储业务操作可视化，库存实时准确，避免了烦琐的纸质操作，提高了作业效率和空间利用率。智能仓储管理系统应用前后对比如图 9.27 所示。

图9.27　智能仓储管理系统应用前后对比

2. 全链路 RFID 盘存系统

任意服装品牌，只要达到一定的物流体量，就会对内部供应链管理和门店销售管理提出更高的要求。因此，海织云平台提供了全链路 RFID 盘存系统解决方案，如图 9.28 所示，旨在将 RFID 技术应用到服装的生产、仓储及门店作业等环节中，全链路 RFID 盘存系统的广泛应用如图 9.29 所示，取代传统的条码管理体系，基于对衣物的单品级数字化管理，实现物联网模式下的智慧仓储和智慧门店功能。

传统的条码识别技术存在效率低下、错误率高等问题，而采用 RFID 技术，不仅能够大幅提高各环节的作业效率和准确率，还能改善顾客的体验，减少人力需求，简化门店管理，优化市场决策，最终帮助企业实现降本增效。

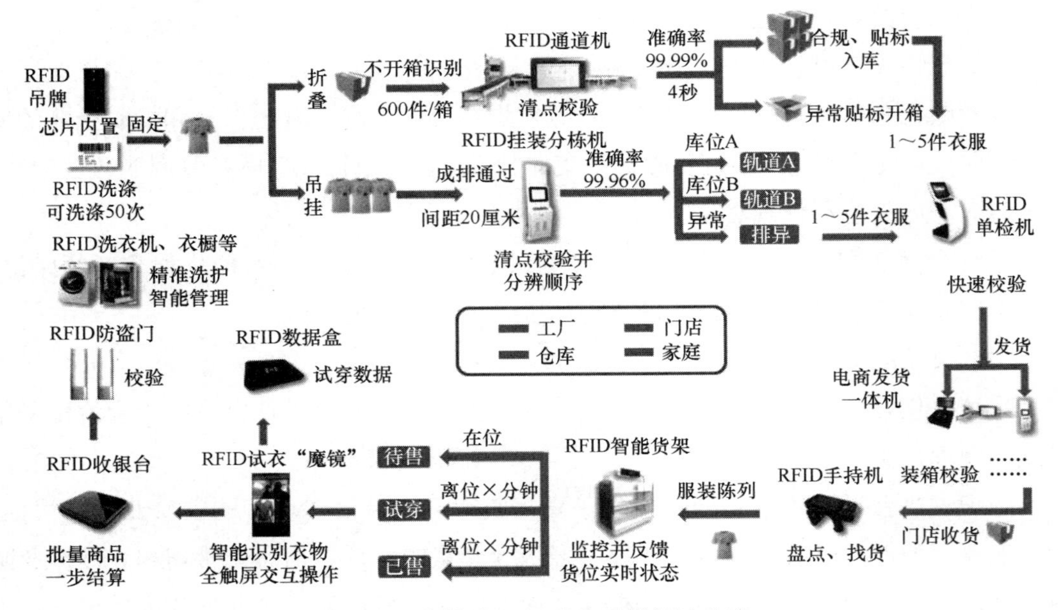

图9.28 全链路RFID盘存系统解决方案

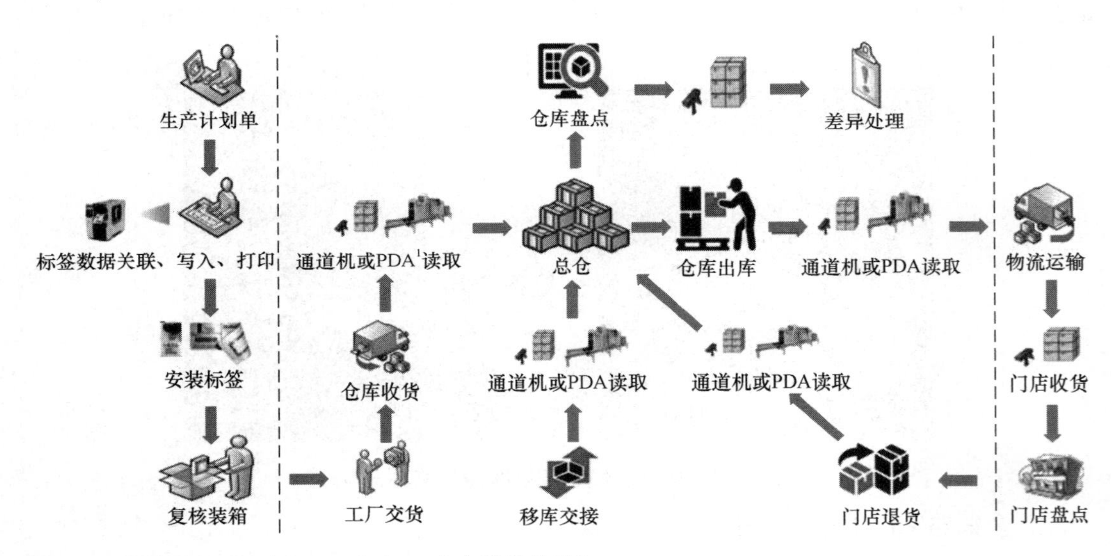

注：1. PDA（Personal Digital Assistant，个人数字助理）。

图9.29 全链路RFID盘存系统的广泛应用

全链路 RFID 盘存系统架构如图 9.30 所示，其包括 3 层：第一层负责对接客户的 ERP、WMS 等现有系统；第二层为 RFID 中间件平台和系统管理模块，主要实现权限管理、日志管理以及第一层与第三层的数据交互、处理、备份、恢复、更新等功能；第三层通过仓库及门店的各类 RFID 读写终端进行数据采集和编辑，完成盘点、收银和门禁等任务。

全链路 RFID 盘存系统在天津某女装企业的应用如图 9.31 所示。天津某女装企业应用了海织云平台的全链路 RFID 盘存系统后，物流效率提升了 30%，盘点效率提升了 300%，库存准确度提升至 98.9%，发货错误率降低 95%，大幅缩减盘货、理货的时间，节省人工成本 24%。

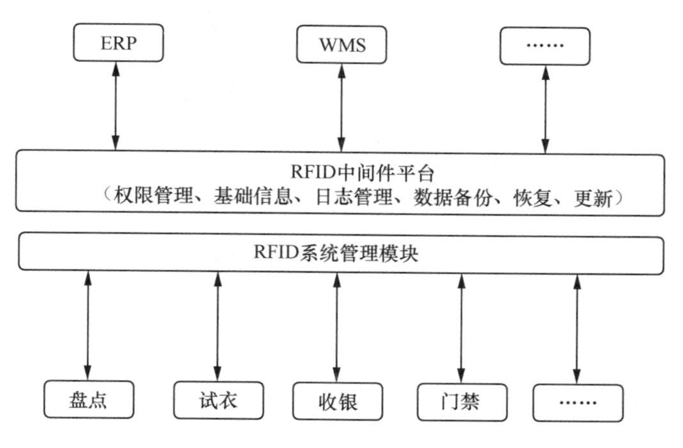

图9.30　全链路RFID盘存系统架构

图9.31　全链路RFID盘存系统在天津某女装企业的应用

9.4.7　智慧服务

海织云平台推出了智慧试衣系统，该系统采用互动显示、人脸识别、3D 人体模型重建、虚拟现实和在线支付等技术，通过全高清摄像头实时捕捉图像，实现虚拟试衣，给予用户全新的高质量试衣体验，为服装零售门店带来集吸睛引流、AI 个性化推荐、海量服饰虚拟试穿、多渠道支付、线上线下无缝对接、人货场数据沉淀于一体的服务模式。智慧试衣系统如图 9.32 所示。该系统的具体功能如下。

图9.32　智慧试衣系统

（1）引流——让店内外顾客第一眼就能看到新品爆款及店铺活动

智慧试衣系统既是试衣镜，也是高清引流屏，能够实时展示当季新品、店铺爆款、促销优惠活动和品牌宣传视频，有效将店外客流引导至店内消费。

（2）体验——智能识衣，更懂顾客所需

智慧试衣系统能够通过 AI 智能算法自动识别顾客和着装风格，生成个性化时尚属性标签，全流程跟踪捕捉顾客的试穿记录，根据顾客的试穿服装自动推荐合适的服装搭配方案。智能试衣如图 9.33 所示。

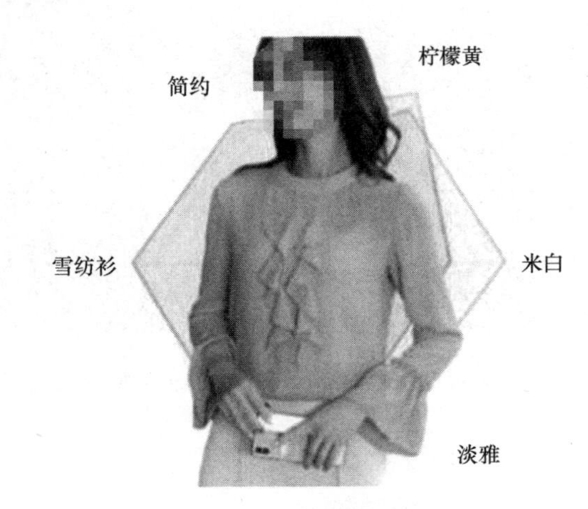

图9.33　智能试衣

（3）营销与会员——让顾客成为品牌粉丝

智慧试衣系统通过自定义设置砸金蛋、大转盘等多种互动促销活动，提升购买率，实现会员的快速增长。通过推出封面大咖等趣味活动，顾客还可以将试穿形象分享至朋友圈。

（4）大数据数据分析——清楚顾客是谁，知道他们喜欢什么

智慧试衣系统可以记录顾客的自然属性和行为属性，精准用户画像，将消费者行

为数据化，实现精细化经营，为顾客提供更好的购买体验，助力门店实现业绩增长。

（5）线上线下——把试衣间装进手机

通过智慧试衣系统，顾客用手机扫描二维码即可将真人虚拟形象同步至手机端，打破线上线下的壁垒，真实还原线下试衣的场景，无论是在外还是在家中，都能买到合适的衣服。手机端线上试衣如图 9.34 所示。

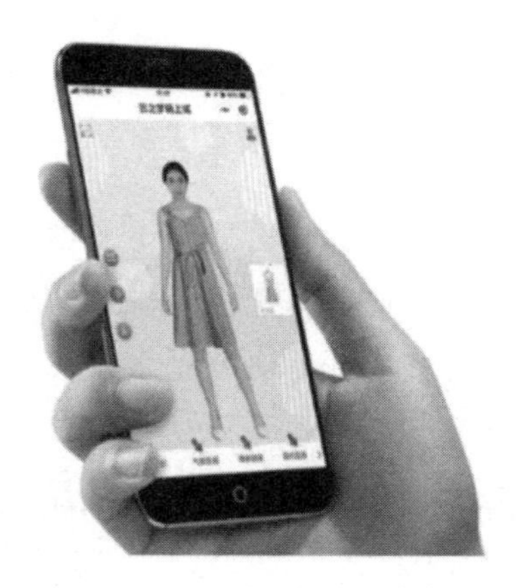

图9.34 手机端线上试衣

（6）服装数字化建模

智慧试衣系统采用独创的服装建模技术，可以自动完成拍摄服装的数字化过程，建模流程效率高、成本低，能够呈现影像级服装色彩和纹理细节。服装数字化建模如图 9.35 所示。

图9.35 服装数字化建模

（7）虚拟形象合成

智慧试衣系统结合了人体数据模型、深度学习技术与图形学技术，能够高度模拟顾客的真实体形，完成智慧美颜、虚拟穿戴，塑造影像级的真人虚拟形象。

第十章 汽车行业大规模个性化定制实践

10.1 行业背景

100 多年前，“汽车大王”亨利·福特曾底气十足地说出了一句自相矛盾的话：“人们可以订购任何颜色的汽车，只要它是黑色的。”在那个时代，如果你想要拥有一辆汽车，你别无选择，那辆车只能是黑色的，这就是大规模生产时代的现实。1913 年，福特汽车的工厂里出现了世界上第一条汽车流水装配线，大规模生产的规模效应使汽车生产所需的时间、成本和资源大幅下降，汽车逐渐从昂贵的奢侈品变成了消费者能够负担得起的交通工具。100 多年过去了，大规模生产降低生产成本、提高生产效率的潜力不断被挖掘，根据中国汽车工业协会的数据，2023 年，中国汽车产量和销量分别达 3016.1 万辆和 3008.4 万辆，同比增长 10.6% 和 12%，年产销量双双创历史新高，市场规模连续 15 年居全球第一，汽车真正走进了千家万户。随着生活水平的不断提高，消费者对汽车产品的消费能力和消费观念逐渐转变，能够满足用户个性化需求的定制车辆越来越受到青睐。

在大规模生产模式下，汽车是按照企业的规划设计生产的，只有固定的几种规格，用户通过到 4S 店试驾决定购买意向。随着工业互联网、人工智能、云计算等新一代信息技术的飞速发展，汽车企业的制造能力大幅提升，部分企业基于自身发展的需要，开始探索以用户为中心的大规模个性化定制模式，将销售过程前置，使用户需求驱动产品从设计、制造到交付的业务全流程。在这种模式下，消费者甚至不需要去 4S 店，只需要通过移动端 App 就可以随时随地定制自己喜欢的汽车并完成下单，汽车企业根据订单生产汽车并完成产品交付，这种新型的用户直连制造（Customer-to-Manufacturer，C2M）的商业模式便是汽车行业的大规模个性化定制。

10.2 痛点与挑战

（1）生产技术更新换代快

汽车行业是一个具有高度竞争性的技术密集型行业，汽车制造商需要不断进行技

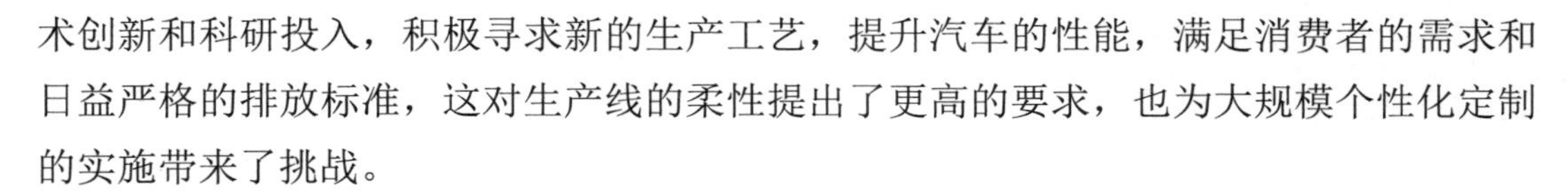

术创新和科研投入，积极寻求新的生产工艺，提升汽车的性能，满足消费者的需求和日益严格的排放标准，这对生产线的柔性提出了更高的要求，也为大规模个性化定制的实施带来了挑战。

（2）生产流程智能化程度低

智能化作为一项核心技术，在实现从中国制造向中国智造转变的过程中起到了巨大的推动作用，其也是实现大规模个性化定制的核心因素之一。汽车制造业长期以来一直采用传统的生产工艺，涉及许多手工劳动密集型工序，例如，需要大量人力参与的装配线，对于手工劳动的依赖导致出错率高，生产效率低下，难以灵活地应对市场需求的变化，限制了智能化技术的应用。制造过程涉及众多复杂的工艺和环节，包括车身焊接、涂装和总装等，这些环节需要高精准的操作和严格的质量控制，因此，智能化技术的应用面临一定的技术挑战，且引入智能化设备和系统需要巨额投资，导致投资回报周期相对较长，令一些汽车制造企业望而却步。

（3）数据采集与分析要求高

消费者对汽车产品的需求日益多样化和个性化，他们希望能够根据自己的喜好和需求定制专属的汽车，大规模个性化定制是由用户需求驱动的生产模式，汽车制造商需要采集和分析大量消费者的偏好、习惯和需求等信息，以便提供定制化的产品和服务。个性化定制的汽车通常具有更复杂的配置和功能，容易受不同使用环境和条件的影响，必须通过数据采集和分析，实时监测车辆的运行状态和性能表现，及时发现潜在的故障，并进行预测性维护，确保产品的可靠性和安全性。大规模个性化定制不仅包括产品的设计和配置，还包括售后服务的个性化定制，必须通过数据采集与分析，实时了解用户的反馈和需求，优化售后服务流程，提升用户的体验和满意度。

（4）用户需求响应慢

汽车产品的开发周期相对较长，如何保障新产品的上市时间是汽车行业大规模个性化定制需要解决的难题之一。压缩新产品的开发周期，使设计与制造过程融为一体，在最短的时间内验证设计方案，以提高开发与生产之间的转换效率，快速响应用户的需求。

10.3 汽车行业大规模个性化定制系统

随着智能化时代的加速到来，大规模个性化定制将是汽车行业发展的总趋势，其本质是以用户为中心，实现业务全流程的需求数据驱动，因此，中国汽车自主品牌奇瑞提出在“十四五”期间，要以工业互联网和消费电子化两种形态叠加的数字化建设为基石，完成新赛道的突破和关键领域的布局。以卡奥斯 COSMOPlat 工业互联网平台为基础，卡奥斯联合奇瑞共同打造了汽车行业首个大规模个性化定制工业互联网平台——海行云 HiGOPlat。该平台通过“1+4+6+X”的模式构建了 1 个平台，赋能主机厂、上游零部件企业、下游经销商和其他离散制造 4 类用户，同时，沉淀出个性化定制、平台化设计、智能化制造、网络化协同、服务化延伸和数字化管理 6 种能力，复制推广到 X 个汽车产业细分领域，加速汽车产业数字化转型升级，该平台的建立为“工业互联网 + 汽车制造业”的数实融合探索出一条智造转型的新路径。2023 年 8 月，工业和信息化部公布了“2023 年新增跨行业跨领域工业互联网平台清单”，遴选出一批代表国内工业互联网平台最高水平的双跨平台，海行云成功入选。汽车行业大规模个性化定制系统如图 10.1 所示。

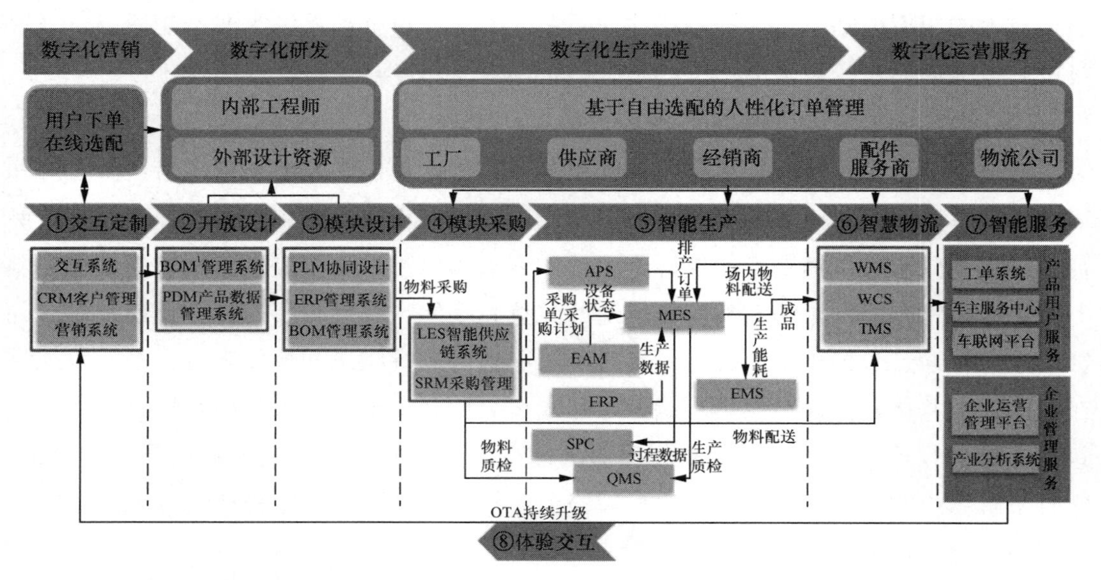

注：1. BOM（Bill Of Material，物料清单）。

图10.1　汽车行业大规模个性化定制系统

该系统实现了交互定制、开放设计、模块设计、模块采购、智能生产、智慧物流和智能服务七大业务节点互联互通、数据统一汇聚，精准捕捉用户在特定场景的个性化需求，精准匹配制造资源，快速驱动汽车产品的生产制造。该系统在奇瑞青岛智联工厂落地，首次打通了汽车生产领域以 C2M 为核心、基于用户体验优先从订单到交付（Order To Delivery，OTD）流程，形成了全流程透明、上下游协同、智能化运营的智联工厂解决方案，可同时实现多款常规动力和新能源乘用车的混线生产。不仅有效提升了工厂的生产效率、设备管理与维修效率，还进一步强化了企业数字化管理能力、能源管理能力、安全和环境管理能力，缩短了工艺开发周期，降低了产品的不良率。

依托卡奥斯 COSMOPlat 和奇瑞的技术经验与资源优势，海行云平台为汽车行业及其上下游产业提供了 13 个典型解决方案，覆盖研发设计、生产制造、营销和服务等业务全流程的 24 个场景，打造汽车产业链数字化转型产品矩阵，实现了对芜湖地区奇瑞上游供应链零部件厂商的全面覆盖，赋能上下游中小企业 401 家，助力零部件企业降低生产成本 15%，提升生产效率 50%，提升不入库率 10%。

10.4　汽车行业大规模个性化定制的实施

10.4.1　交互定制

奇瑞的全景看车平台是一个创新的在线服务平台，它基于数字化展示和虚拟现实等技术，为用户提供了全方位、互动、沉浸式的车辆浏览体验。这个平台的主要功能包括全景图像浏览，允许用户通过拖动鼠标或触摸屏幕来查看汽车的每一个角落，包括车辆的外部和内部细节。用户可以自由选择不同的车型和配置，实时查看变化效果，并且可以通过高清图像细致观察车辆的材质、颜色和设计细节。此外，这个平台还提供了车型比较工具，帮助用户在不同车型之间做出选择。全景看车平台界面如图 10.2 所示。

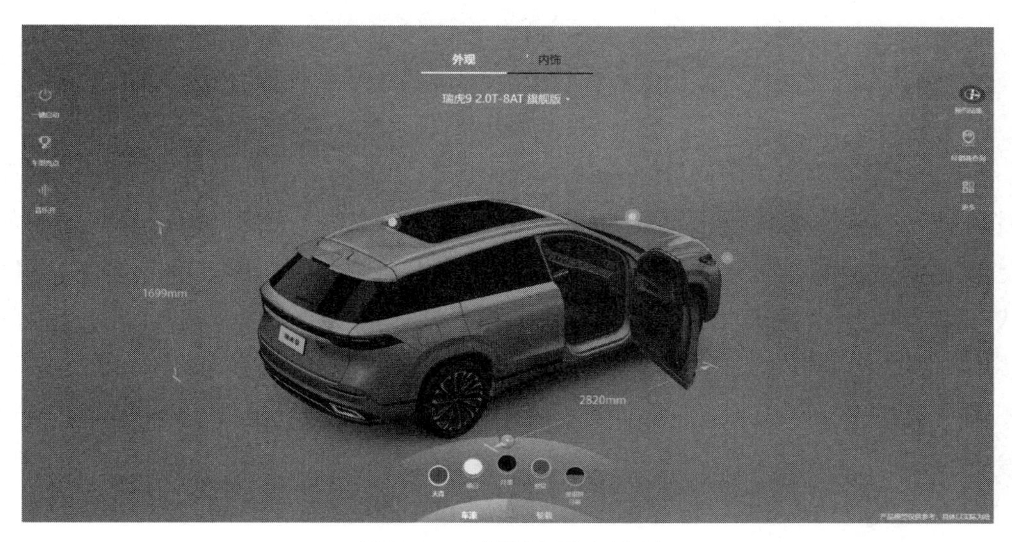

图10.2　全景看车平台界面

用户不再需要亲自到店，便可以全面了解车辆的信息，这不仅节省了时间，也摆脱了空间限制。平台的互动性还体现在用户可以根据自己的需求和偏好，进行个性化的车辆配置，实时看到配置变化的效果。这种高度的个性化服务使用户能够更加直观地感受车辆的定制化魅力，同时也为奇瑞汽车提供了一个收集用户偏好和需求数据的渠道，有助于企业更好地理解市场需求，优化产品和服务。此外，平台还提供了在线咨询和预约试驾的功能，进一步增强了用户与品牌之间的互动和沟通。

10.4.2 开放设计

奇瑞坚持从用户需求出发，率先运用“从市场到市场”的“V”字形开发体系。通过科学的流程设计引导产品开发，从而为用户提供具有国际品质的个性化定制产品和服务。“从市场到市场”的“V”字形开发体系如图 10.3 所示。

图10.3 “从市场到市场”的“V”字形开发体系

“从市场到市场”的“V”字形开发体系是一种以市场和用户需求为导向的产品研发流程，它从市场调研出发，通过科学严谨的流程设计引导产品开发，实现从概念到产品再到市场的闭环管理。奇瑞通过这一体系建立了包括 T1X、M1X、M3X、NEV 等在内的平台矩阵，实现了模块化、平台化、通用化开发，缩短了新产品的开发周期，提高了开发效率和产品质量，确保所有产品都能按照全球标准设计研发，满足不同市场的需求，从而打造出具有国际竞争力的产品。这一体系不仅提升了奇瑞的研发实力，也加快了新产品的推出速度，显著增强了市场竞争力。

10.4.3 精准营销

鲸采商城是奇瑞瑞鲸科技旗下一个综合性的在线销售平台。它不仅提供奇瑞汽车相关的配件，还涵盖了广泛的商品类别，满足用户多样化的购物需求。该平台为用户提供品类齐全、正品货源、货期保障的优质服务，让用户省心省力，一站购齐。鲸采商城如图 10.4 所示。

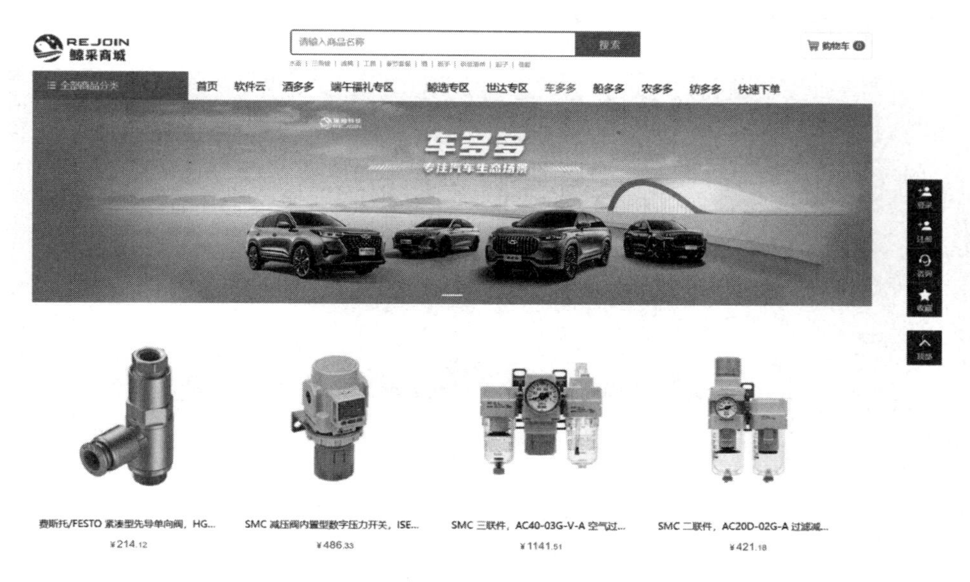

图10.4　鲸采商城

鲸采商城具备以下核心功能。

① 商品浏览与搜索。用户可以轻松浏览各类商品，并通过关键词搜索快速找到所需产品。

② 智能推荐。根据用户的购物历史和偏好，鲸采商城能够智能推荐相关商品，提升购物体验。

③ 用户账户管理。用户可以注册账户，管理个人信息、订单历史和收藏商品等。

④ 购物车功能。用户可以将商品放入购物车进行统一结算。

⑤ 安全支付。支持多种支付方式，确保交易安全和便捷。

⑥ 订单管理。用户可以实时跟踪订单的状态，跟踪从下单到发货再到收货的全过程。

⑦ 用户服务。提供用户咨询服务，解答用户的疑问，处理售后问题。

⑧ 评价系统。用户可以对购买的商品进行评价，分享购物体验。

⑨ 促销活动。定期举行促销活动，提供优惠券和折扣，吸引用户购买。

10.4.4　模块采购

采购服务平台是奇瑞推出的一个高效的电子采购系统，旨在优化供应链管理，提升采购效率。该平台集成了采购需求管理、供应商管理、询价比价管理、合同管理、资料管理和基础设置管理等多个模块，帮助企业实现从采购需求发掘、供应商筛选、询价比价到合同管理等多个方面的采购全流程管理。通过数字化手段，该平台支持采购流程的自动化和集中化，提高采购决策的速度和效率。同时，通过在线沟通协作功能，加强与供应商之间的交流，有效降低交易成本。采购服务平台如图 10.5 所示。

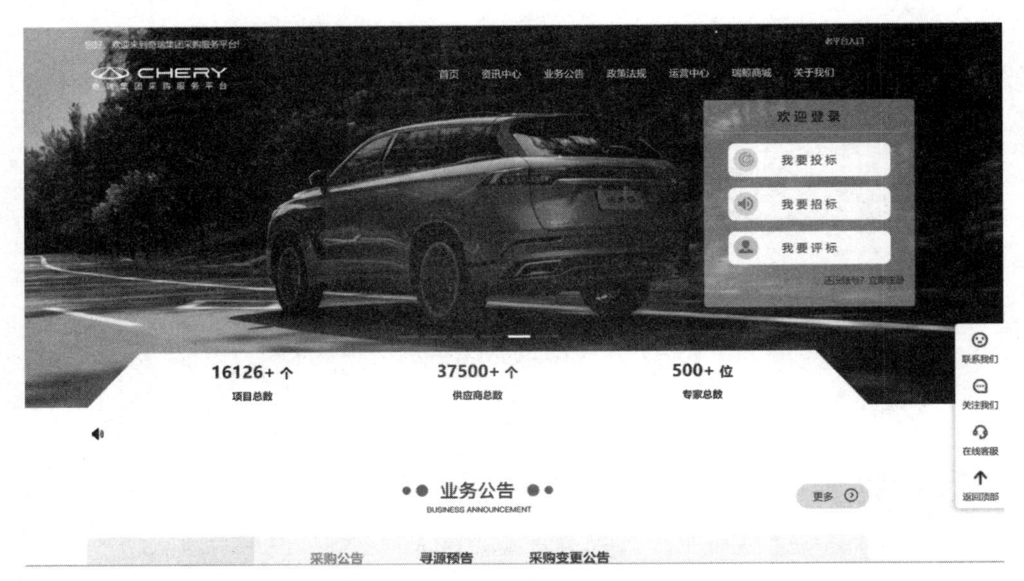

图10.5　采购服务平台

对于奇瑞自身物料采购而言，该平台的支撑作用主要体现在以下 4 个方面。一是该平台通过集中化的采购流程管理，提高了奇瑞集团内部的采购效率和透明度。二是平台的询价比价功能帮助奇瑞在采购过程中获取更优的价格，降低了采购的成本。三是合同管理和供应商管理模块确保物料供应的稳定性和供应商的质量。四是平台的数据安全性和用户权限细分保障了采购数据的安全，避免了信息泄露的风险。总体而言，奇瑞集团采购服务平台是奇瑞实现供应链数字化转型、提升采购管理水平的重要工具，为奇瑞的物料采购起到了显著的支撑作用。

10.4.5　智能生产

海行云平台致力于构建数字化和智能化车间，以提升生产效率和质量。依托物联网子平台的强大能力，海行云平台开发了两个核心的 SaaS 解决方案，即高级计划与排程系统和制造执行系统。这两个系统旨在实现从生产计划到订单处理再到生产执行的全过程数字化和透明化，从而优化生产流程，提高资源利用率，并确保生产活动的可追溯性。

1. 零部件 MES 平台

传统的汽车零部件生产执行过程存在以下痛点。

① 缺乏精细管理。精细管理的缺失制约运营效率，使企业在确保订单准时交付方面面临挑战，可能导致资源的严重浪费，以及成本控制的不精确，还可能引发库存积压和周转率低下等库存管理问题，不仅占用了企业宝贵的资金和存储空间，还导致资金流动性下降，库存成本上升，加剧企业的运营风险。

② 质量追溯困难。企业的质检工作仍然依赖人工操作，这不仅增加了工作量，也带来了漏检的风险，人工检查的主观性和不一致性可能影响产品的整体质量，质量记录仍然采用人工方式，增加了质量追溯的难度，使问题难以被追踪和解决。

③ 设备管控分散。设备的管理过程往往较为复杂，涉及多个环节和参数设置，传统的手动设置方式不仅效率低下，而且难以确保所有参数的准确性，影响设备的运行效率和生产过程的稳定性。此外，随着企业规模的扩大，设备数量的增加使设备管理变得更加困难，很难实现对所有设备的统一管理和有效监控，这不仅增加了管理成本，也增加了设备故障和生产中断的风险。海行云零部件 MES 平台为汽车零部件制造企业提供了生产执行全流程管理解决方案，助力企业生产管理数字化和精细化，实现降本增效。海行云零部件 MES 平台示意如图 10.6 所示。

图10.6　海行云零部件MES平台示意

海行云零部件 MES 平台的功能架构如图 10.7 所示。该平台提供了全面的生产管理解决方案，涵盖从计划管理到生产执行、质量管理、返工返修、报表管理、数据服务和通用服务等多个方面的功能。计划管理包括计划导入和计划分解，允许企业将生产计划导入系统，并进行细化分解，以适应具体的生产需求；生产执行涉及报工管理、关键件检验等，确保生产活动按照既定的计划顺利进行；质量管理包括质量基础数据、质检单管理、检验结果记录等，确保产品质量符合标准；返工返修涉及返工管理、返修管理等，处理生产过程中出现的质量问题；报表管理提供返修报表等，帮助企业进行数据分析和报告生成；数据服务提供统一数据存储、统一数据监控、数据安全加密等服务，确保数据的准确性和安全性；通用服务包括统一身份认证、统一权限管理、统一消息服务等，为系统提供基础支撑。

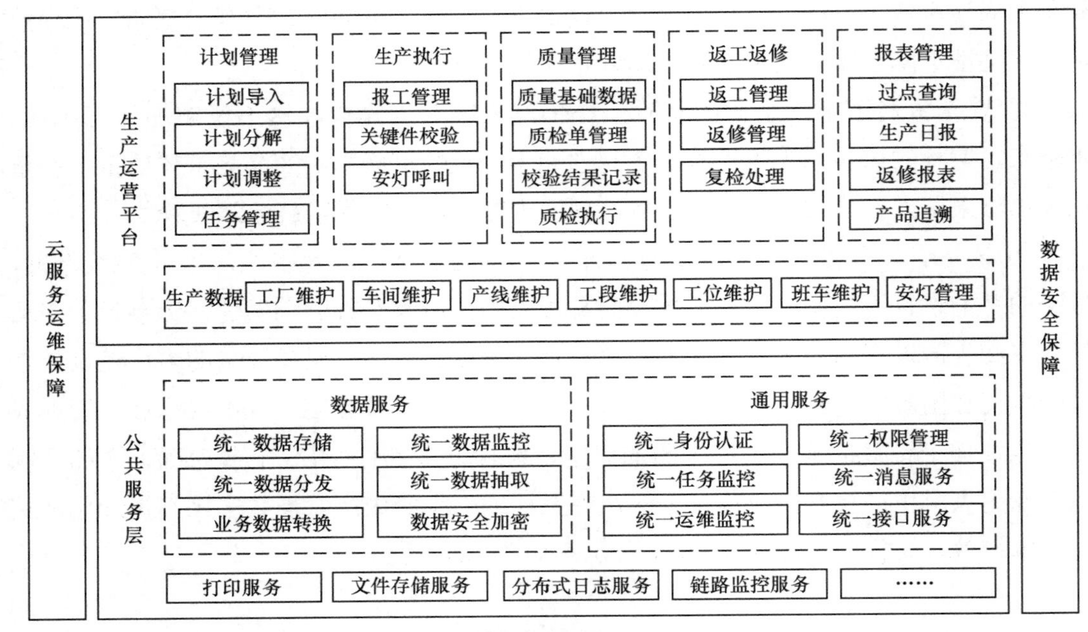

图10.7　海行云零部件MES平台的功能架构

海行云零部件 MES 平台适用于以下 3 个核心场景。

① 生产过程追溯。全流程跟踪产品的生产过程，精准管理工作进度。

② 成品质量追溯。精确追溯产品生命周期质量数据，支持产品正向反向数据追溯。

③ 工厂产能监控。实时监控工厂的生产产能，快速调整生产计划。

海行云零部件 MES 平台的核心优势包括以下 4 个。

① 灵活配置。针对不同行业、工厂、车间、产品、工艺等数据灵活建模，优化工艺流程配置。

② 全面追溯。提供长期的质量信息历史数据查询，及时发现生产过程中的质量问题，双向追溯产品信息。

③ 提升效率。通过标准化流程和对设备的精确控制提升生产效率，降低管理成本。

④ 指标分析。多角色、多维度进行数据分析，提供近 200 种行业标准数据分析模板。

2. 智慧工厂 MES

在传统的整车生产执行过程中，企业往往面临一系列挑战和痛点，这些痛点直接影响生产效率、成本控制和产品质量。

① 成本浪费。在生产过程中，存在多种浪费现象，例如加工作业浪费、物料库存浪费和员工等待浪费，这些浪费不仅增加了生产成本，也降低了资源的使用效率。

② 质量风险。质量问题是整车生产中的关键风险点，员工操作不当、生产物料的漏装以及员工在质量检查中的疏忽，都有可能造成产品质量问题，影响企业的品牌形象和市场竞争力。

③ 效率损失。生产效率的损失也是传统整车生产中的一个重要问题，产线换线过程中的时间损失、设备故障导致的生产中断以及物料供应的断料异常，都会严重影响生产效率，增加生产周期，降低企业的市场响应速度。

海行云智慧工厂 MES 为汽车制造企业量身定制 MES 方案，以建设数字化工厂为目标，涵盖计划管理、生产执行和质量管理三大业务，通过搭建计划排程追踪模块、数字车间一体化作业模块和质量全流程移动作业模块三大模块，指导生产决策，发挥数据能量。海行云智慧工厂 MES 示意如图 10.8 所示。

图10.8　海行云智慧工厂MES示意

海行云智慧工厂 MES 通过集成先进的信息技术，为生产过程提供全面的管理和优化，适用于以下场景。

① 进度追踪。海行云智慧工厂 MES 能够实时追踪生产进度，确保生产计划与实际进度一致，通过进度追踪功能，企业可以及时了解生产状态，预测潜在的延迟，从而做出相应的调整。

② 计划排程与分发。海行云智慧工厂 MES 提供强大的计划排程功能，帮助企业根据市场需求、资源状况和生产能力，制订合理的生产计划，海行云智慧工厂 MES 还能够将生产任务自动分发给相应的生产线和工作站，实现生产任务的快速部署和执行。

③ 生产管理。海行云智慧工厂 MES 对生产订单进行全过程管控，能够精确管理从订单接收到产品交付的每一个环节，通过生产管理功能，企业可以实时监控生产过程，确保生产活动按照计划进行。

④ 全程追溯。海行云智慧工厂 MES 支持对生产过程的全程追溯，记录每一个生产环节的关键数据，包括原材料信息、加工参数、质量检测结果等，这为企业提供了丰富的生产数据，有助于分析生产效率、优化生产流程。

⑤ 质量追溯。海行云智慧工厂 MES 能够精确跟踪生产过程中的质量问题，实现问题溯源，一旦发现质量问题，系统可以迅速定位问题环节，追溯问题，及时采取措施整改，从而提高产品质量，减少质量事故。

海行云智慧工厂 MES 的功能架构如图 10.9 所示，其清晰地描绘了该系统如何通过多层次、模块化的架构实现对生产过程的全面管理和优化。

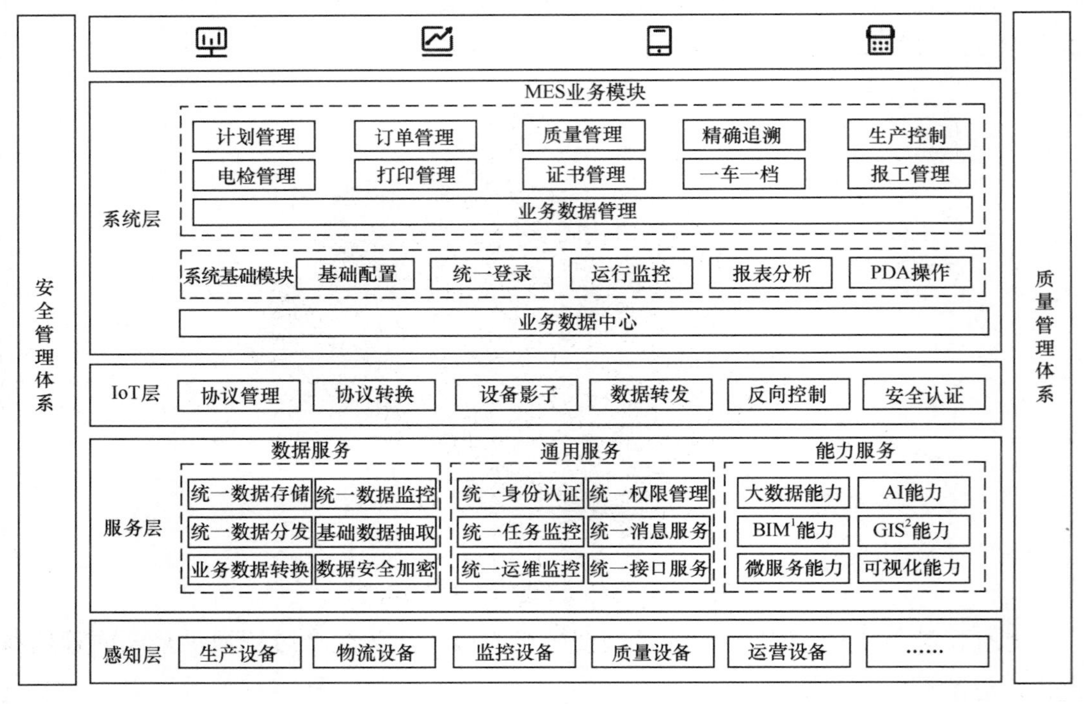

注：1. BIS（Building Information Modeling，建筑信息模型）。
2. GIS（Geographic Information System，地理信息系统）。

图10.9 海行云智慧工厂MES的功能架构

① 系统层。系统层负责生产计划的制订、调整和优化，管理生产订单的接收、分配和跟踪，确保产品符合质量标准，进行质量控制和改进，提供产品从原材料到成品的全流程追溯能力，实时监控生产过程，确保生产按计划执行，管理电子产品的检测过程，管理打印任务，例如标签、条形码等，管理产品合格证书和相关文档，为每个产品建立独立的档案，便于管理和追溯，记录和分析工人的工作情况。

② IoT 层。IoT 层负责协议管理和协议转换，实现不同设备和系统间的通信，为设备创建虚拟副本，用于数据同步、状态监控、数据转发和反向控制，实现数据

的传输和设备的远程控制，完成安全认证，保障系统和数据的安全性。

③ 服务层。服务层提供统一数据存储、统一数据监控、统一身份认证和统一权限管理等基础数据服务，利用大数据和 AI 技术优化生产过程。

④ 感知层。感知层负责生产设备、物流设备、监控设备、质量设备和运营设备的数据采集。

海行云智慧工厂 MES 的核心优势包括以下 4 个。

① 配置简单。能够满足企业不同的模型搭建需求，实现产线、工段、工位多层级管理控制。

② 实时协作。关联云端和移动端，实时更新数据，实现从下至上的高效协作。

③ 快速部署。基于微服务框架，各系统功能模块相对独立，灵活满足企业不同的需求及部署策略。

④ 数据聚合。汇集生产运营过程中的销售、计划、生产和物流数据，使其透明可视。

3. 物联平台

传统汽车工厂在设备连接的过程中面临诸多挑战。首先，设备接入的难度较大，且采集能力有限。据统计，80% 的设备尚未实现联网，这直接导致传统汽车工厂整体数字化水平较低，即便有 20% 的设备已经联网，但由于通信协议不统一，管理层也显得相当混乱。其次，数据分析的难度同样不容小觑，数据来源往往并不全面，数据的完整性和准确性也有所欠缺。数据之间的关联性不足，加之人工记录的普遍性，使数据质量参差不齐。此外，数据的互通性问题也亟待解决。设备上云后，与其他平台的整合和数据共享存在诸多障碍，同一设备或场景下的数据往往难以实现统一的服务输出。

海行云物联平台为汽车制造企业提供了成熟、安全、可视化的物联网解决方案，对生产制造过程的数据进行实时采集和处理，实现多场景的支撑与多方位数据应用。海行云物联平台示意如图 10.10 所示。

图10.10　海行云物联平台示意

海行云物联平台以其强大的功能，广泛应用于三大核心场景。

① 管理资产。该平台能够将抽象的资产信息转化为直观的可视化展示，帮助管理者随时随地掌握资产的实时状况，从而做出更加精准的决策。

② 设备控制。通过该平台，用户可以轻松实现设备的远程控制，包括重启、开启和关闭引擎，以及调整配置参数等，极大地提高了运维效率。

③ 数据概览。为用户提供了一个全面的运营数据和设备类数据展示窗口，用户可以快速获取各类关键数据的概览，从而对整个运营过程有清晰的认识。

海行云物联平台是一个综合性的物联网解决方案，它通过提供丰富的功能模块，支持行业客户端、Web、App 和小程序等多种接入方式。海行云物联平台的功能架构如图 10.11 所示。

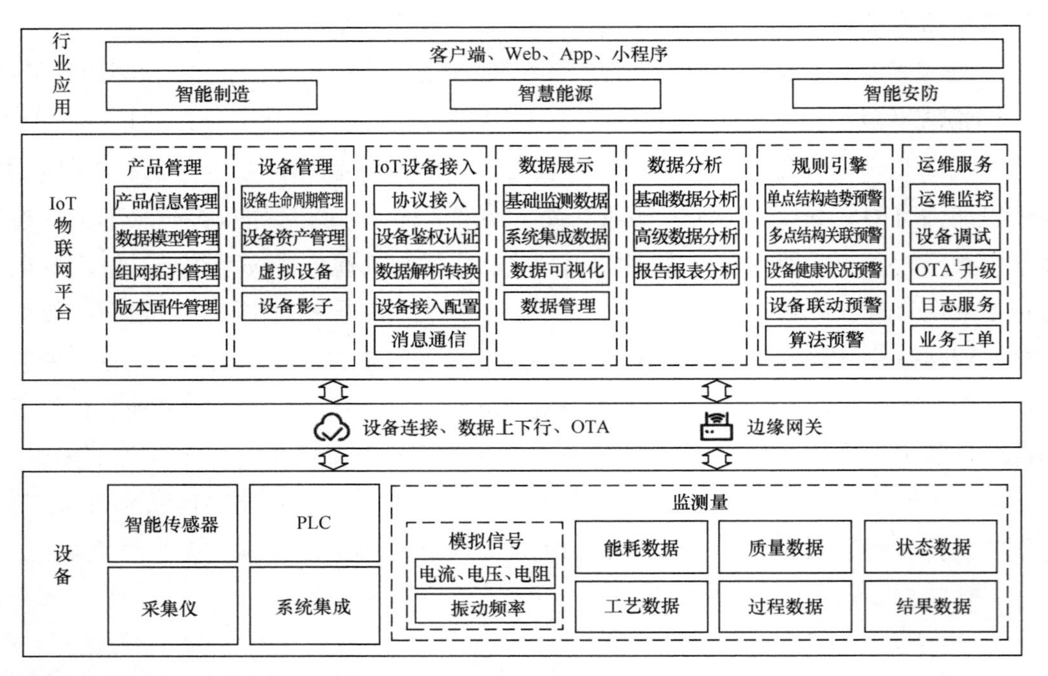

注：1. OTA（Over-the-Air，空中下载）。

图10.11　海行云物联平台的功能架构

该平台围绕智能制造、智慧能源和智能安防等应用场景，提供产品管理、设备管理、IoT 设备接入、数据展示、数据分析、规则引擎和运维服务等核心功能，支持产品信息管理、设备生命周期管理、协议接入、基础监测数据、基础数据分析、单点结构趋势预警、运维监控等功能。此外，还具备物联数据模型管理、设备资产管理、设备鉴权认证、系统集成数据、高级数据分析、多点结构关联预警、设备调试等高级功能。平台还包括网组拓扑管理、虚拟设备、数据解析转换、数据可视化、报告报表分析、设备健康状况预警、OTA 升级等模块，能够处理设备连接、数据上下行、OTA、版本固件管理、设备接入配置、数据管理、设备联动预警、日志服务、消息通信、算法预警和业务工单等任务。海行云物联平台还支持能耗数据、质量数据、状态数据的采集，包括振动频率、电流、电压、电阻等的监测结果，以及工艺数据、过程数据和结果数据等系统集成。通过这些功能，海行云物联平台为用户提供了一个全面、灵活且高效的物联网管理和服务平台。

海行云物联平台以其卓越的核心优势，在物联网领域展现出强大的竞争力。第一，该平台拥有优质的接入策略，支持超过 200 种物联网通信协议，确保设备连接的全面覆盖，接入能力达到千万数量级，还提供了全面的设备生命周期管理能力，确保对设备的高效管理和维护。第二，在数据存储方面，平台展现出高性能特点，支持海量物联网数据的分布式存储、查询和计算，能够支持高达千万点每秒级的数据写入。值得一提的是，该平台的数据存储自动无损压缩比例高达 90%，极大地提升了存储效率。第三，规则引擎是海行云物联平台的一大亮点，它提供了高效的批量数据处理能力，数据存储高效，配合全图形化的开发工具，使规则的配置和实施变得简单快捷。最后，数据可视化是海行云物联平台的一项重要优势，它不仅能够实现生产设备数据的采集和管控一体化组态，还能够提供商业智能（Business Intelligence，BI）数据展示、统计分析和应用，帮助用户直观地了解设备运行的状况，做出更加精准的决策。

4. APS 高级生产计划排程系统

传统汽车制造企业在生产排程中，面临一系列挑战和痛点。

生产组织困难，市场需求的波动性大，用户对定制化的需求日益增长，产品种类繁多，使生产组织变得复杂而困难。

生产成本高，工艺路径的复杂性，以及柔性化设备的广泛应用，导致生产成本不断攀升，给企业带来了沉重的负担。

业务数据不透明，供应链中的核心业务数据缺乏透明度，业务流程往往依赖人工衔接，导致“数据孤岛”现象的普遍存在，这不仅影响了决策的效率，也增加了运营的风险。

海行云 APS 高级生产计划排程系统以需求贯通销售、物流、制造、供应等环节，为汽车制造企业解决短期产能测算，生产计划、能力计划和物料计划的编制，以及计划管理问题，为企业指标体系的建立和监控分析提供数据支撑。海行云 APS 高级生产计划排程系统示意如图 10.12 所示。

海行云 APS 高级生产计划排程系统为汽车制造业提供了强大的支持，在多个场景中展现出卓越的性能。该系统能够实现从宏观的年度计划到微观的小时级计划的全面协同，确保生产计划的连贯性和一致性。通过内置的行业指标库，该系统能够全面监控企业的运营状况，帮助企业实时掌握生产进度，及时发现并解决问题。在供应链分析方面，该系统提供了多维、深度的数据分析能力，支持用户自定义报表，从而更加精准地把握供应链的动态，优化库存管理，减少库存积压，提高资金周转的效率。通过这些功能，该系统能够帮助企业实现精细化管理，提升生产效率和市场响应速度，从而在激烈的市场竞争中保持领先地位。

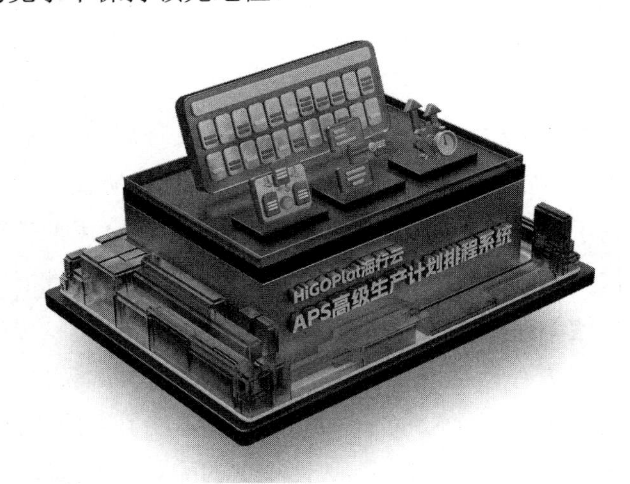

图10.12　海行云APS高级生产计划排程系统示意

海行云 APS 高级生产计划排程系统的功能架构如图 10.13 所示。该系统旨在提升企业的智能运营能力，从智能运营层开始，提供 KPI 体系、归因分析、沙盘推演、风险洞察和全价值链透明等功能，实现了供应链的深度洞察和计划仿真。它整合了集成设计系统、企业资源计划管理、经销商管理、供应商协同等业务管理层，实现了产品设计管理、工艺设计管理、销售管理、物料管理、需求提报、订单转换、能力规划、物料需求等关键业务流程的集成。该系统还涵盖了 BOM 管理、变更管理、生产计划、质量管理、需求归集、车单匹配、供应承诺、供应商评估、设计过程管理、成本管理和财务管理等核心功能，支持整车库存、OTD 监控、物料配送和需求翻译等关键运营活动。通过主生产计划、序列计划和发运计划等模块，该系统实现了多维数据建模和供应链网络建模，支持预测核减、约束限制、设备选择、运力规划等计划协同层功能。在执行层面，该系统提供作业指令、在制品管理、设备管理、工器具管理、产品履历、发运申请等操作，涵盖了生产过程、物料管理、质量管理、车间人力资源、看板及预警、退单管理等环节。在设备层，该系统实现了与冲压线、试模压机、焊装打号机、机器人、ADAS[1]、RFID、机械化设备、TPMS[2]、尾气、整车铭牌、拧紧、PLC、组合加注、AGV、无人叉车、SPS[3]、安灯、AVI[4] 等设备的集成。

1　ADAS：Advanced Driver Assistant System，高级辅助驾驶系统。

2　TPMS：Tire Pressure Monitoring System，轮胎压力监测系统。

3　SPS：Set Parts Supply，成套配装。

4　AVI：Automatic Vehicle Identification，自动车辆识别系统。

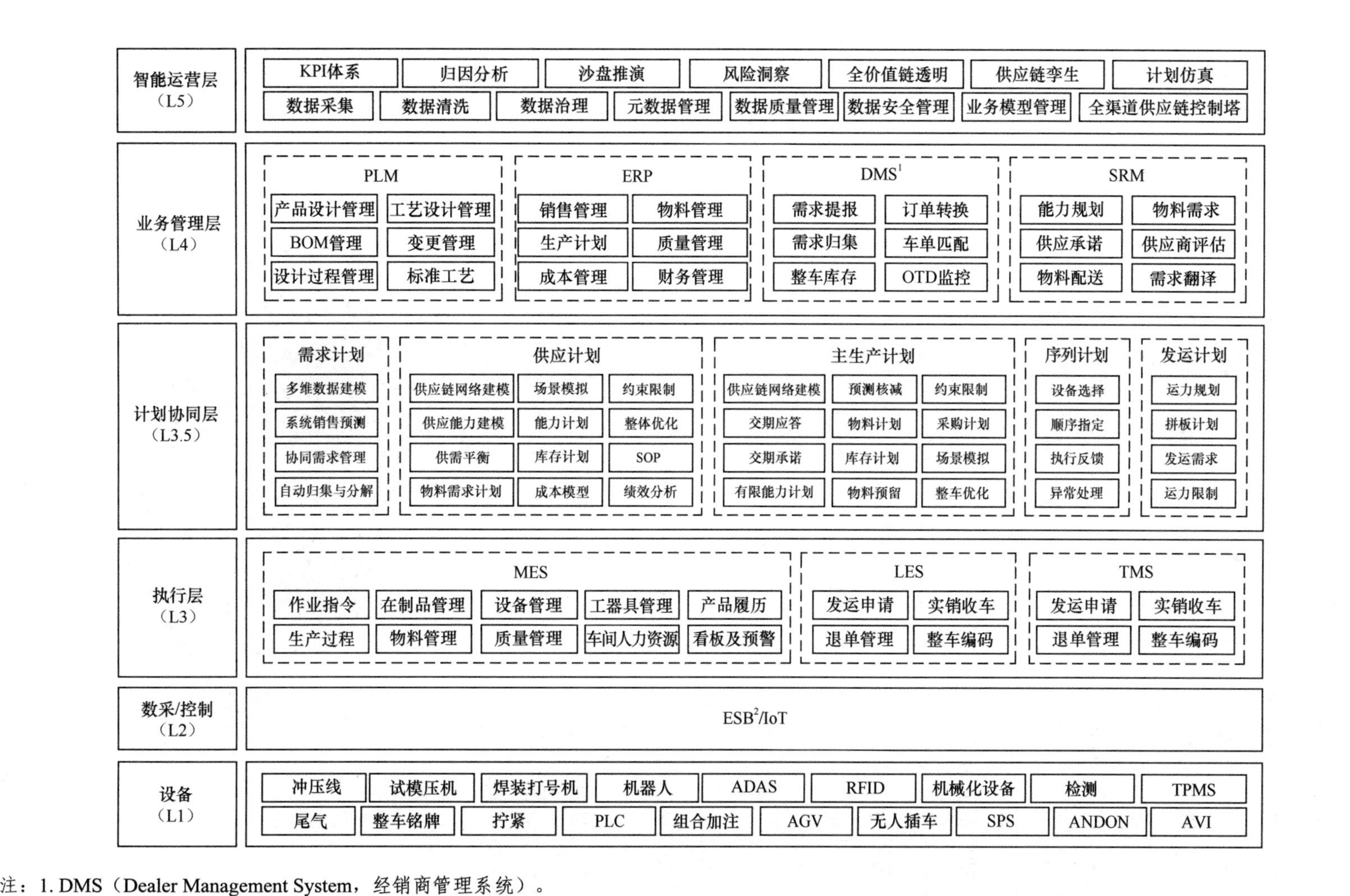

注：1. DMS（Dealer Management System，经销商管理系统）。
2. ESB（Enterprise Service Bus，企业服务总线）。

图10.13　海行云APS高级生产计划排程系统的功能架构

海行云 APS 高级生产计划排程系统以其核心优势在生产计划领域脱颖而出。该系统不仅提供从咨询到落地的全过程服务，还依托其强大的产品能力，确保供应链一体化计划的顺利实施和成功落地。这一服务涵盖从前期咨询到最终执行的每一个环节，为用户提供全方位的支持。在支撑复杂业务场景方面，海行云 APS 系统表现出极高的灵活性和适应性，能够考虑复杂的工艺路径，支持多工厂、多产线的维护，实现高柔性设备的混排以及多模具与换模矩阵的管理，满足企业多样化的生产需求。指标引领是海行云 APS 系统的另一大特色，该系统面向关键指标进行排产计算，与行业领先指标对标，帮助企业明确改进方向和优化空间。此外，该系统还支持多场景试算，使企业能够在不同的生产条件下进行模拟和预测，为决策提供数据支持。

5. 视觉防错平台

传统人工视觉防错在现代汽车生产环境中面临诸多挑战。一是相似件的人工检测存在显著困难，由于现场工人对产品的熟悉程度不一，这导致人工检测过程中极易出现错误，特别是对于外观相似的部件，人工视觉难以准确分辨。二是外观检测的效率问题同样令人关注，纯依赖人工进行的外观检测不仅耗费大量的时间，而且劳动强度大，整体效率低下，这直接影响了生产流程的顺畅和产品上市的速度。三是人工操作的培训成本也是一个不可忽视的问题，为了使工人能够有效地进行识别和包装，企业需要投入大量的时间和资源进行岗位培训，这不仅耗时耗力，而且增加了企业的运营成本。

海行云视觉防错平台基于自训练算法模型进行特征采集、校验，利用视觉防错技术完成识别、测量和定位，提升检测效率，降低错误率，为汽车制造企业提供视觉防错解决方案。海行云视觉防错平台示意如图 10.14 所示。

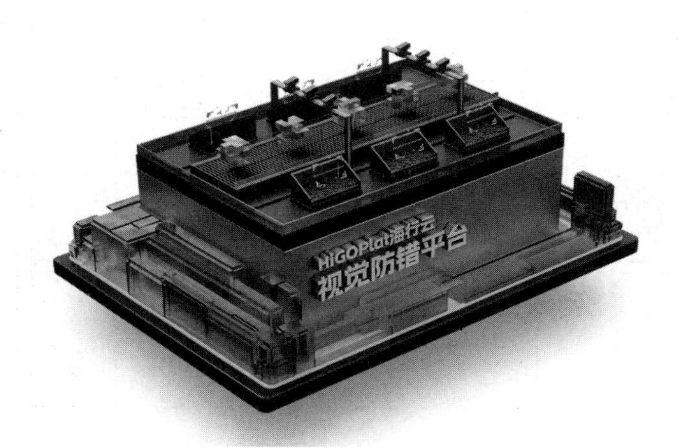

图10.14　海行云视觉防错平台示意

海行云视觉防错平台以其先进的技术在汽车制造业中发挥着至关重要的作用，适用于多种关键场景。

① 半成品识别。该平台利用视觉识别算法，能够准确识别零件和成品，确保生产过程中的准确性和一致性。

② 相似件比对。通过视觉模型算法，即使是外观极为相似的零件，也能够被精确辨别，从而有效避免了人工检测中可能出现的混淆和错误。

③ 成品质量检测。利用模型算法，该平台能够自动识别并检测成品的质量，及时发现并排除缺陷产品，保障了最终产品的品质和可靠性。

海行云视觉防错平台的核心优势在于以下 4 个方面。

① 自主算法模型。该平台能够通过深度学习技术自主训练识别模型，以适应不同的应用场景，确保了识别的准确性和适应性。

② 云化部署。该策略大幅降低了模型算法服务器的硬件成本，支持云端部署，使企业能够以更经济的方式实现高质量的视觉检测。

③ 系统操作便捷。该平台的设计非常人性化，识别操作简单易上手，极大地减少了对一线工人的系统培训需求，提高了工作效率。

④ 业务灵活适配。该平台不仅可以独立解决零件外观差异性识别的问题，还可以作为服务嵌套至生产质量管理的业务中，与现有的生产流程无缝集成。

10.4.6　智慧物流

1. 零部件 WMS 平台

在传统汽车零部件的仓储管理中，存在一系列亟待解决的痛点问题。一是管控风险众多，由于缺乏有效的先进先出机制，物料的异常损耗和难以追溯的问题频发，导致质量管控面临挑战。二是作业效率方面也存在明显不足，出入库、盘点、拣选等关键环节过度依赖人工作业，导致出入库吞吐率低下，影响了整体的物流效率。三是成本压力也是一个不容忽视的问题，库位利用率低，库存管理缺乏合理性，呆滞料管理粗放，这些因素共同导致库存成本的持续增加，给企业带来了沉重的经济负担。四是数据的及时性和透明度不足，使管理者难以实时掌握物料的状态，增加了运营风险。

海行云零部件 WMS 平台为汽车零部件制造企业提供了仓储物流协同管理解决方案，助力企业物流仓储管理数字化、精细化，实现降本增效。海行云零部件 WMS 平台示意如图 10.15 所示。

海行云零部件 WMS 平台以其先进的仓储管理功能，为企业提供了一个全面的解决方案。该平台能够实现从原材料库、边线库到成品库等各类仓储的全流程管理，覆盖了出入库、仓库内部业务等关键环节，确保仓储作业的高效性和准确性。在物料管理方面，该平台提供了强大的物料去向追踪功能，能够支撑物料在生产过程中的拉动、转运、损耗的记录，并通过数据追溯功能帮助企业实时掌握物料的流向，提高物料管理的透明度和可追溯性。此外，该平台还具备与供应商数据协同的能力。通过打通“数据孤岛”，实现与供应商之间的数据共享和协同，该平台能够指导货物入厂物流的高效协同，减少错误和延误，提升整体的供应链效率。

图10.15　海行云零部件WMS平台示意

海行云零部件 WMS 平台是一套全面而高效的仓储管理系统，其功能架构如图 10.16 所示，涵盖了物流仓储平台和公共服务层两大核心领域。

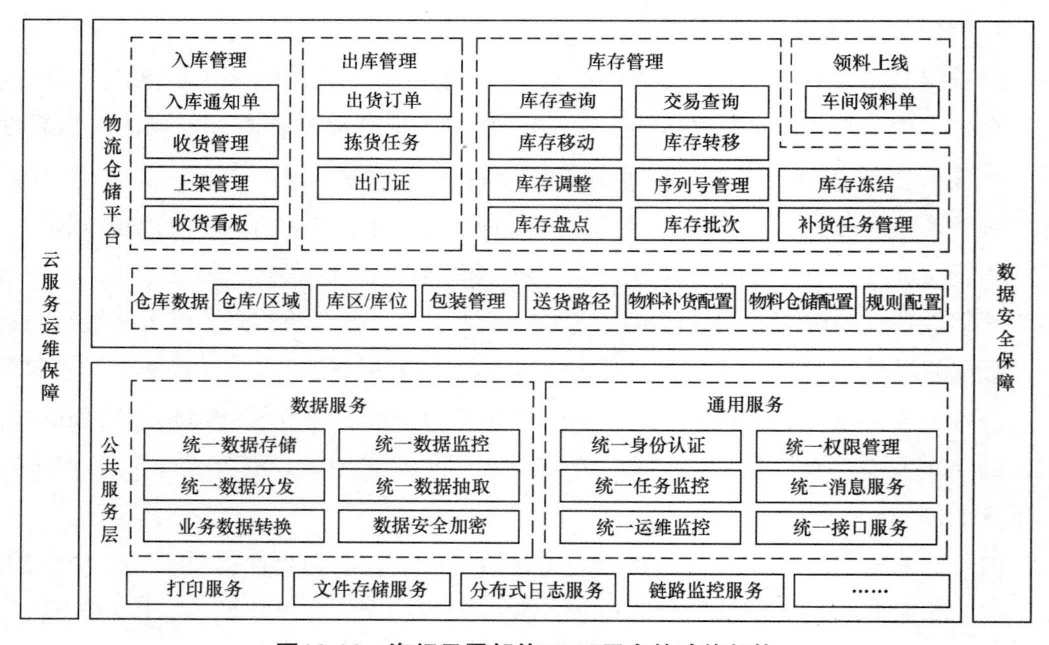

图10.16　海行云零部件WMS平台的功能架构

在物流管理方面，该平台提供了一系列细致的功能，包括入库管理、出库管理、库存管理和领料上线 4 个主要方面，细节还包括收货管理、拣货任务、库存移动、库存转移、上架管理、出门证、库存调整、序列号管理、库存冻结、库存盘点、库存批次、补货任务管理等，这些功能共同确保了仓库操作的流畅性和物料管理的精确性。该平台还配备了先进的公共服务层，可实现统一数据存储、统一数据监控、统一数据分发和统一数据抽取等数据服务，以及统一身份认证、统一权限管理、统一任务监控、统一消息服务等通用服务，这些服务为系统的稳定运行和数据的安全性提供了坚实的保障。此外，该平台还内置了打印服务、文件存储服务、分布式日志服务和链路监控服务等高级服务，进一步提升了系统的功能性和用户体验。

2. 物流执行系统

在传统汽车零部件物流领域，存在一些亟待解决的痛点问题。一是作业效率方面存在明显不足。物料拣配模式不够合理，人工巡线效率低下，物流作业中的冗余环节过多，这些问题共同导致了物流作业的整体效率不高。二是原料溯源的难题也不容忽视。由于供应链信息无法实现透明化，原材料的追溯变得异常困难，这不仅影响了产品质量管理，而且增加了企业运营的风险。三是配送精准度的问题也相当突出。企业在物流配送过程中，精准度不高，配送和供应周期较长，这不仅影响了用户的满意度，也给企业的生产计划和库存管理带来了挑战。

海行云物流执行系统为汽车制造企业提供了数字化驱动的物料拉动解决方案，是以物料拉动为核心，支持看板、内排、外排、安灯等多种配送方式，是实现从拉动、转运到上线的管理平台。海行云物流执行系统示意如图 10.17 所示。

图10.17　海行云物流执行系统示意

海行云物流执行系统的功能架构是一个多层次、综合化的系统，旨在为企业提供全面的物流管理和执行能力。海行云物流执行系统的功能架构如图 10.18 所示。

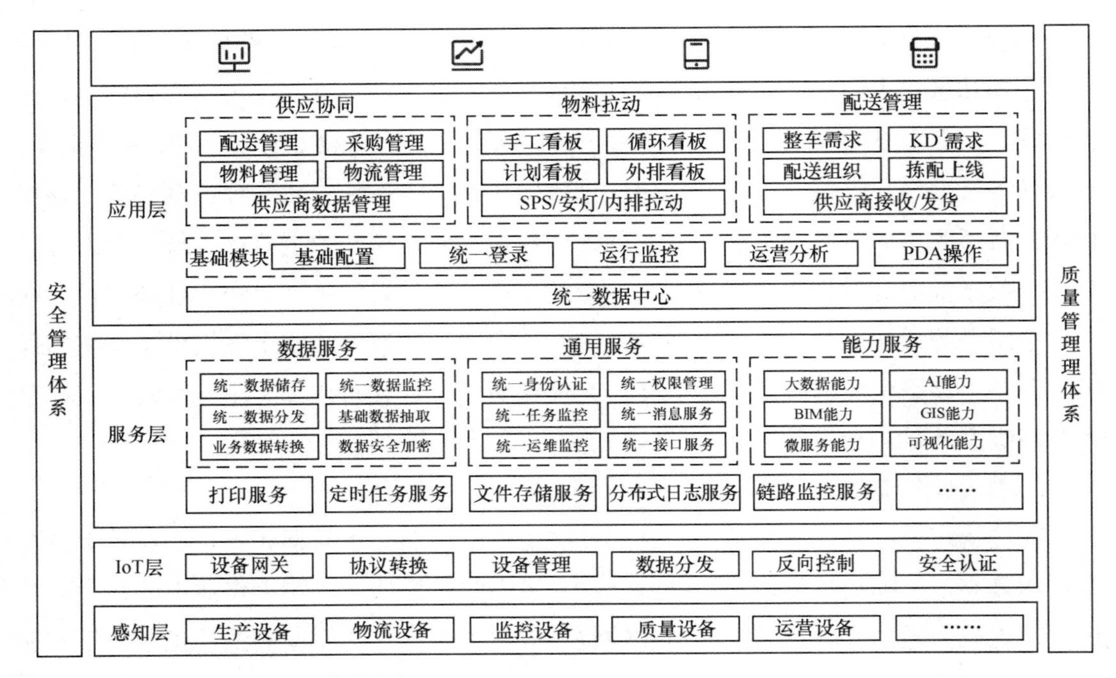

注：1. KD（Knocked Down，散件组装）。

图10.18　海行云物流执行系统的功能架构

该系统从感知层开始，通过与生产设备、物流设备、监控设备、质量设备和运营设备等的直接连接，实现数据的实时采集和监控；IoT 层负责设备网关、协议转换、设备管理、数据分发、反向控制和安全认证，确保设备间的互联互通和数据的安全传输；服务层进一步提供业务数据转换、数据安全加密、统一运维监控、统一接口服务、微服务能力和可视化能力，以及打印、定时任务、文件存储、分布式日志和链路监控服务，支持系统的高效运行和业务的灵活处理，此外，还集成了大数据能力、AI 能力、BIM 能力和 GIS 能力等能力服务，为系统提供了强大的数据处理和智能分析支持；应用层则涵盖了供应协同、物料拉动和配送管理等核心物流管理功能，以及手工看板、循环看板、计划看板和外排看板等辅助工具，实现物料管理、物流管理的精细化和智能化，系统还包括基础配置、统一登录、运行监控、运营分析和 PDA 操作等基础模块，为企业提供了一个统一的物流执行数据中心和全面的运营管理平台。

海行云物流执行系统的核心优势包括以下 5 个方面。

① 数据集成。面向 SAP、MES、SPS、IoT 等系统的无缝对接，实现信息的快速传递。

② 行业规范。规范业务流程，推动业务流程优化。

③ 多端使用。Web + 移动端界面交互友好，操作便捷。

④ 基于模块化功能设计。该系统可按需自由组合配置。

⑤ 按需部署。采用微服务架构，组件搭建灵活方便，可快速满足实际需求，提升平台部署的效率，省时省力。

海行云物流执行系统以其核心优势在汽车制造企业的物流管理中展现出卓越的性能。一是该系统的数据集成能力非常突出，它能够与 MES 等多种系统实现无缝对接，确保信息的快速传递和实时共享。二是该系统遵循行业规范，规范业务流程，推动业务流程的持续优化，帮助企业建立起标准化、自动化的物流管理体系。在用户体验方面，该系统提供了 Web 端和移动端的友好交互界面，操作便捷，用户可以随时随地进行物流管理，极大地提升了工作效率。该系统还采用了模块化的功能设计，用户可以根据自己的需求自由组合配置，实现个性化的物流解决方案。三是该系统基于微服务架构，组件搭建灵活方便，可以快速响应实际需求的变化，提升平台部署的效率，其功能架构为企业节省了宝贵的时间和人力资源。

3. 运输管理服务平台

海行云推出了运输管理服务平台，通过其强大的功能和灵活的设计，帮助企业实现运输流程的自动化、智能化和管理的最优化，提升了运输的效率，降低了运营的成本，增强了企业的市场竞争力。海行云运输管理服务平台的功能架构如图 10.19 所示。这是一套高度集成和智能化的系统，旨在为企业提供全面的运输管理解决方案。该平台的系统架构设计周全，涵盖了从协同中心、控制塔到各种管理模块和集成服务的全方位功能。

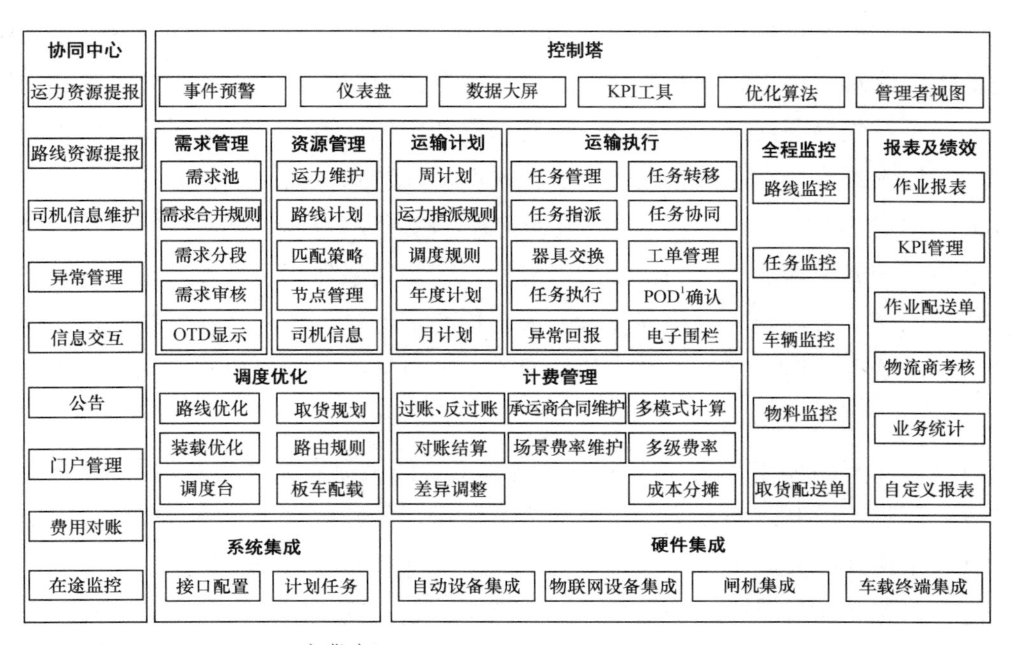

注：1. POD（Point Of Delivery，交货点）。

图10.19 海行云运输管理服务平台的功能架构

该平台的协同中心是信息共享和沟通协作的核心，它确保所有相关方能够实时访问和更新运输相关的信息。控制塔则为管理者提供了全面的运输监控和管理能力，使他们能够从宏观角度掌控整个运输网络。资源管理模块包括运力资源提报和路线资源提报，帮助企业优化资源配置并提高资源利用率。运输计划与执行涵盖了需求管理、运输计划和运输执行，支持全流程管理。监控与报表工具提供实时数据展示和分析，辅助企业基于数据做出决策。KPI 管理模块用于跟踪关键绩效指标并推动持续改进。异常管理包括事件预警和异常管理，确保能够及时发现并响应运输过程中的异常情况。

海行云运输管理服务平台的优势在于其集成性，能够与现有企业系统例如 MES 等无缝对接，实现数据的一致性和实时性。智能化的调度优化和装载优化算法提高了运输的效率并降低了成本。实时监控功能例如车辆监控和在途监控，增强了运输过程的透明度和可控性。该平台的灵活性体现在支持多模式计算和多级费率，适应不同的运输场景和计费需求。自动化功能减少了人工操作，提高了准确性和效率。用户友好的 Web 端和移动端界面设计，便于用户快速上手和便捷操作。此外，平台的设计考虑了未来的扩展性，支持新的功能和模块的添加，以适应企业发展的需要。这些优势共同构成了海行云运输管理服务平台的核心价值，使其成为汽车制造企业物流管理的强大工具。

4. 智慧防错平台

汽车零部件装箱发运防错在传统物流操作中存在一些亟待解决的问题。一是配送过程监控追溯难。由于装箱和配送检验过程主要在线下执行，缺少一个系统化的监控流程，一旦发生错漏问题，很难进行问题追溯和定位，这不仅影响了物流的效率，而且增加了管理难度。二是装箱业务信息不透明。在装箱及配送、核验的过程中，往往需要人工比对实际产品，缺乏有效的数据记录，这导致查询和核验操作变得烦琐复杂，效率低下，同时也增加了人为错误的可能性。三是错漏件问题频发。由于成品下线时缺少标签管理，装箱配送过程高度依赖人工检查，这导致缺漏件问题频发，不仅影响了物流的准确性，而且降低了客户的满意度，对企业的品牌形象和市场竞争力造成了负面影响。

海行云智慧防错平台为汽车零部件制造企业提供数字化装箱发运防错解决方案，支持主机厂和供应商之间发货、收货的提前防错，提升了供应效率，降低了发货错误率，减少了错件处置成本。海行云智慧防错平台示意如图 10.20 所示。

海行云智慧防错平台是一套专为解决汽车制造业物流操作中的错误和疏漏而设计的系统，具备多项核心功能。一是平台它提供发运防错功能，这一功能基于发运单，通过比对成品包装信息和发运单信息来完成检测，确保出货的准确性。二是平台能够检测成品装箱放错的问题，利用成品标签技术，在装箱过程中自动识别包装成品是否匹配以及数量是否准确。三是平台还具备高效的标签管理功能，支持一次性打印多达500张成品标签，大幅提高了物流标签管理的效率。

图10.20　海行云智慧防错平台示意

海行云智慧防错平台的核心优势在于其纯SaaS化服务模式，作为一种云端产品，它具有轻量化、快速部署、轻松运维的特点，显著降低了用户在硬件和人员方面的成本投入。该平台还支持自定义编码，允许用户根据具体业务需求定制产品器具信息和编码规则，增强了适用性和灵活性。此外，它提供标准化接口，能够与ERP、MES、LES等外部系统无缝对接，强化了业务联动能力。该平台还承诺持续的功能升级迭代，用户可以直接使用升级后的功能，不需要进行二次开发或重新部署，确保长期业务的适应性和技术的领先性。

海行云智慧防错平台的适用场景主要有以下3个。

① 成品入库防错。该平台通过精确的装箱入库管理，有效防止错装和漏装的情况，确保库存的准确性和完整性。

② 成品发运防错。通过严格的出库发运控制，避免错发和漏发的问题，保障货物的准时和正确交付。

③ 成品错件追溯。能够追溯成品装箱发运的全流程数据，一旦发生问题，可以迅速定位并采取相应的措施，极大地提高物流管理的透明度和响应速度。

10.4.7　智慧服务

汽车企业在资产管理方面面临一些挑战，这些挑战影响了资产的有效管理和使用。一是资产定位是一个难题，在资产管理过程中，难以确定资产的精确位置，这导致资产容易丢失，盘点工作也变得困难重重。二是资产状态的不透明也是一个问题，资产管理者难以清晰地查询到资产的实时状态，这增加了资产管理的复杂性，使盘点工作变得更加烦琐和低效。三是资产台账数据与实物之间的不一致问题，即账实不符，造成了资产管理的重大障碍，资产台账记录的数据与实际资产之间存在较大的差距，这不仅影响了决策的准确性，也可能导致资源的浪费和管理的混乱。

海行云资产管理平台为汽车制造企业提供资产全生命周期数字化管理服务方案，能够为企业提供资产管理、领用、维修、退还、调拨、盘点、报废、台账管理等在内的多个围绕资产全生命周期管理的模块，具备部署灵活、按需配置、便捷配置的特点，赋能中小型企业内部数字化转型。海行云资产管理平台示意如图 10.21 所示。

图10.21　海行云资产管理平台示意

海行云资产管理平台的主要功能有以下 3 个。

① 资产智能化管理。能够根据不同的管理模式，全面覆盖固定资产和易耗品的管理，满足企业在资产管理方面的个性化需求，使企业能够更加灵活和高效地管理其资产组合。

② 资产可视化追踪。能够精准地定位资产的状态、位置和领用人等关键信息，这种透明度极大地节省了寻找和盘点资产所需的时间，显著提升了资产管理的效率和响应速度。

③ 资产管理流程定义。基于强大的工作流引擎，允许企业对资产管理流程进行全面自定义，这意味着企业可以快速搭建和调整工作流程，以适应不断变化的管理需求和业务环境，实现资产管理的精准定制。

海行云资产管理平台的核心优势包括以下 4 个方面。

① 资源使用率提高。通过基于资产数据分析的智能管理，帮助企业实时掌握资产动态，合理分配和调度资产，从而显著提高资源的使用效率。

② 透明资产管理全流程。通过实时汇总资产数据，确保资产管理过程中账实相符，为企业提供一个清晰、准确的资产管理视图。

③ 规范企业管理。规范资产管理的全生命周期体系，帮助企业明确操作规程和管理规范，提升管理的规范性和效率。

④ 快捷化资产监控。通过为资产赋予条码属性，并利用二维码扫描技术，实现资产的实时动态追踪，极大地简化资产管理过程，提高管理的便捷性。